国家出版基金项目

绿色制造丛书

组织单位 | 中国机械工程学会

机电产品绿色设计理论与方法

向 东 牟 鹏 李方义 宋守许 黄海鸿 编著

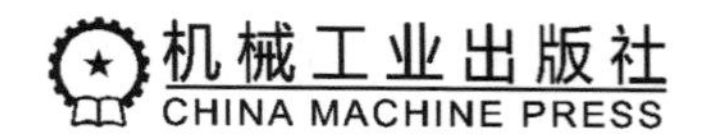

本书以典型机电产品为研究对象，介绍了绿色设计的形成背景和国内外研究现状，并围绕产品生命周期重点阶段，讨论了生命周期评价方法的原理、问题及应用，系统地介绍了相关的绿色设计理论、方法和系统集成技术。书中总结了国内外最新的资料，吸纳了工业界有代表性的绿色产品案例，并结合作者多年的研究成果，深入浅出地引导读者开展绿色设计实践。

本书理论与工程实践相结合，可使读者较为全面地了解机电产品绿色设计的理论与方法。本书可作为机械工程、工业工程和环境工程等相关学科和专业的本科生教材，也可作为研究生、教师、科研技术人员的参考用书。

图书在版编目（CIP）数据

机电产品绿色设计理论与方法/向东等编著．—北京：机械工业出版社，2022.6

（国家出版基金项目·绿色制造丛书）

ISBN 978-7-111-70314-3

Ⅰ．①机…　Ⅱ．①向…　Ⅲ．①机电工业－工业产品－无污染技术－设计　Ⅳ．①TH122

中国版本图书馆 CIP 数据核字（2022）第 043311 号

机械工业出版社（北京市百万庄大街 22 号　邮政编码 100037）
策划编辑：李　楠　责任编辑：李　楠　何　洋　章承林　郑小光
责任印制：李　娜　责任校对：樊钟英　刘雅娜
北京宝昌彩色印刷有限公司印刷
2022 年 5 月第 1 版第 1 次印刷
169mm×239mm·18.5 印张·356 千字
标准书号：ISBN 978-7-111-70314-3
定价：92.00 元

电话服务　　网络服务
客服电话：010-88361066　机　工　官　网：www.cmpbook.com
010-88379833　机　工　官　博：weibo.com/cmp1952
010-68326294　金　书　网：www.golden-book.com
封底无防伪标均为盗版　机工教育服务网：www.cmpedu.com

“绿色制造丛书” 编撰委员会

丛书序一

制造是改善人类生活质量的重要途径，制造也创造了人类灿烂的物质文明。

也许在远古时代，人类从工具的制作中体会到生存的不易，生命和生活似乎注定就是要和劳作联系在一起的。工具的制作大概真正开启了人类的文明。但即便在农业时代，古代先贤也认识到在某些情况下要慎用工具，如孟子言："数罟不入洿池，鱼鳖不可胜食也；斧斤以时入山林，材木不可胜用也。"可是，我们没能记住古训，直到20世纪后期我国乱砍滥伐的现象比较突出。

到工业时代，制造所产生的丰富物质使人们感受到的更多是愉悦，似乎自然界的一切都可以为人的目的服务。恩格斯告诫过：我们统治自然界，决不像征服者统治异民族一样，决不像站在自然以外的人一样，相反地，我们同我们的肉、血和头脑一起都是属于自然界，存在于自然界的；我们对自然界的整个统治，仅是我们胜于其他一切生物，能够认识和正确运用自然规律而已（《劳动在从猿到人转变过程中的作用》）。遗憾的是，很长时期内我们并没有听从恩格斯的告诫，却陶醉在"人定胜天"的臆想中。

信息时代乃至即将进入的数字智能时代，人们惊叹欣喜，日益增长的自动化、数字化以及智能化将人从本是其生命动力的劳作中逐步解放出来。可是蓦然回首，倏地发现环境退化、气候变化又大大降低了我们不得不依存的自然生态系统的承载力。

不得不承认，人类显然是对地球生态破坏力最大的物种。好在人类毕竟是理性的物种，诚如海德格尔所言：我们就是除了其他可能的存在方式以外还能够对存在发问的存在者。人类存在的本性是要考虑"去存在"，要面向未来的存在。人类必须对自己未来的存在方式、自己依赖的存在环境发问！

1987年，以挪威首相布伦特兰夫人为主席的联合国世界环境与发展委员会发表报告《我们共同的未来》，将可持续发展定义为：既满足当代人的需要，又不对后代人满足其需要的能力构成危害的发展。1991年，由世界自然保护联盟、联合国环境规划署和世界自然基金会出版的《保护地球——可持续生存战略》一书，将可持续发展定义为：在不超出支持它的生态系统承载能力的情况下改善人类的生活质量。很容易看出，可持续发展的理念之要在于环境保护、人的生存和发展。

世界各国正逐步形成应对气候变化的国际共识，绿色低碳转型成为各国实现可持续发展的必由之路。

中国面临的可持续发展的压力尤甚。经过数十年来的发展，2020 年我国制造业增加值突破 26 万亿元，约占国民生产总值的 26%，已连续多年成为世界第一制造大国。但我国制造业资源消耗大、污染排放量高的局面并未发生根本性改变。2020 年我国碳排放总量惊人，约占全球总碳排放量 30%，已经接近排名第 2 ~5 位的美国、印度、俄罗斯、日本 4 个国家的总和。

工业中最重要的部分是制造，而制造施加于自然之上的压力似乎在接近临界点。那么，为了可持续发展，难道舍弃先进的制造？非也！想想庄子笔下的圃畦丈人，宁愿抱瓮舀水，也不愿意使用桔槔那种杠杆装置来灌溉。他曾教训子贡："有机械者必有机事，有机事者必有机心。机心存于胸中，则纯白不备；纯白不备，则神生不定；神生不定者，道之所不载也。"（《庄子·外篇·天地》）单纯守纯朴而弃先进技术，显然不是当代人应守之道。怀旧在现代世界中没有存在价值，只能被当作追逐幻境。

既要保护环境，又要先进的制造，从而维系人类的可持续发展。这才是制造之道！绿色制造之理念如是。

在应对国际金融危机和气候变化的背景下，世界各国无论是发达国家还是新型经济体，都把发展绿色制造作为赢得未来产业竞争的关键领域，纷纷出台国家战略和计划，强化实施手段。欧盟的"未来十年能源绿色战略"、美国的"先进制造伙伴计划 2.0"、日本的"绿色发展战略总体规划"、韩国的"低碳绿色增长基本法"、印度的"气候变化国家行动计划"等，都将绿色制造列为国家的发展战略，计划实施绿色发展，打造绿色制造竞争力。我国也高度重视绿色制造，《中国制造 2025》中将绿色制造列为五大工程之一。中国承诺在 2030 年前实现碳达峰，2060 年前实现碳中和，国家战略将进一步推动绿色制造科技创新和产业绿色转型发展。

为了助力我国制造业绿色低碳转型升级，推动我国新一代绿色制造技术发展，解决我国长久以来对绿色制造科技创新成果及产业应用总结、凝练和推广不足的问题，中国机械工程学会和机械工业出版社组织国内知名院士和专家编写了"绿色制造丛书"。我很荣幸为本丛书作序，更乐意向广大读者推荐这套丛书。

编委会遴选了国内从事绿色制造研究的权威科研单位、学术带头人及其团队参与编著工作。丛书包含了作者们对绿色制造前沿探索的思考与体会，以及对绿色制造技术创新实践与应用的经验总结，非常具有前沿性、前瞻性和实用性，值得一读。

丛书的作者们不仅是中国制造领域中对人类未来存在方式、人类可持续发展的发问者，更是先行者。希望中国制造业的管理者和技术人员跟随他们的足迹，通过阅读丛书，深入推进绿色制造！

华中科技大学　李培根

2021 年 9 月 9 日于武汉

丛书序二

在全球碳排放量激增、气候加速变暖的背景下，资源与环境问题成为人类面临的共同挑战，可持续发展日益成为全球共识。发展绿色经济、抢占未来全球竞争的制高点，通过技术创新、制度创新促进产业结构调整，降低能耗物耗、减少环境压力、促进经济绿色发展，已成为国家重要战略。我国明确将绿色制造列为《中国制造 2025》五大工程之一，制造业的“绿色特性”对整个国民经济的可持续发展具有重大意义。

随着科技的发展和人们对绿色制造研究的深入，绿色制造的内涵不断丰富，绿色制造是一种综合考虑环境影响和资源消耗的现代制造业可持续发展模式，涉及整个制造业，涵盖产品整个生命周期，是制造、环境、资源三大领域的交叉与集成，正成为全球新一轮工业革命和科技竞争的重要新兴领域。

在绿色制造技术研究与应用方面，围绕量大面广的汽车、工程机械、机床、家电产品、石化装备、大型矿山机械、大型流体机械、船用柴油机等领域，重点开展绿色设计、绿色生产工艺、高耗能产品节能技术、工业废弃物回收拆解与资源化等共性关键技术研究，开发出成套工艺装备以及相关试验平台，制定了一批绿色制造国家和行业技术标准，开展了行业与区域示范应用。

在绿色产业推进方面，开发绿色产品，推行生态设计，提升产品节能环保低碳水平，引导绿色生产和绿色消费。建设绿色工厂，实现厂房集约化、原料无害化、生产洁净化、废物资源化、能源低碳化。打造绿色供应链，建立以资源节约、环境友好为导向的采购、生产、营销、回收及物流体系，落实生产者责任延伸制度。壮大绿色企业，引导企业实施绿色战略、绿色标准、绿色管理和绿色生产。强化绿色监管，健全节能环保法规、标准体系，加强节能环保监察，推行企业社会责任报告制度。制定绿色产品、绿色工厂、绿色园区标准，构建企业绿色发展标准体系，开展绿色评价。一批重要企业实施了绿色制造系统集成项目，以绿色产品、绿色工厂、绿色园区、绿色供应链为代表的绿色制造工业体系基本建立。我国在绿色制造基础与共性技术研究、离散制造业传统工艺绿色生产技术、流程工业新型绿色制造工艺技术与设备、典型机电产品节能减排技术、退役机电产品拆解与再制造技术等方面取得了较好的成果。

但是作为制造大国，我国仍未摆脱高投入、高消耗、高排放的发展方式，资源能源消耗和污染排放与国际先进水平仍存在差距，制造业绿色发展的目标尚未完成，社会技术创新仍以政府投入主导为主；人们虽然就绿色制造理念形成共识，但绿色制造技术创新与我国制造业绿色发展战略需求还有很大差距，一些亟待解决的主要问题依然突出。绿色制造基础理论研究仍主要以跟踪为主，原创性的基础研究仍较少；在先进绿色新工艺、新材料研究方面部分研究领域有一定进展，但颠覆性和引领性绿色制造技术创新不足；绿色制造的相关产业还处于孕育和初期发展阶段。制造业绿色发展仍然任重道远。

本丛书面向构建未来经济竞争优势，进一步阐述了深化绿色制造前沿技术研究，全面推动绿色制造基础理论、共性关键技术与智能制造、大数据等技术深度融合，构建我国绿色制造先发优势，培育持续创新能力。加强基础原材料的绿色制备和加工技术研究，推动实现功能材料特性的调控与设计和绿色制造工艺，大幅度地提高资源生产率水平，提高关键基础件的寿命、高分子材料回收利用率以及可再生材料利用率。加强基础制造工艺和过程绿色化技术研究，形成一批高效、节能、环保和可循环的新型制造工艺，降低生产过程的资源能源消耗强度，加速主要污染排放总量与经济增长脱钩。加强机械制造系统能量效率研究，攻克离散制造系统的能量效率建模、产品能耗预测、能量效率精细评价、产品能耗定额的科学制定以及高能效多目标优化等关键技术问题，在机械制造系统能量效率研究方面率先取得突破，实现国际领先。开展以提高装备运行能效为目标的大数据支撑设计平台，基于环境的材料数据库、工业装备与过程匹配自适应设计技术、工业性试验技术与验证技术研究，夯实绿色制造技术发展基础。

在服务当前产业动力转换方面，持续深入细致地开展基础制造工艺和过程的绿色优化技术、绿色产品技术、再制造关键技术和资源化技术核心研究，研究开发一批经济性好的绿色制造技术，服务经济建设主战场，为绿色发展做出应有的贡献。开展铸造、锻压、焊接、表面处理、切削等基础制造工艺和生产过程绿色优化技术研究，大幅降低能耗、物耗和污染物排放水平，为实现绿色生产方式提供技术支撑。开展在役再设计再制造技术关键技术研究，掌握重大装备与生产过程匹配的核心技术，提高其健康、能效和智能化水平，降低生产过程的资源能源消耗强度，助推传统制造业转型升级。积极发展绿色产品技术，研究开发轻量化、低功耗、易回收等技术工艺，研究开发高效能电机、锅炉、内燃机及电器等终端用能产品，研究开发绿色电子信息产品，引导绿色消费。开展新型过程绿色化技术研究，全面推进钢铁、化工、建材、轻工、印染等行业绿色制造流程技术创新，新型化工过程强化技术节能环保集成优化技术创新。开展再制造与资源化技术研究，研究开发新一代再制造技术与装备，深入推进废旧汽车（含新能源汽车）零部件和退役机电产品回收逆向物流系统、拆解/破碎/分离、高附加值资源化等关键技术与装备研究并应用示范，实现机电、汽车等产品的可拆卸和易回收。研究开发钢铁、冶金、石化、轻工等制造流程副产品绿色协同处理与循环利用技术，提高流程制造资源高效利用绿色产业链技术创新能力。

在培育绿色新兴产业过程中，加强绿色制造基础共性技术研究，提升绿色制造科技创新与保障能力，培育形成新的经济增长点。持续开展绿色设计、产品全生命周期评价方法与工具的研究开发，加强绿色制造标准法规和合格评判程序与范式研究，针对不同行业形成方法体系。建设绿色数据中心、绿色基站、绿色制造技术服务平台，建立健全绿色制造技术创新服务体系。探索绿色材料制备技术，培育形成新的经济增长点。开展战略新兴产业市场需求的绿色评价研究，积极引领新兴产业高起点绿色发展，大力促进新材料、新能源、高端装备、生物产业绿色低碳发展。推动绿色制造技术与信息的深度融合，积极发展绿色车间、绿色工厂系统、绿色制造技术服务业。

非常高兴为本丛书作序。我们既面临赶超跨越的难得历史机遇，也面临差距拉大的严峻挑战，唯有勇立世界技术创新潮头，才能赢得发展主动权，为人类文明进步做出更大贡献。相信这套丛书的出版能够推动我国绿色科技创新，实现绿色产业引领式发展。绿色制造从概念提出至今，取得了长足进步，希望未来有更多青年人才积极参与到国家制造业绿色发展与转型中，推动国家绿色制造产业发展，实现制造强国战略。

中国机械工业集团有限公司　陈学东
2021 年 7 月 5 日于北京

丛书序三

绿色制造是绿色科技创新与制造业转型发展深度融合而形成的新技术、新产业、新业态、新模式，是绿色发展理念在制造业的具体体现，是全球新一轮工业革命和科技竞争的重要新兴领域。

我国自20世纪90年代正式提出绿色制造以来，科学技术部、工业和信息化部、国家自然科学基金委员会等在“十一五”“十二五”“十三五”期间先后对绿色制造给予了大力支持，绿色制造已经成为我国制造业科技创新的一面重要旗帜。多年来我国在绿色制造模式、绿色制造共性基础理论与技术、绿色设计、绿色制造工艺与装备、绿色工厂和绿色再制造等关键技术方面形成了大量优秀的科技创新成果，建立了一批绿色制造科技创新研发机构，培育了一批绿色制造创新企业，推动了全国绿色产品、绿色工厂、绿色示范园区的蓬勃发展。

为促进我国绿色制造科技创新发展，加快我国制造企业绿色转型及绿色产业进步，中国机械工程学会和机械工业出版社联合中国机械工程学会环境保护与绿色制造技术分会、中国机械工业联合会绿色制造分会，组织高校、科研院所及企业共同策划了“绿色制造丛书”。

丛书成立了包括李培根院士、徐滨士院士、卢秉恒院士、王玉明院士、黄庆学院士等50多位顶级专家在内的编委会团队，他们确定选题方向，规划丛书内容，审核学术质量，为丛书的高水平出版发挥了重要作用。作者团队由国内绿色制造重要创导者与开拓者刘飞教授牵头，陈学东院士、单忠德院士等100余位专家学者参与编写，涉及20多家科研单位。

丛书共计32册，分三大部分：① 总论，1册；② 绿色制造专题技术系列，25册，包括绿色制造基础共性技术、绿色设计理论与方法、绿色制造工艺与装备、绿色供应链管理、绿色再制造工程5大专题技术；③ 绿色制造典型行业系列，6册，涉及压力容器行业、电子电器行业、汽车行业、机床行业、工程机械行业、冶金设备行业等6大典型行业应用案例。

丛书获得了2020年度国家出版基金项目资助。

丛书系统总结了“十一五”“十二五”“十三五”期间，绿色制造关键技术与装备、国家绿色制造科技重点专项等重大项目取得的基础理论、关键技术和装备成果，凝结了广大绿色制造科技创新研究人员的心血，也包含了作者对绿色制造前沿探索的思考与体会，为我国绿色制造发展提供了一套具有前瞻性、系统性、实用性、引领性的高品质专著。丛书可为广大高等院校师生、科研院所研发人员以及企业工程技术人员提供参考，对加快绿色制造创新科技在制造业中的推广、应用，促进制造业绿色、高质量发展具有重要意义。

当前我国提出了2030年前碳排放达峰目标以及2060年前实现碳中和的目标，绿色制造是实现碳达峰和碳中和的重要抓手，可以驱动我国制造产业升级、工艺装备升级、重大技术革新等。因此，丛书的出版非常及时。

绿色制造是一个需要持续实现的目标。相信未来在绿色制造领域我国会形成更多具有颠覆性、突破性、全球引领性的科技创新成果，丛书也将持续更新，不断完善，及时为产业绿色发展建言献策，为实现我国制造强国目标贡献力量。

中国机械工程学会　宋天虎

2021年6月23日于北京

前　言

绿色设计是指借助产品生命周期中与产品相关的技术、环境和经济信息，利用并行设计等先进的理论，使设计出的产品具有先进的技术性、良好的环境协调性以及合理的经济性的一种系统设计方法。由于产品绿色性能主要由设计阶段决定，因此绿色设计一直是工业界和学术界关注的焦点。本书是在总结国内外最新资料的基础上，结合作者多年的研究成果写成的。

本书以典型机电产品为研究对象，围绕产品生命周期重点阶段，系统地介绍了相关的绿色设计理论、方法和系统集成技术，吸纳了工业界有代表性的绿色产品案例，深入浅出地引导读者开展绿色设计实践。全书共分5章，第1章主要介绍了绿色设计的形成背景、研究现状及其迫切性；第2章从绿色产品的定义与属性入手讨论了生命周期评价方法的原理、问题及应用；第3章讨论了机电产品绿色设计的体系架构；第4章以产品生命周期为主线讨论了绿色设计在材料、生产、包装、使用、维修与回收处理以及再制造等阶段的典型设计方法；第5章从方法和信息的角度介绍了绿色设计的系统集成技术。

本书理论与工程实践相结合，引导读者较为全面地了解机电产品绿色设计的理论与方法，可作为机械工程、工业工程和环境工程等相关学科和专业的本科生教材，也可作为研究生、教师、科研技术人员的参考用书。

本书由北京科技大学向东、山东大学李方义、合肥工业大学宋守许和黄海鸿、清华大学牟鹏共同编写，由向东担任主编。编写分工：第1章~第3章和第4章4.1~4.4节由向东编写；第4章4.5节由牟鹏编写；第4章4.6节由宋守许和黄海鸿编写；第5章由李方义编写。全书由向东统稿，清华大学段广洪教授主审。

本书的部分内容得到国家自然科学基金项目“动态特性与统计特征融合的风电装备动力传动系统可靠性及环境影响评估”（项目批准号：51975323）、国家科技支撑计划和国家863计划的支持，作者在此表示感谢。

由于作者水平的限制，书中不妥之处在所难免，恳请读者批评指正。

作　者

2021年8月

目录 CONTENTS

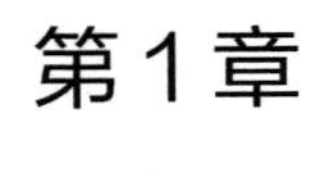

第1章 绪言

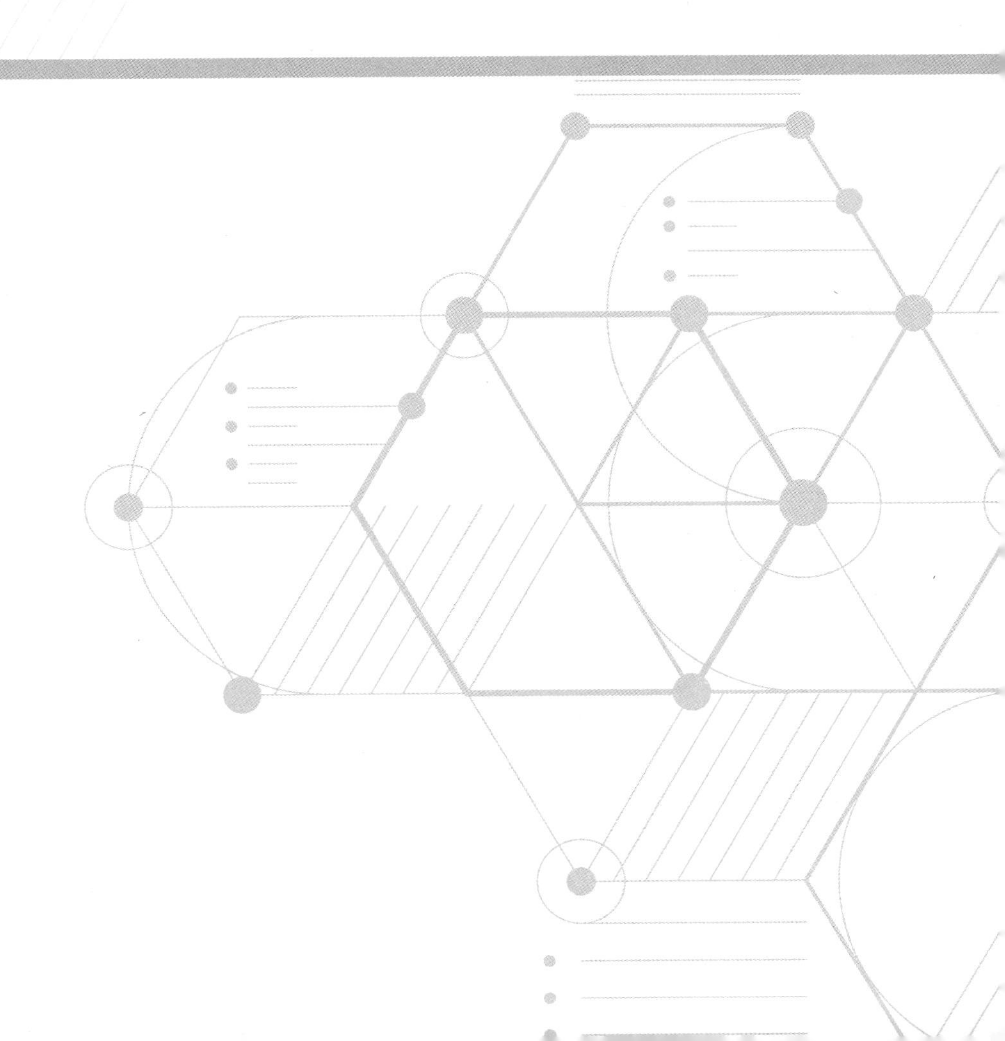

1.1 环境资源问题

从工业革命至今，尤其是20世纪以来，科学技术日新月异，人类开发极地、遨游太空、克隆生物、模拟智能……社会生产力高度发展，经济规模空前扩大，使得今天的世界仅用十余天就能生产出1900年全年才能完成的总产值，甚至更多。丰裕的物质文明将越来越严重的环境问题、资源问题摆在了世人的面前，可持续发展成了社会发展的迫切需求。

1.1.1 环境问题

工业在利用自然资源和劳动力生产产品、创造财富的同时，也必然会产生并向环境排放大量的废水、废气、废渣、噪声、电磁波等污染物质，造成全球变暖、臭氧层破坏、酸沉降等严重的环境影响。而为了人类的私欲，生产仍在无休止地放大，人类与自然界之间的关系也在急剧恶化。

1. 大气污染

当粉尘、烟、飞灰、雾、硫化物、氮氧化物等工业废气和物质进入大气之后，大气便被污染了。大气污染将对气候变化产生负面影响，主要表现为：

（1）气候变暖

图1-1描绘了1850—2010年气候变化和大气中CO_2浓度的变化趋势，显而易见，气候变暖与大气中温室气体的含量增加呈正相关，且这段时间也是工业革命后人类生产消费增长最快的一百多年。数据显示：在185个提供碳排放量的国家或地区中有90个二氧化碳排放量超过了全球阈值，而且这些国家的排放

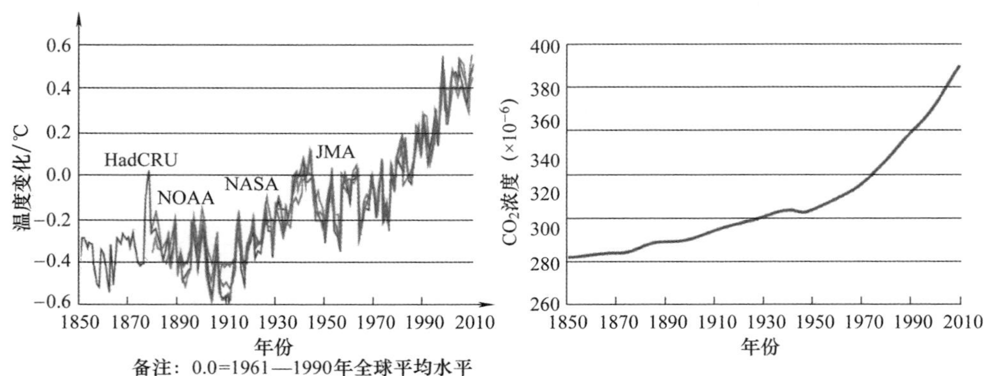

图1-1 1850—2010年气候变化和大气中CO_2浓度的变化趋势

量大得足以让全球人均排放量超过全球可持续发展阈值。因此，联合国政府间气候变化专门委员会（IPCC）的评估认为：如果没有外部因素，几乎无法解释全球气候变化。言下之意，气候变暖有90%的可能是由人类排放的温室气体造成的。

气候变暖被认为是温室效应的结果。人类生产生活不仅消耗化石燃料，排放大量的二氧化碳（CO_2）、甲烷（CH_4）、氧化亚氮（N_2O）等自然界存在的温室气体，人类还创造了许多如氢氟碳化物（HFCs）、全氟碳化物（PFCs）及六氟化硫（SF_6）等自然界中并不存在的人造温室气体。这些人造温室气体对气候变暖的贡献很大，如基于100年的时间框架，一个单位的 SF_6 的 GWP 相当于22 200个单位的 CO_2 的 GWP 值。GWP 是全球变暖潜能值（Global Warming Potential）的简称，是国际上用来衡量温室气体对全球气候变暖的贡献的常用指数。减少碳排放，建设低碳经济和低碳社会成为了国际社会的共识。著名的《京都议定书》明确规定减少二氧化碳（CO_2）、甲烷（CH_4）、氧化亚氮（N_2O）、氢氟碳化物（HFCs）、全氟碳化物（PFCs）及六氟化硫（SF_6）六种温室气体的排放。而2012年《京都议定书》到期后，《联合国气候变化框架公约》大会却一直在持续，人们一直在为减缓气候变暖而努力。

（2）臭氧耗竭

平流层臭氧是防止紫外线对生物圈中各种生物造成伤害的有效屏障。它像一把保护伞只允许长波紫外线 UV-A 和少量的中波紫外线 UV-B 抵达地面，阻挡了99%以上对人类有害的太阳紫外线，从而使地球上的生命得以繁衍生息。然而，平流层中的臭氧并不稳定，当它遇到 H、OH、NO、Cl、Br 等物质时，就会被加速分解为 O_2，造成臭氧减少。20世纪50年代末臭氧浓度就出现了减少的趋势。1984年英国科学家首次在南极上空发现了臭氧洞，这个发现于1985年被美国“雨云-7号”气象卫星证实。同年，英国科学家法尔曼等人根据南极哈雷观测站的数据发现：从1975年以来，每年10月份南极的总臭氧浓度都会减少超过30%。这一发现得到了许多其他国家的南极科学站观测结果的证实。20世纪90年代，极地上空臭氧层的中心地带近95%的臭氧被破坏，直径达上千千米，被称之为“臭氧洞”。2000年南极上空臭氧空洞面积达到最高纪录，为2830万 km^2，相当于4个澳大利亚的国土面积。臭氧层的耗损不只发生在南极，在北极和其他中纬度地区也都有不同程度的类似问题。北极地区在每年的1月和2月，平流层臭氧耗损约为正常浓度的10%，北纬60°～70°范围的臭氧柱浓度的破坏为5%～8%。在被称为是世界上“第三极”的青藏高原，也存在一个臭氧低值中心。该中心出现于每年6月，中心区臭氧总浓度的年递减率达0.345%。

臭氧层耗损大大削弱了其吸收紫外线辐射的能力。大气中 UV-B 的辐射增强必然对地球生态系统、人体健康和人造系统产生影响。例如，美国科学家曾测定了 300 种植物在 UV-B 辐射增强后的反应，发现有 2/3 以上的植物受到不同程度的伤害，其中对 UV-B 最为敏感的有棉花、豆类、瓜类、白菜等农作物。而且增强的 UV-B 可使植物的抗病能力急剧下降，并影响果实的质量。又如臭氧减少 25% 所引起的紫外辐射增强，能直接使大豆产量下降 20% ~25%，使大豆种子中蛋白质和植物油的含量分别下降 5% 和 2%。可见，臭氧层破坏会严重影响粮食产量和质量。UV-B 增强还会改变物种的组成，影响不同生态系统的生物多样性分布。例如，UV-B 辐射增强不仅将导致水生生态系统的初级生产力受到损害，还会抑制水生生态系统表层浮游生物的生长。比较臭氧洞内外地区浮游植物的生产力发现：浮游植物生产力下降与臭氧减少造成的 UV-B 辐射增加直接相关。如果平流层臭氧减少 25%，浮游生物的初级生产力将下降 10%，这将导致水面附近的生物减少 35%。浮游生物是水生生态系统食物链的基础。浮游生物种类和数量的减少必然会影响鱼类和贝类等别的物种的数量。更重要的是，研究还发现阳光中的 UV-B 辐射增加会危害鱼、虾、蟹和两栖动物等物种的早期发育，甚至造成其繁殖力下降和幼体发育不全。

增强的紫外线还会直接或间接地影响人类的安全和健康。强烈的紫外线会引发和加剧眼部疾病、皮肤癌和传染性疾病。紫外线会损伤角膜和眼晶体，引起白内障、眼球晶体变形等。研究表明：平流层臭氧减少 1%，全球白内障的发病率将增加 0.6% ~0.8%，全球白内障患者每年增加 175 万人，因白内障而引起失明的人数将增加 1 万 ~1.5 万人。动物实验和人类流行病学的数据资料显示，若臭氧浓度下降 10%，非恶性皮肤瘤的发病率将会增加 26%，即增加 30 万例患者。全球每年约有 10 万多人死于皮肤癌，大多数病例与 UV-B 有关。1975 年，美国国家科学院（NAS）对有关资料进行分析后得出结论：平流层臭氧每减少 1%，黑素瘤的发病率和死亡率将增加 2%，并且有可能使其他各种皮肤癌的总发病率增加 3%。研究还发现长期暴露于强紫外线下，会导致人体细胞内的 DNA 发生改变，免疫系统机能减退，抵抗疾病的能力下降。UV-B 辐射增强也会导致对流层的大气化学更加活跃，带来地面空气质量的问题。世界十大公害事件之一的美国洛杉矶光化学烟雾事件就是因为汽车、工厂等污染源排入大气的碳氢化合物（HC）和氮氧化物（NO_x）等污染物在强烈的阳光紫外线作用下发生光化学反应造成的。可见，臭氧耗损引起的人体健康问题会使卫生健康状况本来就不好的许多发展中国家和脆弱人群雪上加霜。

这些消耗臭氧层物质（Ozone Depleting Substances，ODS），多因人类活动而起。人类大量生产和使用的全氯氟烃（CFCs）、哈龙、四氯化碳（CCl_4）等消耗臭氧层物质，在对流层内性质稳定，但进入臭氧层后，在太阳辐射下便会分解出 Cl 和 Br 原子，将臭氧还原为氧气。另外，航空运输的发展，越来越多的飞行器在平流层中排放氮氧化物（NO_x），也会破坏臭氧。消耗臭氧层物质种类很多，广泛地应用于电冰箱、空调、电子产品、灭火器材、清洗剂、烟草、泡沫塑料、发胶、杀虫剂等产品之中。因此在这些消耗臭氧层物质以及使用它们的产品的生产、使用、废弃过程中都有可能对臭氧层不利。

臭氧层，这道地球生命的天然屏障正遭受着破坏。这一全球性的环境问题也长期受到全球关注。1977 年，联合国环境规划署理事会（United Nations Environment Programme，UNEP）在美国召开了由 32 个国家参加的“评价整个臭氧层”国际会议，并通过了第一个“关于臭氧层行动的世界计划”。1981 年，联合国环境规划署理事会为起草保护臭氧层的全球性公约成立了一个专门的工作组。1985 年 4 月，《保护臭氧层维也纳公约》通过。该公约提出了全球共同控制臭氧层破坏的一系列原则方针。1987 年 9 月 16 日，24 个国家的代表在加拿大蒙特利尔签署了《关于消耗臭氧层物质的蒙特利尔议定书》。该议定书启动了通过逐步淘汰消耗臭氧层物质而修复臭氧层的长期任务，并在后续的修正案中不断修正和扩大消耗臭氧层物质的控制范围。通过该议定书各缔约方的共同努力，截至 2010 年，全球已经将有害化学品的生产和消耗量减少了 98% 以上，但是挑战并未消失。

（3）酸沉降

酸沉降是指大气中的酸性物质以降水的形式或者在气流作用下迁移到地面的过程。因对酸雨的研究较多，故习惯上将酸沉降与酸雨的概念等同。大气中可能形成酸雨的物质主要有含硫化合物［如 SO_2、SO_3、H_2S、$(CH_3)_2S$、$(CH_3)_2S_2$、COS、CS_2、CH_3SH、硫酸盐和硫酸等］、含氮化合物（如 NO、NO_2、N_2O、硝酸盐、硝酸等）以及氯化物（如 HCl、$HClO_3$ 和海盐等）等。这些酸性物质小部分来自自然界的天然排放，例如，海洋中的 H_2S、SO_2、$(CH_3)_2S$ 等硫的气态化合物、火山活动排放的天然硫（据估计内陆火山爆发排放到大气中的硫约为 300 万 t/年）、自然界有机物腐败分解过程排放的 H_2S、$(CH_3)_2S$、COS、NO_x 等物质。更多的 SO_2 与 NO_x 等酸性物质排放则来自人类的生产生活。化石燃料燃烧、工业生产以及农业施肥使全球每年有 0.7～0.8 亿 t 氮进入自然界，同时向大气排放约 1 亿 t 硫（是天然排放硫总量的 5～12 倍）。欧洲、北美历年排放 SO_2 和 NO_x 的递增量与出现酸雨的频率及降水酸度上升趋势充分证明了其是酸雨产生的根本原因。值得一提的是，这些污染物排放主要来自占全球面积不到 5% 的工业化地区，如欧洲、北美、日本及中国等部分区域。

20 世纪 80 年代，酸雨地区几乎覆盖了整个西北欧，北美几乎有 2/3 的陆地面积，东亚地区的日本、韩国和中国的部分地区，对这些地区的水体、森林等自然生态系统带来了严重损害。表 1-1 描述了 pH 值对水体中生物的影响。北美酸雨区大致形成于 20 世纪 50 年代后期，酸雨导致北美地区许多湖泊成为死水，鱼类、浮游生物，甚至水草和藻类等均已死亡，并且出现大片森林死亡。除加拿大北端和美国佛罗里达州南部以外，北美整个东部地区几乎都是酸雨区。以加拿大为例，20 世纪初加拿大 SO_2 及 NO_x 的年排放量约为 720 万 t 和 140 万 t，分别占全球总排放量的 5% 和 2%。工业区集中的东部七省污染严重，SO_2 排放量占全国总排放量的 60%。尽管后来加大了污染物排放控制力度，但 1980 年加拿大东部的 SO_2、NO_x 的排放总量仍分别高达 452 万 t 和 100 万 t。另外，由于加拿大南部和美国东北部处于副极地低气压带，南风将污染物从美国吹到了加拿大，有报道称加拿大有一半的酸雨来自美国。受酸雨影响，加拿大 43% 的土地（主要在东部）对酸雨高度敏感，有 14000 个湖泊是酸性的，其中 4500 多个湖泊鱼类绝迹，数十万加拿大人健康受损。同时代的欧洲，如英国、比利时、荷兰、卢森堡、德国、法国、瑞典和丹麦等国酸沉降也相当严重。酸雨让德国、法国、瑞典和丹麦等国 7 万多 km^2 森林走向衰亡，瑞典 9 万多个湖泊中的 2 万多个遭到破坏，其中 4000 多个成为无鱼湖。1952 年冬发生的伦敦烟雾事件，在大雾持续的 5 天时间里，有 5000 多人丧生，之后的两个月内又有 8000 余人相继死亡，其罪魁祸首也是酸雾。东亚地区先是日本第二次世界大战后经济恢复追赶欧美，随后韩国、中国经济也相继启动，东亚地区不可避免地遭受了严重的酸雨侵蚀。至今东亚地区的 SO_2 和 NO_x 等酸性物质的排放仍处于高位。例如，在中国社会各界的努力下，SO_2 和 NO_x 的排放量虽然逐年减少，但直到 2017 年中国的 SO_2 和 NO_x 排放量仍分别高达 696.32 万 t 和 1785.22 万 t。除了对自然生态系统产生危害和影响外，酸雨也会对农作物、建筑物等人工生态系统造成破坏。

表 1-1　pH 值对水体中生物的影响

pH 值	影　响
<6	1. 水生生物的一些基本种类受到损害，有些相继死去，如蜉蝣和石蝇等 2. 鱼类不能繁殖
<5.5	1. 幼鱼很难存活 2. 由于缺少营养造成畸形的成鱼 3. 鱼类因窒息而死
<5.0	鱼群会相继死去
<4.0	假如有生物存活，可能已发生物种变异

酸雨的严重危害也迫使人们着手对其控制。从 20 世纪 70 年代开始，欧洲、北美两大酸雨区便采取了联合的区域性的减排措施。如 1979 年，联合国欧洲经济委员会主持签订的《远距离越境空气污染公约》旨在要求各成员国联合控制欧洲地区酸性物质（SO_2 和 NO_x）的排放。1991 年，加拿大与美国达成《加拿大-美国空气质量协议》（The Canada-U. S. Air Quality Agreement，AQA），明确了两国的 SO_2 和 NO_x 减排指标。东北亚地区中国、日本、韩国三个国家在大气污染

物远距离传输方面也开展了一系列合作，如1993年由日本组织发起的东亚酸沉降监测网（EANET）项目和中日韩环境部长会议等。在国际社会的关注和各国政府的努力下，酸沉降的控制虽初见成效，但依然任重道远。

（4）悬浮颗粒物的环境影响

悬浮颗粒物的环境影响近年来受到普遍关注。大气悬浮颗粒物是指固体和液体微粒均匀地分散在空气中形成的相对稳定的悬浮体系，主要来自燃料燃烧时产生的烟尘、生产过程中产生的粉尘、建筑和交通扬尘、风沙扬尘以及气态污染物经过物理化学反应生成的盐类颗粒。按颗粒粒径大小，大气颗粒物可分为总悬浮颗粒物（即空气动力学直径≤100μm的颗粒，简称TSP）、可吸入颗粒物（即空气动力学直径≤10μm颗粒，容易通过鼻腔和咽喉进入人体呼吸道内，简称PM10）、细颗粒物（即空气动力学直径为0.1～2.5μm的颗粒，简称PM2.5）和超细颗粒物（即空气动力学直径≤0.1μm的颗粒，简称PM0.1或UFP）。由于来源、形成条件不同，悬浮在大气中的颗粒物通常形态、组分也各不相同，并且可以通过吸附各种气态、固态和液态化合物，形成混合气溶胶，并吸附多种病原微生物或者有毒有害物质，因此对生态系统和人体健康都会产生不利的影响。

大气颗粒物可以从多个方面直接或间接影响生态系统。例如，黑炭气溶胶可以吸收短波辐射，产生正的辐射强迫，使大气升温；而硫酸盐气溶胶则相反，它会散射太阳短波辐射，产生负的辐射强迫，使大气降温。这些不确定的影响也加剧了人类对于未来全球生态和人类生活的担忧。另外，细颗粒物中凝结核的成云作用和降水对颗粒物的冲刷作用均可以使颗粒物进入云水或降水中，从而影响或决定降水的污染性质和酸碱度。大气沉降对生态系统中重金属累积贡献率在各种外源输入因子中排列首位。例如，大气颗粒物中的重金属以干、湿沉降的形式到达地表土壤和水体中，并通过一定的生物化学作用转移到动植物体内。尽管许多重金属（如Cu、Zn等）都是动植物生长发育所必需的微量元素，但是当环境中重金属数量超过某一临界值时，就会对生命产生一定的毒害作用。

大气颗粒物对人体健康的危害是直接的。大量的颗粒物通过呼吸系统进入人体，滞留在终末细支气管和肺泡中，诱发支气管刺激性炎症及慢性阻塞性肺疾病，最终造成呼吸系统结构和功能的损害。某些较细成分（如2.5μm以下的颗粒）还可穿透肺泡进入血液循环系统，造成心血管系统结构和功能的损害。

大气悬浮颗粒物对人体健康的危害国内外都有比较细致的研究。美国针对其90个城市开展的“发病率、死亡率与大气污染”研究项目（National Morbidity, Mortality and Air Pollution Study，NMMAPS）发现：居住于不同城市环境的人群因心肺疾病、心血管疾病以及慢性阻塞性肺疾病而死亡的人数和住院的人数与

PM10 呈正相关关系；大气 PM10 浓度每增高 10μg/m^3，人群总死亡率升高 0.51%［95% 置信区间（CI）：0.07% ~0.93%）］。欧洲大气环境污染与健康研究计划（Air Pollution and Health：a European Approach 2，APHEA-2）通过对欧洲 29 个城市的 4300 万人进行调查研究，结果显示：当 PM10 日均浓度每增加 10μg/m^3，总死亡人数增加 0.6%［95% 置信区间（CI）：0.4% ~0.8%］。中国学者 Yu Shang 等对中国 33 个大中型城市做了一个关于大气短期暴露与日死亡率之间关系的分析，发现 PM10 每增加 10μg/m^3，总死亡、呼吸疾病死亡和心血管疾病死亡增加的风险分别为 0.32%［95% 置信区间（CI）：0.28% ~0.35%］、0.32%［95% 置信区间（CI）：0.23% ~0.40%］和 0.43%［95% 置信区间（CI）：0.37% ~0.49%］。PM2.5 以及更小的超细颗粒物，较之 PM10，能富集更多的有害物质，因此对人体健康的影响也更大。美国癌症协会（ACS）的队列研究则是在美国 151 个大城市的 50 多万人中进行的，该研究结果表明：PM2.5 每上升 10μg/m^3，总死亡率上升 6.6%［95% 置信区间（CI）：3.5% ~9.8%］，心肺疾病死亡率上升 12%［95% 置信区间（CI）：6.7% ~17%］，肺癌死亡率上升 1.2%［95% 置信区间（CI）：-8.7% ~12%］。更小的 PM0.1 因能被吸收到组织内部并参与体内循环，故被认为具有更大的毒性。

鉴于悬浮颗粒物的危害，世界卫生组织（WHO）将每立方米可吸入颗粒物（PM10）≤20μg，每立方米细颗粒物（PM2.5）≤10μg 作为人类健康标准。超过即认定为空气污染。然而形势并不乐观。2014 年世界卫生组织发布的全球空气质量调查报告显示：全球 1600 个城市之中，绝大多数城市空气污染指数超过世界卫生组织标准，其中最为严重的是亚洲国家，在排名最后的 20 个城市中有 13 个来自南亚大陆，其次是南美国家的城市，连经济不发达的非洲城市空气质量也呈下降趋势。总体上讲，发达国家城市空气质量普遍高于发展中国家，低收入国家城市空气质量有恶化的趋势。

2. 水体污染与水体富营养

水是生命之源。然而人类生产生活对水的大量消耗和水体的污染已经威胁到自然生态系统的健康。在 172 个提供淡水抽取量的国家中有 49 个国家的淡水抽取量超过了全球阈值。以 2017 年中国废水中主要污染物排放情况为例，废水中化学需氧量（COD）排放总量 2143.98 万 t、氨氮 96.34 万 t、总氮 304.14 万 t、总磷 31.54 万 t、石油类 7639.3 万 t、挥发酚 244.1 万 t，铅 52321kg、汞 2059kg、镉 8429kg、六价铬 24844kg、总铬 76414kg、砷 43297kg，国内的河流湖泊不同程度地受到污染，其中以太湖、巢湖、滇池和淮河等最为严重。2005 年中国地表水中Ⅰ~Ⅲ类水体仅为 41.0%，Ⅳ~Ⅴ类水体为 32.0%，劣Ⅴ类水体量占 27.0%，水体污染严重。之后，国家加大了对自然水体保护和污染治理的投入，到 2017 年，七大水系中Ⅰ~Ⅲ类水体占 67.9%，比 2005 年提高了

65.6%；劣Ⅴ类水体量降低至8.3%，较2005年降低了69.3%。仔细分析2005—2017年的数据可以发现：2005—2012年期间，Ⅰ~Ⅲ类水体的增长率和劣Ⅴ类水体的降低率较为稳定，而2012—2017年期间，Ⅰ~Ⅲ类水体和劣Ⅴ类水体比例基本保持稳定，说明在水污染治理方面仍存在巨大挑战。由于中国水资源分布本来就分布不均，存在大量污染物的Ⅳ、Ⅴ、劣Ⅴ类水体又不能作为饮用水水源地，因此用水短缺、备用饮用水源地不足、污水围城是我国发展面临的重要问题。

除了重金属污染和前面谈到的酸化作用，水体富营养化也是一个严重问题。水体富营养化是指含氮、磷等元素的营养盐因自然和人为的因素，随地球化学循环进入水体环境，在适当的光照、温度等条件下，引发诸如藻类等生物增殖的自然过程。世界上的国家都或多或少存在水体富营养化的情况。美国水体富营养化出现在20世纪60—70年代。美国国家环境保护局（U.S. Environmental Protection Agency，USEPA）调查美国几百个湖泊水库的富营养化状态发现：大部分湖泊水库的水体或处于富营养化状态或正在向富营养化发展的过程中，水质也存在不同程度的退化。美国伊利湖（Lake Erie）20世纪60年代就开始被大规模污染，湖水和沉积物中的氮、磷等营养物质导致了蓝藻微生物“水华”的发生。研究估计水体富营养化每年给美国经济造成的损失高达22亿~46亿美元。在亚太地区，如印度的博帕尔（Bhopal）湖、罗伯逊（Robertson）湖、米里克（Mirik）湖和班加罗尔（Bellandur）湖，日本的霞浦湖都出现了较为严重的水体富营养化。中国随着经济发展，水体富营养化形势严峻。21世纪的第一个十年里，渤海、黄海、东海和南海四大海域每年赤潮发生次数在28~119次之间，年平均79次，累计面积在10150~27070km^2之间，年均约16300km^2，赤潮发生次数和累计面积均约为20世纪90年代的3.4倍。

近二百年来，水体富营养化主要来自人为因素。富含氮、磷等营养物质的工业废水、生活污水大部分被直接或间接地排入河流、湖泊，为水体富营养化提供了重要的营养基础。排放到大气中的，含NO_3^-、NH_4^+、NO_2^-和氨基酸、尿素等的营养物质，也会通过干、湿沉降到达地表，引起水体富营养化。水体一旦富营养化，有机物生长速度会超过消耗速度，水体中有机物不断积蓄，正常的生态平衡将被破坏，导致水生生物的稳定性和多样性降低。大型水生植物群落将随着水体富营养化的加剧而逐渐消亡。而且，异常增殖的藻类会分泌大量生物毒素，如缺氧条件下，具有致癌性的微原甲藻、裸甲藻等一些赤潮生物，会产生对人体毒性很大的麻痹性贝毒素。总而言之，尽管水体富营养化是自然因素和人为因素共同作用的结果，但是创造农业文明和工业文明的人类生产活动在其中起着主要的作用。人类若不自律，必将自食其果。

3. 化学品与重金属污染

说到化学品与重金属污染，就不可避免地会谈起蕾切尔·卡逊（Rachel Carson）的《寂静的春天》。《寂静的春天》让美国于1972年全国禁用DDT（学名：双对氯苯基三氯乙烷）类杀虫剂。它犹如旷野中的一声呐喊，让杀虫剂等危害生态环境的化学品受到全球普遍关注。

化学品和重金属已经成为人类发展经济和改善生计的生产要素。目前，上市销售的化学品种类已超过24.8万种。但这些物质的使用、生产与处置会直接影响水体、大气、人体健康与安全。20世纪发生的重大公害事件都与化学品和重金属污染相关。第二次世界大战后的日本，为追赶欧美经济强国，重点发展了重工业、化学工业。然而，在其沉醉于成为经济大国的同时，却也遭受了巨大的环境灾难。因含汞废水而起的“水俣病”事件、因含镉废水而起的“痛痛病”事件、因多氯联苯而起的“米糠油”事件等，20世纪世界八大公害事件中，日本就占了4件。欧洲和美洲也有类似的公害事件。1986年，瑞士巴塞尔市桑多斯化工厂仓库起火爆炸，剧毒农药、硫、磷、汞等毒物随着百余吨灭火剂，剧毒物质构成70km长的微红色飘带，以4km/h的速度向下游流去，流经地区鱼类死亡。

制造业的转移，也伴随着化学品和重金属的污染向发展中国家的转移。1984年，发生在印度的博帕尔公害事件被称为有史以来最严重的因事故性污染而造成的惨案。该事件是因印度中央邦博帕尔市郊的美国联合碳化物公司的一座贮存45t异氰酸甲酯贮槽的安全阀发生毒气泄漏事故而引起的。如今的中国已经成为世界制造中心，化学品与重金属污染事件也不断发生，铅、镉、砷、铊等重金属污染、化工厂爆炸、泄漏等事件让我国的土壤、水体、大气屡屡受到污染。化学品与重金属污染的潜在威胁也无处不在。

因此，降低和规避化学品与重金属污染风险成了国际社会关注的焦点。相关国际公约，如《控制危险废料越境转移及其处置巴塞尔公约》《国际农药供销和使用行为守则》《关于国际化学品贸易资料交换的伦敦准则》《关于在国际贸易中对某些危险化学品和农药采用事先知情同意程序的鹿特丹公约》《关于持久性有机污染物的斯德哥尔摩公约》《全球化学品统一分类和标签制度》《关于汞的水俣公约》，不断签署。这些国际公约成了全球化学品与重金属管理中最重要最有效的手段之一。

除了国际公约外，以美国和欧盟为代表的发达国家和地区还通过立法及各种管理措施，来减少有毒有害物质的环境风险。例如美国早在1976年就颁布了《有毒物质控制法》（TSCA）。随后，美国联邦政府逐步建立了包括《综合环境反应赔偿和责任法》（CERCLA）和《应急计划与社会知情权法》（EPCRA）在内的涉及化学品管理的法规体系，并建立了包括预生产申报制度、化学品数据报告制度、有毒物质排放清单制度和风险管理计划制度等在内的五部化学品管理制度。在配合美国联邦政府开展化学品环境管理工作的同时，各州也根据本州的特点，针对有毒化学品制定州内的法律，并由州环境保护部门实施，形成了一整套化学品与重金属管理体系。欧盟关于化学品管理最有名的法案是2007年颁布的《关于化学品注册、评估、许可和限制规定》。该法案对进入欧盟市场的所有化学品进行预防性管理。由于欧盟 REACH 指令的影响，日本于 2010 年出台了日本版的 REACH。

尽管化学品与重金属污染防治在国际社会的共同努力下取得了较大的进展，但是它也因为全球贸易而在全球范围内迁移，成为一个全球性环境问题，并受到广泛关注。

地球是一个由自然生态系统和人类社会要素组成并相互作用和影响的社会生态系统。人类活动改变着生态系统。生态系统给人类提供各种产品和服务，如供给人类食物、药材、水等衣食住行的必需品；调控洪水、干旱、土地退化等灾害及人类疾病；支持土壤形成、养分循环；丰富人类娱乐、认知和其他精神生活。特别是经济发展落后地区的人们，其维持生计所必需的物品在很大程度上都依赖于自然生态系统。环境污染不仅会带来生态系统的脆弱性，而且会加剧人类社会的脆弱性。

1.1.2 资源问题

资源的内容比较广泛，常被定义为一切可被人类开发和利用的物质、能量和信息的总称。本书主要讨论作为经济发展重要物质基础的矿产资源。工业革命之后，矿产资源的可耗竭性和有限性凸显。美国前国务卿黑格曾指出，在当前的年代，货币已经成为一种较为落后的武器，当人类进入了高科技时代之后，对于资源的高消耗将注定会让资源成为最重要的武器。比如说，仅美国的铬铁矿发生危机就已使 100 万人失业，冷战的实质就是一场资源大战。矿产资源已经成为各国实现经济发展和国家安全的重要因素。

资源是大自然赐给人类的财富，它具有天然形成、有限性、区域分布差异性、生态性等自然属性。但是一旦它被用作生产资料，就表现出在自然物上的生产关系，即具有了经济属性。而且随着科学技术的进步和生产力的发展，自然资源的用途不断拓展，价值也不断增大。于是资源的经济属性被放大，资源问题出现了。

1. 矿产资源枯竭的绝对性

谈到资源问题，首先想到的就是不可再生资源的枯竭。矿产资源是在千万年以至上亿年的漫长地质年代中形成的，被认为是不可再生的。矿产资源的不可再生性决定了矿产资源的相对有限性、稀缺性和可耗竭性。在资源枯竭性论述中最有代表性的著作就是《增长的极限》。该书阐述了人口、粮食、资源、工业和环境污染的关系，认为人口数量和资源消耗是成指数递增的，新资源的发现则是呈线性递增或者不递增的，并且预测随着自然资源供应的快速耗竭，人口将会面临着灾难性的下降。

快速消耗的自然资源已经成为人类社会可持续发展面临的巨大挑战。一些科学家基于已有探明储量和资源消耗速度推算大部分不可再生资源将在未来的几百年间耗竭，部分矿物的元素资源基础储量及其期望寿命的估算见表 1-2。当然，也有学者认为这样的推测是静态的，忽略了未来可能增加的探明储量以及技术进步的作用。但是，新探明储量只是可用资源数量的增加，并不能改变地球不可再生资源存量的有限性。事实也证明，技术进步虽然提高了资源利用率，但并没有减少当代人使用不可再生资源的绝对数量。

表 1-2　部分矿物的元素资源基础储量及其期望寿命的估算

矿物	资源基础储量/t	不同消耗增长率下的期望寿命/年				实际年消耗增长率（%）
		0%	2%	5%	10%	
铝	2.0×10^{18}	1.7×10^{11}	1107	468	247	9.8
镉	3.6×10^{12}	2.1×10^{8}	771	332	177	4.7
铬	2.6×10^{15}	1.3×10^{9}	861	368	196	5.3
钴	6.0×10^{14}	2.4×10^{10}	1009	428	227	5.8
铜	1.5×10^{15}	2.2×10^{8}	772	332	177	4.8
金	8.4×10^{10}	6.3×10^{7}	709	307	164	2.4
铁	1.4×10^{18}	2.6×10^{9}	898	383	203	7.0
铅	2.9×10^{14}	8.4×10^{7}	724	313	167	3.8
镁	6.7×10^{17}	1.3×10^{11}	1095	463	244	7.7
锰	3.1×10^{16}	3.1×10^{9}	906	386	205	6.5
汞	2.1×10^{12}	2.2×10^{8}	773	333	178	2.0
镍	2.1×10^{12}	3.2×10^{6}	559	246	133	6.9
磷	2.9×10^{16}	1.9×10^{9}	881	376	200	7.3
钾	4.1×10^{17}	2.2×10^{9}	1005	427	226	9.0
铂	1.1×10^{12}	6.7×10^{9}	944	402	213	9.7
银	1.8×10^{12}	1.9×10^{8}	766	330	176	2.2
硫	9.6×10^{15}	2.1×10^{8}	769	331	177	6.7
锡	4.1×10^{13}	1.7×10^{8}	760	327	175	2.7
钨	2.6×10^{13}	6.8×10^{8}	829	355	189	3.8
锌	2.2×10^{15}	4.0×10^{11}	1151	486	256	4.7

不可再生资源有可回收和不可回收之分。例如，金属类资源在其使用终结后，是可以进行循环利用的，被称为可回收的不可再生资源。以铜为例，无论

用于电线、集成电路芯片、手机、空调、发电机的铜，还是用于汽车、高铁、飞机、航天器的铜，永远都是铜。等到这些产品退役后，通过拆解、破碎、分离、冶炼、提纯等技术便能使铜再生利用。而诸如煤炭、石油等化石类能源的消耗却是不可逆的，这类物质被称为不可回收的不可再生资源。不过，无论可回收的不可再生资源，还是不可回收的不可再生资源，其不可再生性决定了其具有地质储量的有限性和使用的可耗竭性。

2. 矿产资源枯竭的相对性

矿产资源枯竭的绝对性主要是从其不可再生的自然属性而谈的。如果综合考虑矿产资源的自然属性和经济属性，则其供给不仅与资源储量、开发难度、开发成本等因素相关，还与资源供给与消费的国家和地区的经济水平、产业结构、技术水平、社会文化和政策法规等诸多因素相关。供给和消费的不平衡是矿产资源枯竭的相对性问题。矿产资源枯竭的相对性具体体现为一个国家或地区能否在给定的时间和地点、以合理的价格和方式，持续、稳定、安全获得国家经济建设和人民生活所需要的矿产资源的状态。

资源分散于地球之上，但各地的矿床并不均衡。随着人类画野分疆，国家形成之后，资源分布就显得并不那么公平了。有的国家多，有的国家少；有的国家贫矿多、伴生矿多，有的国家富矿多；有的国家矿产易开发，有的国家矿产开发成本高。这种不均衡分布强烈地影响着矿产资源的供给和全球贸易，成为全球国家与国家之间合作和冲突的核心要素之一。

另外，从矿产资源的消费来看，处于不同发展阶段的国家，其产业结构不同，对矿产资源种类和数量的需求也就不同。工业化阶段，由于钢铁、纺织、机械、水泥等制造业的比例高，矿产资源的消费一般也相对较高。矿产资源消费总量持续增长，必然导致其在国民经济中的基础地位不断巩固。而进入后工业化阶段，服务业，尤其是知识密集型产业的比例升高，使得传统的钢铁、纺织等产业在国民经济中的比例下降（总量不一定下降）。矿产资源在国民经济中的地位也随之下降。当然，其物质基础的地位并没有动摇。

从上面供求两方面的分析来看，矿产资源相对枯竭性是与资源的自然属性和世界政治经济体系紧密关联的。贸易是解决全球矿产资源分布不均，消减矿产品的生产和消费不平衡的重要手段。2000 年的统计资料显示：世界石油总产量的60%被出口；世界铁矿石出口贸易总量占全球产量的43%；铜矿产量大部分也进入国际市场；世界所产的铀、钼、锡、镍、钾盐、铌、钽、稀土金属、金、金刚石和铂族金属等，有80%～100%的产量进入国际市场。出口量占产量很大比例的矿产资源还有：铅（28%）、铝（60%）、锌（40%）、钨（44%）、锰（38%）、天然气（20%），磷酸盐（20%）。世界各国所产的矿产品及其初级加工产品至少有50%通过国际市场和地区市场流通而被重新分配。

由此可见，矿产资源枯竭的相对性是现阶段经济发展的主要矛盾。这一矛盾，美国地质局早在2002年的报告《二十一世纪资源短缺的内涵：地区、国家和全球矿产供给前景中的动力与限制》中就已经指出了，报告认为：在未来的数十到数百年间，在全球范围内矿产资源短缺相对于其他关于矿产资源和储量如何满足社会需求而引起的社会问题而言仍将处于从属地位。也就是说在今后相当长的一段时期内，资源的相对短缺仍将是社会、经济的主要矛盾。

3. 全球资源链与脆弱性

作为生产要素之一的自然资源因其分布的不均性和储量的有限性，必然成为全球贸易和生产的重要内容。从时间维度来看，矿产资源在开采、冶炼、原材料生产、产品生产，以及产品报废后的资源循环利用等生命周期环节中，体现着不同的资源形态，当然也凝结着不一样的劳动价值。从空间维度观察，由于世界经济体系中国际劳动分工的不同，资源的生命周期过程又体现为其在不同国家或地区之间的流动、优化组合和高效配置，从而形成了复杂的全球资源链。全球资源链的形成虽然是资源优化配置的重要途径，但是由于各国经济水平、政治地位、国家利益不一，资源的供应与消费又在一定程度上存在着风险和脆弱性。

鉴于此，作为经济发展基石的资源，自然为各国所重视。尤其是一些具有重要经济风险和高供应风险的矿产资源或原材料，被称为“关键矿产”“关键原材料”或者“战略矿产”。从表1-3中所列的欧美、中国的战略矿产的指标来看，只是表述上有些差别，意思类似。不过因资源禀赋差异以及在国际产业链中分工不同，各国家或地区所确定的战略矿产也不完全相同，见表1-4。以稀有金属钽为例，钽是现代尖端电子、航空航天、医疗和军事装备等工业中不可缺少的重要金属矿产，被美国、日本和欧盟列入了战略金属矿产。中国钽资源对外依存度虽超过80%，但并未将其列入战略性金属矿产，这可能与美国、日本、欧盟是钽的主要消耗国家或地区有关。

表1-3 各国战略矿产指标比较

国家或地区	美国	欧盟	中国
识别指标	供应风险与脆弱性 经济重要性 资源稀缺性 国家安全影响	经济重要性 供应风险与脆弱性 缺乏替代性	经济重要性 供应风险 国家安全影响
矿产种类①	35（金属矿产30种、非金属矿产5种）	27（金属矿产18种、非金属矿产9种）	24（金属矿产14种、非金属矿产4种、能源矿产6种）

① 数据来自《唤醒沉睡的宝藏：中国废弃电子产品循环经济潜力报告》。

表1-4　美国、欧盟、中国、日本的战略金属矿产

国家或地区	美　国	欧　盟	中　国	日　本
金属矿产	铝、锑、铍、铋、铯、铬、钴、镓、锗、铪、铟、锂、镁、锰、铌、铂族金属、钾肥、稀土元素、铼、铷、钪、锶、钽、碲、锡、钛、钨、铀、钒、锆	锑、轻稀土元素、镓、镁、钪、铍、锗、金属硅、铋、铪、钽、铌、钨、钴、重稀土元素、铂族金属、钒、铟	铁、铬、铜、铝、金、镍、钨、锡、钼、锑、钴、锂、稀土元素、锆	锑、轻稀土元素、镓、镁、钪、铍、锗、金属硅、铋、铪、钽、铌、钨、钴、重稀土元素、铂族金属、钒、铟

世界上几乎没有一个国家的矿产资源可以自给自足，而国家对所谓“战略矿产”的保护，小则是贸易摩擦，如2012年美国、欧盟、日本就中国对稀土、钨、钼3种原材料采取出口管理措施提出世贸争端诉讼；大则是国家或地区争端的根源之一。美国著名的世界观察研究所在其报告《全球预警》中指出，在整个人类历史进程中，获取和控制自然资源（土地、水、能源和矿产）的战争，一直是国际紧张和武装冲突的根源。这不得不让人想起法国著名思想家让-雅克·卢梭（Jean-Jacques Rousseau）的话，“从自然这个造物者手里出去的任何事物，本是善良无比的，一旦进入人类手中，全部变坏了。”

大自然赐予了人类智慧，也给予人类美好的自然环境和丰裕的自然资源，但愿人类未来在对大自然的征服之中学会与自然和谐相处。

1.2　绿色设计的形成背景

1.2.1　可持续发展的要求

面对日益膨胀的欲望和严峻的资源、环境压力，人类不得不重新审视自己的社会经济行为，反思和总结传统经济发展模式中不可克服的问题，探索新的发展战略。越来越多的有识之士认识到：解决这场危机的关键是人类需要一场深刻的变革，寻求一种新的发展模式，建立一个以可持续发展为目标的生态文明。形势逼人，人类面临着严峻的挑战与考验。可持续发展（Sustainable Development）正是在这样的背景下孕育而生的，而从孕育到为世人普遍接受却是一个漫长的过程。

第二次世界大战后，百废待兴，以美国、苏联、欧洲、日本为首的世界强国迎来了经济大发展，也带来了前面谈到的资源、环境问题。1970年4月22日，美国发生了人类有史以来第一次规模宏大的群众性环境保护活动，人数多达2000多万，相当于美国当时人口的1/10。1972年6月5日，联合国在瑞

典首都斯德哥尔摩召开了有各国政府代表团及政府首脑、联合国机构和国际组织代表参加的人类环境会议，并通过了著名的《联合国人类环境会议宣言》。其中明确指出："为了现代人和子孙后代保护和改善人类环境，已经成为人类一个紧迫的目标。这个目标将同争取和平和全世界的经济与社会发展两个基本目标共同和协调实现。""保护和改善人类环境是关系到全世界各国人民的幸福和经济发展的重要问题；也是世界各国人民的迫切希望和各国政府的责任。"环保问题逐渐成为人们关注的焦点。因可持续发展思想起源于环境保护，故斯德哥尔摩人类环境会议被认为是人类环境时代的开始和可持续发展思想的萌芽。

随着环境保护实践的深入，人们意识到先污染后治理的末端治理方法并不能真正解决环境污染、资源枯竭的问题，开始反思人类传统的发展模式，尤其是对工业革命以来的物质和精神文明成果。关于可持续发展思想的认识自然也就更深刻了。1980 年，国际自然与自然资源保护联盟（IUCN）、联合国环境规划署（UNEP）和世界野生动植物基金会（WWF）共同发布了《世界自然资源保护大纲》。《世界自然资源保护大纲》对可持续发展思想进行了较为系统的阐述，指出人类利用对生物圈的管理，使生物圈既能满足当代人的最大持续利益，又能保持其满足后代人需求与欲望的能力。现在看来，《世界自然资源保护大纲》提出的可持续发展概念及其实现前景和途径仍具有现实的指导意义。为了将《世界自然资源保护大纲》的观点深化并落实到具体行动计划上，国际自然与自然资源保护联盟 1981 年推出了另一部具有国际影响的文件《保护地球报告》。该文件进一步地阐述了可持续发展的思想。

1987 年，挪威首相格罗·哈莱姆·布伦特兰（Gro Harlem Brundtland）夫人领导的世界环境与发展委员会发表了一份题为《我们共同的未来》的报告，该报告根据可持续发展思想提出了公平性、可持续性、共同性三原则，并且主张：资源的公平分配，应兼顾当代与后代的需求，建立保护地球自然基础上的持续增长模式，达到人类与自然的和谐相处。该报告第一次对可持续发展进行了科学的论述：可持续发展是在满足当代人需求的同时，不损害人类子孙后代满足其自身需求的能力。《我们共同的未来》标志着可持续发展思想体系逐步走向成熟和完善。

可持续发展思想真正为世界各国所接受并成为人类的共识，应归功于 1992 年在巴西里约热内卢举行的有 183 个国家代表团和 70 个国际组织参加的联合国环境与发展会议。在这次会议上，通过了贯穿着可持续发展思想的《关于环境与发展的里约热内卢宣言》《21 世纪议程》《联合国气候变化框架公约》《联合国生物多样性公约》和《关于森林问题的原则声明》等重要文件，标志着可持续发展思想被世界上绝大多数国家和组织所认可。这次会议之后，世界各国根据自身情况逐步开展了对可持续发展的理论研究和实施行动。自此以后，可持续发展作为一种新的发展观，逐步转化成为各国的发展战略。例如，中国于1994年编制了《中国21世纪议程》，提出了建立可持续发展的经济体系、社会体系和保持与其相适应的可持续利用的资源和环境基础的可持续发展总体目标。可持续发展也从此成为国际社会发展、合作的核心内容。

可持续发展的实践是举步维艰的。2002年，南非约翰内斯堡举行了联合国第一届可持续发展世界首脑会议。这次会议回顾了1992年里约会议以来可持续发展战略的成绩和问题，并承认了里约会议所确定的目标没有实现。但会议并未由此悲观，而是通过了《联合国可持续发展世界首脑会议的政治宣言》《可持续发展问题世界首脑会议执行计划》等重要成果文件，以期积极推进全球的可持续发展。又过了十年，即2012年，联合国再次在里约召开“联合国可持续发展大会”（又称“里约+20”峰会），通过了《我们希望的未来》。会员国一致认为可持续发展目标应与2015年后的联合国发展议程连贯一致，并纳入其中。会议决议成立可持续发展目标开放工作组，旨在制定一套全球可持续发展目标，为制定2015年后国际发展议程提供重要指导。2013年成立的联合国可持续发展目标开放工作组，经过一年多的工作，于2014年第68届联合国大会提交了包含17项目标和169项具体目标的可持续发展目标建议报告。2014年底，联合国秘书长向联合国第69届大会提交了《2030年享有尊严之路：消除贫穷，改变所有人的生活，保护地球》的综合报告，开启了2015年后发展议程政府间谈判的进程。2015年8月，联合国193个会员国就2015年后发展议程达成一致。2015年9月，联合国可持续发展峰会通过了《变革我们的世界：2030年可持续发展议程》。2015年后发展议程也正式更名为2030年可持续发展议程。

可持续发展议程遵循《联合国宪章》《联合国千年宣言》《关于环境与发展的里约热内卢宣言》等所述的各项原则，制订了一套包括17项目标和169项具体目标的可持续发展目标。该目标体系涉及“人类（People）”“地球（Planet）”“繁荣（Prosperity）”“和平（Peace）”和“伙伴关系（Partnership）”五个维度的内容。其中，目标8、9、11、12是针对经济持续繁荣的，分别为“促进持久、包容和可持续的经济增长，促进充分的生产性就业和人人获得体面的工作”“建造具备抵御灾害能力的基础设施，促进具有包容性的可持续工业化，推动创新”“建设包容、安全、有抵御灾害能力和可持续的城市和人类住区”“采用可持续的消费和生产模式”，涉及可持续工业化、城市化，促进就业，技术创新，基础设施，以及可持续的生产和消费等内容。这些内容都对本书的主题绿色设计提出了迫切要求。

然而，就如前面所述，可持续发展的内涵是非常丰富的，不同的学科领域对其关注点也不一样。

1）从经济学的角度分析，可持续发展被理解为：在环境得以持续发展的制约条件下，使环境资源的利用效益达到最大化。

2）从社会学的角度分析，可持续发展被定义为：改进人类的生活质量，同时不要超过支持发展的生态系统的承受力。

3）从生态学的角度分析，可持续发展被定义为：寻找一种最佳的生态系统和土地利用的空间构形，以支持生态的完整性和人类愿望的实现，使环境的持续性达到最大。

4）从地理学的角度分析，可持续发展的核心被定义为："人与地球"的关系。

5）从工业技术的角度出发，可持续发展被定义为：借助各种技术手段，在产品生命周期全过程的各个环节中采取措施，使产品在其生产、使用以及回收处理中节省能源和资源，减少或消除环境污染，并保护人类的健康和安全。

站位不一样，人们对其认识也就不一样，甚至还会有冲突。例如，可持续发展有"弱"与"强"两种发展范式之争。弱可持续发展范式的代表，如经济学家罗伯特·默顿·索洛（Robert Merton Solow）和约翰·哈特维克（JohnM. Hartwick），他们认为资本包含生产资本、自然资本和人力资本，只要当代人转移给后代人的资本总存量不少于现有存量即可实现可持续发展。显然，弱可持续性所关心的只是由三种资本形式构成的总资本存量，因此该观点成立的前提假设是自然资本和其他资本形式之间是可以完全替代的。而资本完全替代的假设受到大卫·皮尔斯（David Pearce）、安东尼·巴恩斯·阿特金森（Anthony Barnes Atkinson）和赫尔曼·戴利（Herman Daly）等生态经济学家的质疑，他们认为自然资本与其他资本形式之间只能有限度地替代，重要的自然资本是不能替代的，如全球生命保障系统、自然防洪渠道、土壤的再生能力、地球调节大气成分的过程和营养圈循环等，认为要实现真正的可持续发展，自然资源的存量必须保持在一定的极限水平之上。不过，这只是发展范式的问题，可持续发展已经成为全球的共识。

本书将重点从工业技术的角度，针对量大面广的制造业，阐述如何利用产品绿色化工程思想和技术，实现制造业的可持续发展。

1.2.2 绿色设计与创新的迫切性

应对环境污染最直接的办法就是污染治理。20 世纪六七十年代，工业发达国家在快速发展经济的同时，忽视了对工业污染的防治，致使环境问题日益严重，公害事件不断发生。面对严峻的资源环境问题、巨大的经济损失和社会各界的压力，各国政府都采取了相应的环保措施和对策，如增大环保投资、建设污染控制和处理设施、制定污染物排放标准、实行环境立法等，以控制和改善环境污染问题，但同时也付出了高昂的代价。据美国环境保护局（EPA）统计，美国用于空气、水和土壤等环境介质污染控制的总费用（包括投资和运行费），1972 年为 260 亿美元（占 GNP 的 1%），1987 年猛增至 850 亿美元，20 世纪 80 年代末达到 1200 亿美元（占 GNP 的 2.8%）。实践表明：这种着眼于使排放的污染物通过治理达标排放的末端治理（即控制排污口，End-Of-Pipe Treatment）方法，虽能在一定时期内或在局部地区起到一定的作用，但并不能从根本上解决工业污染问题。其原因在于：

第一，人们不断提高的环境意识，增加了工业生产所排污染物种类的检测内容，严格了限用禁用污染物（特别是有毒有害污染物）的排放标准，从而加大了污染治理与控制的投入。例如杜邦公司废物的处理费用以每年 20%～30%的速率增加，焚烧一桶危险废物可能要花费 300～1500 美元。即使如此之高的经济代价仍未能达到预期的污染控制目标，末端处理在经济上已不堪重负。

第二，因为污染的形成在先，治理技术的产生在后，所以末端治理难以在技术上彻底消除污染。目前的末端治理技术，有的是通过稀释排放的方法实现排放达标；而有的治理技术实际上是污染物转移，即废气变废水，废水变废渣，废渣堆放填埋，破坏生态环境，形成恶性循环。

第三，着眼于末端治理的污染处理办法，不仅需要投资，而且使一些可以回收的资源（包含未反应的原材料）得不到有效的回收利用而流失，致使企业原材料消耗增高，产品成本增加，经济效益下降，从而影响企业治理污染的积极性和主动性。

发达国家在污染治理的实践中逐步认识到：要从根本上解决环境污染，不能只依靠末端治理，必须以“预防为主”，实施源头控制，尽量将污染物消除在源头，即从产品设计开始，就实行工业生产全生命周期污染和资源控制。20 世纪 70 年代末期以来，发达国家的政府和企业都纷纷研究开发绿色设计方法、少废工艺、无废工艺、有害物质替代工艺，开辟污染预防的新技术，提出并把推行绿色制造、清洁生产、生态工业园、循环经济等生产模式，作为经济和环境协调发展的一项战略措施。实践证明：源头预防优于末端治理。日本环境厅 1991 年的报告指出，从经济上计算，在污染前采取防治对策比在污染后采取治理措施更为节省资金。例如就整个日本的硫氧化物造成的大气污染而言，排放后采取对策所产生的受害金额是现在预防这种危害所需费用的 10 倍。而对水俣病而言，其推算结果则为 100 倍，两者的经济损失相差极大。

20世纪八九十年代，中国、印度等发展中国家的工业化进程启动。发展中国家也未逃脱先污染再治理的工业化老路，资源、环境问题日益严重。以中国的工业化进程为例，据世界银行的专家估计，1997年中国大气和水污染造成的损失约为540亿美元，约占GDP的8%。进入21世纪，中国的经济体量逐渐放大，2010年GDP跃居世界第二，但资源环境问题更加突出。2013年中国GDP已稳居世界第二，达到约56万亿元，约占世界的8.6%；但是却消耗了世界19.3%的能耗，万元国内生产总值能源消费量达0.80t标准煤；与此同时钢材实际消费量约6.86亿t，约占全球钢铁消耗量的46%；精炼铜实际消费量940万t，约占全球精炼铜消耗量的44%。近几年，特别是党的十八大以来，国家在绿色发展、生态文明建设等大政方针的指引下，绿色制造在全国范围内开始推行。

绿色制造（Green Manufacturing）是一种综合考虑环境影响和资源消耗的现代制造模式，其目标是使产品从设计、制造、包装、使用到报废处理的整个生命周期中，对环境负面影响小、资源利用率高、综合效益大，使企业经济效益与社会效益得到协调优化。这是一种从产品生命周期角度解决资源、环境和人体健康安全的制造模式。绿色制造的推行，使中国在节能减排、环境保护等方面的成效显著。例如，2019年单位GDP能耗较2016年下降13.2%，累计节能约6.5亿t标准煤，相当于减少二氧化碳排放约14亿t；全国城市再生水利用率达22.1%；单位GDP建设用地使用面积实际下降率14.4%。但与发达国家的资源效率相比仍有差距，因为发达国家在产业结构和技术方面起步早，优势明显。

另外，绿色制造意味着更严格的法规标准，而在国际劳动分工中，发展中国家所承接的多是高能耗、高污染、低附加值的产业，这样的产业结构和薄弱的绿色技术基础意味着各式各样的绿色贸易壁垒。绿色贸易壁垒已经成为以中国为代表的发展中国家发展经济的障碍，越来越迫切需要推动绿色制造以支撑国家经济的发展。国内外的学术研究和工业实践均证明：绿色制造是解决制造业资源、环境问题的重要途径。而设计作为产品生命周期的源头，对于“源头预防”至关重要。所以绿色设计与创新被认为是绿色制造的核心与关键，也是绿色机电产品开发中迫切需要攻克的关键技术。

参考文献

[1] 联合国环境规划署UNEP. GEO-5企业版：不断变化的环境对企业的影响［R］. 内罗毕：联合国环境规划署UNEP，2013.

[2] 联合国开发计划署UDNP. 2014年人类发展报告：促进人类持续进步 降低脆弱性，增强

抗逆力［R］. 纽约：联合国开发计划署 UDNP，2015.
［3］佚名. 关于平流层中臭氧及其损耗的科学知识和事实［J］. 世界环境，1999（4）：5-6.
［4］李海涛，庄欠来，沈文清. 由臭氧层衰竭导致的 UV-B 辐射增加对陆生植物的影响［J］. 世界科技研究与发展，2001，23（4）：63-72.
［5］杨桂英. 臭氧层损耗的原因、危害及其防治对策［J］. 赤峰学院学报（自然科学版），2010，26（9）：128-130.
［6］向仁军. 中国南方典型酸雨区酸沉降特性及其环境效应研究［D］. 长沙：中南大学，2011.
［7］国家统计局. 中国统计年鉴：2020［M］. 北京：中国统计出版社，2020.
［8］程萌田. 霾及沙尘颗粒物中水溶性无机离子的浓度及其对环境的影响［D］. 兰州：甘肃农业大学，2013.
［9］KLOKE A，SAUERBECK D R，VETTER H. Changing metal cycles and human health［M］. Berlin：Springer- Verlog，1984：113-141.
［10］SHANG Y，SUN Z W，CAO J J，et al. Systematic review of Chinese studies of short-term exposure to air pollution and daily mortality［J］. Environment international，2013，54（Apr.）：100-111.
［11］李林，周启星. 不同粒径大气颗粒物与死亡终点关系的流行病学研究回顾［J］. 环境与职业医学. 2015，32（2）：168-180.
［12］BROWN D M，WILSON M R，MACNEE W. Size-dependent proinflammatory effects of ultrafine polystyrene particles：a role for surface area and oxidative stress in the enhanced activity of ultrafines［J］. Toxicology and Applied Pharmacology，2001，175（3）：191-199.
［13］陈茂直. 全球半数城市空气污染超标［J］. 生态经济，2014，30（8）：4.
［14］张宝锋，陈峰，田晓庆，等. 2005～2017 年中国七大水系水质变化趋势分析［J］. 人民长江，2020，51（7）：33-39.
［15］林晶. 水体富营养化和赤潮危害及主要防治方法［C］. 中国环境科学学会 2013 年学术年会论文集. 2013：3857-3861.
［16］世界环境污染最著名的“八大公害”和“十大事件”［J］. 管理与财富，2007（1）：14-15.
［17］聂晶磊，霍立彬. 美国五部化学品环境管理制度比较研究［J］. 现代化工，2014（1）：18-22.
［18］霍立彬，于丽娜，聂晶磊，等. 美国州级化学品环境管理法规及其进展［J］. 环境工程技术学报，2013，3（4）：358-362.
［19］杨海宁，姚立丹. 欧、美、日、中化学品管理法规现状及发展趋势［J］. 石油商技，2009，27（4）：76-81.
［20］张海峰. 国外发达国家化学品安全管理现状［J］. 安全、健康和环境，2003，3（7）：28-29.
［21］赵新宇. 不可再生资源可持续利用的经济学分析［D］. 长春：吉林大学，2006.
［22］骆云. 中国矿产资源勘查开发管理研究［D］. 西安：长安大学，2014.
［23］曹飞，杨卉芃，张亮，等. 全球钽铌矿产资源开发利用现状及趋势［J］. 矿产保护与利用，

2019, 39 (5): 56-67, 89.

[24] 鲜祖德, 巴运红, 成金璟. 联合国2030年可持续发展目标指标及其政策关联研究 [J]. 统计研究, 2021, 38 (1): 4-14.

[25] "中国循环经济的理论与实践研究" 课题组. 中国循环经济的理论与实践研究: 我国发展循环经济的现状及其评价 [J]. 经济研究参考, 2006 (46): 2-9.

[26] 埃尔克曼. 工业生态学 [M]. 徐兴元, 译. 北京: 经济日报出版社, 1999.

[27] 黎姿. 清洁生产的产生背景 [J]. 沿海环境, 2003 (6): 30.

[28] 刘娇. 中国环境污染状况备忘录 [J]. 生态经济, 2003 (8): 36-40.

[29] 国家统计局. 中国统计年鉴: 2014 [M/OL]. 北京: 中国统计出版社, 2014 [2021-11-03]. http: //www. stats. gov. cn/tjsj/ndsj/2014/indexch. htm.

[30] 2013年钢铁工业经济运行情况 [EB/OL]. [2021-11-03]. https: //www. miit. gov. cn/gxsj/tjfx/yclgy/gt/art/2020/art_e67e4a515711437ba607337e6ff45fb5. html.

[31] 上海有色网. SMM线上数据库 [DB/OL]. [2021-11-03]. https: //data-pro. smm. cn.

第2章

绿色产品与生命周期评价

绿色设计的对象是绿色产品，产品 70% 的绿色性能由设计决定。中华人民共和国工业和信息化部发布的《绿色制造工程实施指南（2016—2020 年）》中也将“推广万种绿色产品”作为“十三五”期间的主要目标之一。为此，本书以绿色产品为起点来讨论绿色设计理论与方法。

2.1 绿色产品的定义与属性及其评价

2.1.1 绿色产品的定义

绿色产品，在国外也称环境协调产品（Environmental Conscious Product，ECP），是个相对的概念。“绿色产品”一词最早出现在美国 20 世纪 70 年代发布的有关环境污染法规中。在之后的发展过程中，人们根据自己的理解对绿色产品下过多种定义，归纳起来主要有：

1）绿色产品是指以环境和资源保护为核心概念而设计的可以拆卸并分解的产品，其零部件经过翻新处理后，可以重新利用。

2）绿色产品是指那些旨在减少部件、合理使用原材料并使部件可以重新利用的产品。

3）绿色产品是指在其使用寿命完结时，部件可以翻新和重新利用或能被安全处置的产品。

4）绿色产品是从生产到使用乃至回收的整个过程中都符合特定的环境保护要求，对生态环境无害或危害小，以及能够实现资源再生或回收再利用的产品。

5）绿色产品指能满足用户使用要求，并在其生命循环周期中（原材料制备、产品规划、设计、制造、包装及发运、安装及维护、使用、报废回收处理及再利用）能经济性地实现节省资源和能源、极小化或消除环境污染，且对劳动者（生产者和使用者）具有良好保护的产品。

6）绿色设计产品是指符合绿色设计理念和评价要求的产品。

上述定义中，前三个都是从产品、零部件或材料的重用、循环利用以及安全处置的角度来描述绿色产品的。这或许与当时产品退役后资源化难度大有关。定义 4）在内容上有所扩展，提出绿色产品应从产品生命周期整体角度上考虑资源合理利用和环境保护。定义 5）则又在定义 4）的基础上为绿色产品扩展了功能和性能、经济性以及人体健康。应指出的是：到目前为止，绿色产品也没有一个权威的定义。就连国家为推行绿色产品所制定的标准术语也没有直接定义绿色产品，而是给出了绿色设计产品的概念，即上面的定义 6）。这是从产品的设计理念和评价要求来谈绿色产品，并在各类绿色设计产品标准针对各自产品的特点确立了包含资源、能源、环境和产品属性的四大类指标体系。

为了便于对绿色产品和绿色设计的讨论，本书基于前人的研究，定义绿色产品为：绿色产品是指在产品生命周期中（原材料制备、产品规划、设计、制造、包装及发运、安装、使用维护、报废后回收处理及再使用），通过采用先进的技术，经济地满足用户功能和使用性能上的要求，同时实现节省资源和能源、减小或消除环境污染，且对人体伤害尽可能小的产品。

2.1.2 绿色产品的属性

从绿色产品的定义可以看出，绿色产品具有三个基本属性（或称三要素），分别是技术先进性、环境协调性和经济合理性。图 2-1 用一个三维坐标的形式描述了绿色产品及其三个属性之间相互联系、相互制约的关系。从图 2-1 中可看出，绿色产品在原来重点强调技术先进性和经济合理性的传统产品基础上增加了环境协调性，即产品在其生命周期中应能有效地节省资源和能源，保护环境和人体健康。也就是说，只有在产品生命周期中将技术先进性、环境协调性以及经济合理性融合为一体，才能获得真正的绿色产品。

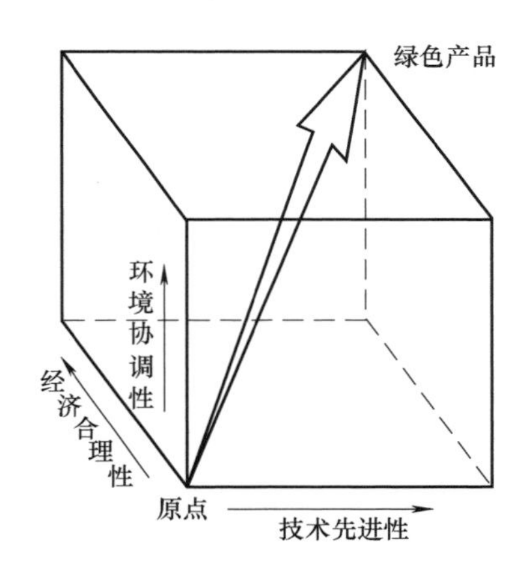

图 2-1 绿色产品的三维坐标体系

1. 技术先进性

技术先进性是绿色产品设计和生产的前提，也是绿色产品强大生命力之根基。如果一种产品在其功能和性能上不先进，不能可靠地满足用户要求，就根本谈不上环境协调性和经济合理性。应该指出的是，绿色产品的技术先进性强调在产品整个生命周期中采用先进的技术，因为只有这样做，才能保证安全、可靠、经济地实现产品的各项功能和性能，保证在产品的生命周期中具有良好的环境协调性，保证绿色产品的制造企业具有较大的技术领先性和较强的市场竞争力。例如，通常认为再生矿比原生矿的环境协调性好，就如表 2-1 中所列的再生铜和原生铜的环境影响一样。然而产业规模、原料状态、技术背景不同，数据可能完全不一样，如再生铜的原料不纯净，含有诸如电路板中的环氧树脂、阻燃剂等物质，再生铜冶炼工艺和装备落后，其能源、资源损耗就会较大，且还会产生大量包含二噁英在内的有机污染物。

表 2-1 再生铜与原生铜的环境效益比较

环境影响类型	不可再生资源消耗（ADP）	酸化作用（AP）	水体富营养化（EP）	气候变暖（GWP）	人体健康损失（HTP）	光化学烟雾（POCP）
单位	MJ eq	kg SO_2 eq	kg PO_4 eq	kg CO_2 eq	kg 1，4-DB eq	kg C_2H_4 eq
原生铜	46 044	28	2	4665	2533	2
再生铜	14 644	3	0	1130	439	0

2. 环境协调性

环境协调性是绿色产品之所以被称为“绿色”的重要属性，包括节省能源、节省资源、保护环境以及保护人体健康四个方面的内容。应该强调的是，仅仅在产品生命周期某个阶段中具备环境协调性的产品并不能够称为绿色产品。罗伯特·艾瑞斯（Robert Iris）工作组的研究证明了这一点：由于电子产品在装配和使用过程中对环境的影响较小，因此电子工业通常被认为是“清洁工业”，但是如果从制作“芯片”的硅的生命周期来考察，就会结论迥异。因为电子芯片所用的硅纯净度特别高，而为了达到纯净度要求，则会消耗大量的工业硅和其他原材料。1990 年全球工业硅产量为 80 万 t，但这些工业硅只能加工出 3.2 万 t 超高纯净的电子硅，而在这 3.2 万 t 电子硅中又只有约 10% 被制成了芯片，剩下的电子硅都变成了废料。另外，在这一生产过程中，还要使用 10 万 t 以上的氯和接近 20 万 t 的酸及各种溶剂，而这差不多 30 万 t 的化工原料，很少回收处理及再利用，至少当时的美国硅谷是这样做的。这个例子虽描述的是 1990 年的电子硅生产，但高纯度的单晶硅和多晶硅生产至今仍属于高耗能、高污染的产业。因此，只有在产品生命周期的各个阶段采用各种绿色技术、装备和管理措施，才能保证产品优异的环境协调性。

3. 经济合理性

经济合理性是绿色产品能否为市场所接受的一个必不可少的要素。一个产品无论它技术有多先进、环境协调性有多好，若不具备用户可接受的价格，就不可能走向市场。尽管人们环境意识不断增强，但当面临在环境和经济之间抉择时，人们往往会选择经济。这类事情在我们的日常生活中经常发生。以造成“白色污染”快餐饭盒为例，快餐饭盒在中国最先在列车餐车上使用，当时是纸做的，因不能防水防油，改用一层薄膜垫底，流汤滴水，很不方便。1984 年江苏省徐州市率先引进了一次性发泡聚苯乙烯（EPS）餐具生产线。于是伴随着改革开放的人口大迁移，EPS 快餐饭盒在铁路、大中城市迅速风行，20 世纪 90 年代，中国建成了 100 多条一次性塑胶餐具生产线，每年生产快餐饭盒 115 亿个，EPS 快餐饭盒价格低至每个平均仅售 0.15 元。但因 EPS 不易降解，故“白色污染”也就在国内迅速形成。为了替代 EPS 快餐饭盒，降解发泡塑料、淀粉（可食用）型、纸板型、纸浆模塑型和植物纤维型都被研发出来，但价格高于 EPS 快餐饭盒，如当时环境协调性较好的纸浆餐盒市场价每个平均约为 0.45 元，因此商家或用户从自身的经济利益出发，都拒绝购买纸浆餐盒。而 EPS 快餐饭盒最终被取代还是因为法令禁止。同样，绿色产品的经济合理性也应该从生命周期的角度来分析，应包含企业、用户以及社会三方面的成本和效益。

2.1.3　绿色产品的评价原则

知道了绿色产品的定义及其三个基本属性，然而，如何界定绿色产品，应如何评价产品的绿色程度，评价时应遵循什么原则？这些问题众说纷纭，一直困扰着工业界和学术界。本小节将结合已有的研究和国家出台的众多绿色设计产品评价技术规范，来探讨有关产品绿色度及其评价原则。为了表述方便，本书用“绿色度”来表征产品的绿色特性。

1. 绿色度的定义

绿色产品是技术先进性、环境协调性和经济合理性的有机集成，因此产品的绿色特性也应该是三大属性的综合体现。为此，定义产品绿色度的概念来表征产品的绿色属性。

绿色度是对产品技术先进性、环境协调性和经济合理性进行综合评价的指标。

组成绿色度的技术指标、环境指标、经济指标通常有多个，且这些指标具有动态性，也就是说，这些指标会随着技术的发展、标准的严格而发生动态变化，因此可以表示为式（2-1）的形式：

$$
\begin{aligned}
G &= f(T,E,C,t)\\
T &= f_T(T_1,T_2,\cdots,T_m)\\
E &= f_E(E_1,E_2,\cdots,E_n)\\
C &= f_C(C_1,C_2,\cdots,C_l)
\end{aligned}
\tag{2-1}
$$

式中，G 为产品绿色度；T 为技术先进性，它由各种技术指标组成；E 为环境协调性，它由各种环境协调性指标组成；C 为经济合理性，它由各种经济性指标组成；t 为时间。

式（2-1）只是产品绿色属性的一个数学表达形式，有关技术先进性、环境协调性和经济合理性的内容将在下一小节详细讨论。

2. 绿色度的评价原则

（1）绿色度评价的总体原则

评价在人们的生产生活中是经常会发生的，其目的在于认识某种事物、某个活动，或者支持某项决策。评价需要遵循一定的原则，绿色产品的评价也不例外。要从技术、环境和经济全方位的角度深入地进行产品绿色度评价，在评价指标确定、评价方法选取时需要遵循如下原则：

1）指标体系应遵循产品生命周期原则。在产品绿色度评价指标体系的建立中，不能仅仅强调产品生命周期某个阶段或环节的技术先进性、环境协调性和经济合理性，而应该从整个生命周期出发综合评价绿色产品的性能。因为只从某个阶段去评价产品往往会得出错误的结论。例如，如果仅从回收处理阶段来评价一次性的塑料杯和纸杯，则显然纸杯的综合性能特别是环境协调性要明显优于塑料杯，但若从它们的整个生命周期来考察，孰好孰坏则尚需深入研究。当前，中国绿色设计产品评价技术规范中都将生命周期原则和生命周期评价作为标准重要内容。后面本书将就为何要坚持此项原则进行专门论述。

2）指标体系应具有完整性。指标体系应能充分表征绿色产品的三个基本属性，也就是说，应包括产品生命周期过程中能充分反映技术先进性、环境协调性和经济合理性的各项指标以及三个属性之间的相关性指标。评价指标不完整往往会导致评价结果的不准确，甚至错误，从而误导决策，造成经济损失。另外，评价指标之间往往存在一定的相关性，不能只强调某一方面指标的重要性，而应该综合权衡各方面指标，以获得合适的综合性指标。

3）指标体系应突出主要指标。评价指标是对产品绿色度不同侧面的描述，所以指标对绿色度的贡献也各不相同。虽然忽略和遗漏重要指标会导致评价结果不科学，但是面面俱到地为所有影响因素确立指标又会导致评价活动复杂化。因此产品绿色度评价指标的确立应该针对评价目标，划清楚系统边界；依据因果分析原则，用筛选、监控和诊断的方法，识别主要因素，从而使评价指标更具代表性，评价过程简单明了。

4）指标体系应包含动态性指标。绿色产品是一个相对概念，其绿色度是一个逐步提高的过程。绿色产品的评价受市场需求、技术发展以及标准法规等动态因素的制约。这在绿色产品和产品绿色度的定义时就已经谈到了。因此，绿色产品的评价指标体系中不能只有静态指标，还应该包含动态指标。准确而有代表性的动态指标可以生动地反映绿色产品的渐进发展过程。

5）指标体系应使定性指标和定量指标相结合。量化是所有评价活动所期望的，绿色产品评价也是如此。遗憾的是，产品绿色度评价是一个半结构化的问题，这类问题既含有能源消耗、物料消耗、产品各阶段的成本等可定量描述的因素，也包含技术体系、管理体系、环境政策完善性等定性描述的因素，因此在评价绿色产品时，既需要做客观、定量的分析，也离不开分析人员和决策者的主观判断。

6）指标应具有可操作性。指标的可操作性包括指标定义的清晰性、指标的可获得性两个方面。指标含糊不清，容易造成评价人员对指标的理解存在差异，引起评价结果不一致。指标的可获得性则要求指标数值可观测获得，否则会出现数据缺失，无法完成评价工作。因此，产品绿色度的评价指标应尽可能有明确的含义，要有可收集、可观测的数据、资料作基础，能使评价者方便准确地开展评价工作。

（2）产品生命周期原则

之所以将产品生命周期原则列出来专门介绍，是因为上述6项原则，只有生命周期原则是绿色产品评价所独有的，而其余5项原则是所有评价工作都必须遵守的。

生命周期原则的重要性在讨论绿色产品技术、环境和经济三个属性时，已经谈到了。产品全生命周期循环过程如图2-2所示，包括从自然界获取资源加工成原材料，利用原材料生产零部件和产品，再到产品销售、流通及使用维护，最后到产品退役后的回收处理、循环利用，回到其他产品系统或者自然界的全过程，即所谓的“从摇篮到坟墓又回到摇篮”的一个循环过程。由于一个完整的生命周期所含阶段太多，此处重点选择生产、使用和废弃回收处理三个生命周期重要阶段阐述电器电子产品的环境影响，以便读者更深入地了解产品生命周期原则的重要性。

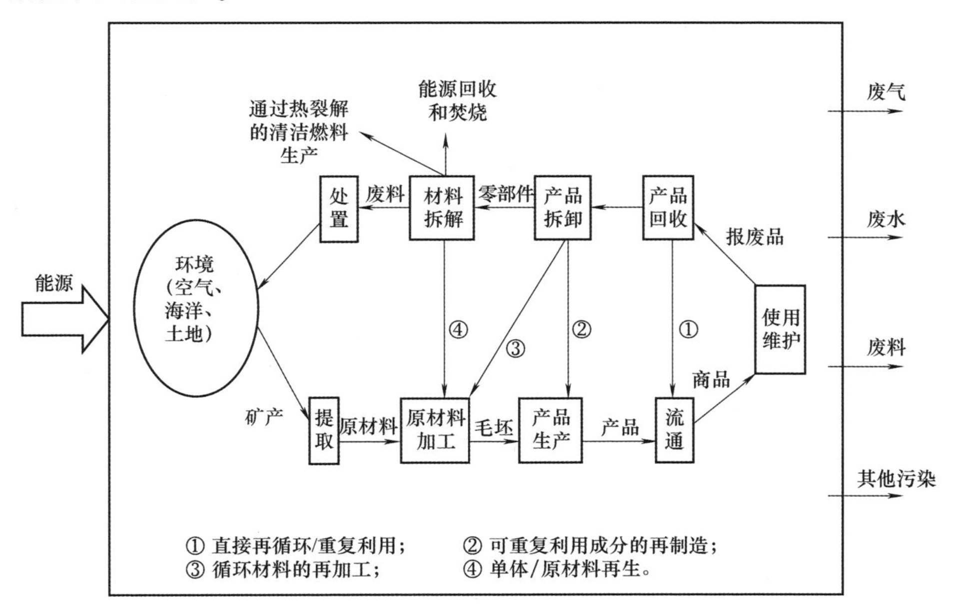

图2-2　产品全生命周期循环过程

1）生产阶段。电器电子产品结构较为复杂，是含有成百上千种零件、多种材料组分的复杂产品。书中自然不能将其每个零件、材料及其生产工艺的环境影响都一一进行分析。前面在绿色产品环境协调性属性中谈到了芯片中电子硅生产的环境影响，下面接着以包含芯片等电子元器件的电路板生产为例对其环境影响较大的环节进行介绍。

图 2-3　电路板

电路板是电器电子产品的基础部件。如图 2-3 所示，电路板包括芯片等电子元器件和印制电路板两部分。电路板的制造过程包括芯片等电子元器件生产、电路板生产和电路板组装等工艺。表 2-2 ~ 表 2-4 分别列出了部分关键工艺的主要废弃物排放、代表性化合物和部分环境影响。这些有毒有害物质的使用和污染的排放危害是巨大的。某公司的供应链上就曾经发生过中毒事件。

表 2-2　电路板制造中部分关键工艺及其主要废弃物排放

生产环节	主 要 工 艺	主要废弃物排放
芯片晶体生长	晶体生长 切割 清洗	含有氟化氢和氯化氢的废液 含有硅烷、氢气和氯化氢的废气 粉尘
芯片晶体制造	外延附生	酸性气体硅烷和氯化氢
	氧化	含有硅烷、氧气和氢气的废气
	印模	含有二甲苯和醋酸盐的废液
	蚀刻	用氟化氢蚀刻产生含氟离子的酸性溶液 在氮气环境中蚀刻要使用硫酸和臭氧消耗物质 多晶硅的蚀刻会产生碱性废液 对金属进行蚀刻会产生高浓度重金属废液
	扩散和离子注入	含有氟化氢、砷化三氢、磷化氢、砷的废气 含有杂质磷的氯氧化物废液 含有砷和灰尘的固体废物
	蒸发与溅射	含有重金属的固体废弃物
	化学气相沉积	含有硅烷和氯化氢的废气
芯片生产	集成块的划片	清洗废液
	集成块烧结	含有连接材料（环氧树脂和锡）的固体废弃物
	清洗	含有萜烯类溶液、CFC-113 和其他物质的共沸混合物的废液
	键合	含有金和铝的纤维
	封装	树脂
	测试、分类、喷漆、打印和包装	碳氢化合物和打印液残留液

（续）

生产环节	主要工艺	主要废弃物排放
印制电路板制造	清洗和表面处理	含有金属、氟化物和氯化物的废酸和废碱 底板粉末、酸雾和挥发性有机物
	化学法镀铜	含有氧化锡的废酸、含铂的催化剂废液、含化合态金属的废酸、含螯合剂的清洗液
	掩膜和制板	含有聚乙烯废液、含有氯化碳氢化物的废液、含有有机物的废液、含有废碱清洗液
	电镀	含有铜、镍、铅、金、氟化物、氰化物和硫酸盐的废液
	蚀刻	含有氨、铬、铜的腐蚀剂废液 含有铁和酸的清洗液
电路板组装	清洗、焊接	产生底板碎料 焊接中产生含有酸、碱、焊剂和金属的废气、固废 清洗过程产生上午 CFC-113 废气和含有碱的清洗液

表 2-3　不同类型废弃物的工艺来源和代表性化合物

废弃物	工艺来源	代表性化合物	处置措施
酸雾 腐蚀性气体	清洗，蚀刻 印模，漂洗	硫酸，盐酸，磷酸，硝酸，氯气，氨气，醋酸等	用酸或碱液淋洗
有机溶剂的气体	溶剂清洗，印模 漂洗	异丙基，丙酮，N-丁基醋酸，三氯甲烷，二甲苯，汽油的蒸馏物，卤烃等	吸收，催化氧化，高温氧化
多种有毒气体和颗粒物	外延附生，化学气相沉积，扩散，离子注入，氧化，等离子蚀刻	硅烷，砷化三氢，磷化氢，乙硼烷，氯化氢，三溴化磷，二氯甲烷，磷化物，氯氧化物，三溴化硼等	焚烧加过滤，焚烧加淋洗，用碱液和氧化性溶液淋洗
事故或紧急情况时排放的有毒气体	设备故障，气瓶、管道、阀门的泄漏	硅烷，磷化氢，乙硼烷，氯气，有机金属化合物，磷化三氢等	用碱液或氧化性溶液淋洗，再进行过滤
废液、废水	晶体生长，印模，蚀刻，清洗，表面处理，化学法镀铜、电镀、掩模制板、腐蚀等	含有铜、镍、铅、金、氟化物、氰化物和硫酸盐的废液，含有有机物的废液、废碱清洗液等	离子交换或吸附法回收有价金属，生物和物理处理硫酸盐废液；有机废液和废碱液分别通过焚烧加过滤、酸碱中和法处理
固体和半固体废弃物	扩散和离子注入，蒸发与溅射，集成块烧结、键合、封装、电路板的机械加工	含有砷、重金属、有机物和灰尘的废弃物，处置液态和气态废弃物后剩余的固体物质	回收利用、填埋

表 2-4　不同废弃物的环境影响

<table>
<tr><th colspan="2">环境影响</th><th>主要废弃物</th><th>危害大小</th><th>工艺来源</th></tr>
<tr><td colspan="2">臭氧耗竭</td><td>生产中采用的含有氯和氟的溶剂</td><td>氯和氟为臭氧耗竭物质。例如，每个氯原子可以破坏相当其重量10万倍的臭氧</td><td>晶体生长，蚀刻，清洗和表面处理</td></tr>
<tr><td colspan="2">生物多样性</td><td>生产中的电镀液，用过的溶剂，废酸、废碱液，废气吸收液等</td><td>有毒溶剂进入水体会毒害鱼类和其他哺乳动物，废酸废碱会改变水体的pH值而减少水体中的生物多样性</td><td>晶体生长，印模，蚀刻，清洗，表面处理，化学法镀铜、电镀、掩模制板、腐蚀等</td></tr>
<tr><td rowspan="6">人体健康</td><td rowspan="5">直接影响</td><td>酸</td><td>灼伤皮肤，刺激眼睛</td><td>电镀，蚀刻，晶体磨光</td></tr>
<tr><td>金属</td><td>影响呼吸，灼伤皮肤，头痛，失眠，胃痛，流产</td><td>电镀，蚀刻，焊接，镀锡、密封</td></tr>
<tr><td>气体</td><td>头昏，恶心，呕吐，幻觉，昏迷，死亡</td><td>掺杂，晶体生长，密封测试</td></tr>
<tr><td>树脂</td><td>呼吸困难，皮肤灼伤</td><td>切割、磨碎，分装，碾薄，包装</td></tr>
<tr><td>溶剂</td><td>皮肤灼伤，咳嗽，头晕，呼吸困难，喉咙疼痛</td><td>清洗，去油，稀释</td></tr>
<tr><td>慢性影响</td><td colspan="3">略</td></tr>
</table>

中毒事件是某公司在其年度供应商责任进展报告中发布的。报告首度承认其供应商员工有100多人因使用电白油替代乙醇作为清洗剂而出现正己烷中毒。涉事公司便要求员工使用电白油清洗手机显示屏，后来工人在车间出现四肢麻木、刺痛、晕倒等病症，数月后，又有数十名工人正己烷中毒入院，之后此问题被多家环保组织调查发现。从此之后，该公司加强了其化学品管理。此事件对该公司的影响是深刻的，该公司在其环境责任报告中专门讲述其清洗剂项目，称所有供应商总装工厂均已加入了更安全的清洗剂项目，这意味着每年有近10万名工人使用了900多t更安全的清洗剂。

2）使用阶段。对电器电子产品而言，其在使用阶段主要的问题来自资源和能源消耗。电器电子产品在使用过程中会消耗大量的资源，如计算机使用的光盘、软盘等介质，打印机的硒鼓、墨盒，提供能源的电池等。有一个关于计算机和打印机的例子很能说明使用阶段的资源消耗问题。计算机将文件数字化于存储介质之中，原以为可以大量消减纸张（造纸会产生大量污染排放）的使用，但事实似乎与之相反：美国每年消耗的书写与打印纸从1956年的700万t增加到了1986年的2200万t。而且从1981—1984年这一期间的情况看，纸张的用量有增无减，单是美国企业每年的纸张消耗就从 8500 亿张增加至 1.4 万亿张。传真机、复印机等同样伴之以不可小觑的纸张消耗增长的现象。原以为可以节省纸张却产生了相反的效果。除了资源消耗，能源问题似乎更受关注。

电器电子产品是主要的耗能产品之一，因此很早就受到国外研究者的关注。牛津大学的一份研究指出：在英国，1994 年家用电器和照明的用电量已占英国全部用电量的 25%；在 1970 年，一个平均 2.9 人的英国家庭在使用电器和照明上每年耗电 2000kW · h，而到 1994 年，一个每户仅 2.5 人的家庭却要耗电 3000kW · h，短短二十余年之间上升了 50%。而且，同类型的家用电器也有较大的能耗差距。如表 2-5 所示的英国市场上高能效的家用电器和低能效产品在能耗上可以相差 1 倍以上。联合国报告也显示，如果从 2005 年开始经济合作与发展组织（DECD）成员国投入使用的所有电气设备都达到最佳效率标准，到 2010 年二氧化碳排放量则将降低 3.22 亿 t 左右。这个数字相当于减少了 1 亿辆汽车（相当于加拿大、法国和德国的汽车总数）的二氧化碳排放量。到 2030 年，更高的能效标准会每年降低 5.72 亿 t 二氧化碳排放量，这相当于公路上减少了 2 亿辆汽车或是关闭了 400 家燃气发电站。电器电子产品生命周期评价结果也表明，其生命周期中的能耗主要集中在使用阶段，占总能耗量的四分之三以上。因此，家用电器在使用阶段的节能潜力是相当巨大的。

表 2-5　英国市场上家用电器耗电范围

（单位：每年每户 kW · h）

电器名称	市场上最好的	市场上最差的
制冷设备	380	900
照明	275	750
洗碟机	360	660
烤箱	150	350
滚筒式干燥机	160	400
洗衣机	155	400
合计	1480	3460

注：资料来自 *Decade Report*。

由此可见，即便是被认为是清洁的使用阶段，也要消耗大量的资源和能源。

3）废弃回收处理阶段。电器电子产品废弃后的回收处理更是全球关注的焦点问题。2002 年，在美国电气电子工程师学会（IEEE）的会议上，绿色和平组织发表了中国广东省汕头市潮阳区贵屿镇因拆解处理电子废料的污染调查报告，从而让这个小镇闻名于世。

电器电子产品结构复杂、材料组分多样，含有铜、金、银、钯等金属和塑料、玻璃等非金属材料。表 2-6 列出了《废弃电器电子产品处理目录（2014 年版）》规定的十四类废弃电器电子产品的主要材料组成。图 2-4 所示为国外学者统计的随意获取的电子废料的材料组分及重量比；图 2-5 所示为丹麦技术大学的学者统计的 1t 随意获取的废弃电路板各物质的质量。正因为废弃电器电子产品富含多种资源，因此被称为“都市稀有金属矿”或“城市矿山”。这也是贵屿镇发展电子废料拆解处置产业的原因。

表 2-6　十四类废弃电器电子产品的主要材料组成

产品类型	主要材料组成描述
电视机	单台电视机各类材料的重量百分比分别为：铁占 10%，塑料占 23%，铝占 2%，铜占 3%，玻璃占 57%，其他占 5%
电冰箱	单台电冰箱各类材料的重量百分比分别为：铁占 50%，塑料占 40%，铜占 4%，铝占 3%，其他占 3%
空气调节器	单台空气调节器各类材料的重量百分比分别为：铁占 34.8%，铜占 10.7%，铝占 6.5%，塑料占 6.8%，其他占 41.2%
洗衣机	单台洗衣机各类材料的重量百分比分别为：铁占 53%，铝占 3%，铜占 4%，塑料占 36%，其他占 4%
微型计算机	单台微型计算机各类材料的重量百分比分别为：铁占 35%，铝占 16%，铜占 10%，塑料占 33%，其他占 6%
吸油烟机	单台吸油烟机各类材料的重量百分比分别为：铁占 48%，玻璃 18.9%，塑料占 8.6%，其他占 24.5%
电热水器	单台电热水器各类材料的重量百分比分别为：铁占 80.4%，塑料占 2.9%，泡沫占 15%，其他占 1.7%
燃气热水器	单台燃气热水器各类材料的重量百分比分别为：铁占 58.5%，铜占 26.3%，铝占 4%，其他占 11.2%
打印机	单台打印机各类材料的重量百分比分别为：铁占 30%，塑料占 49%，印制电路板占 5%，电动机占 8%，其他占 8%
复印机	单台复印机各类材料的重量百分比分别为：铁占 18%，塑料占 58%，印制电路板占 5%，电动机占 5%，玻璃占 5%，其他占 9%
传真机	单台传真机各类材料的重量百分比分别为：铁占 20%，塑料占 50%，印制电路板占 10%，其他占 20%
监视器	单台监视器各类材料的重量百分比分别为：废旧金属占 40%，塑料占 10%，液晶屏占 22%，玻璃占 20%，印制电路板占 5%，其他占 3%
移动通信手持机	单台移动通信手持机各类材料的重量百分比分别为：铁占 3%，铜 15%，其他金属 1%，塑料占 40%，其他（液晶屏、电路板等）占 41%
电话单机	单台电话单机各类材料的重量百分比分别为：铁占 11%，铜占 4%，塑料占 50%，印制电路板占 15%，其他占 20%

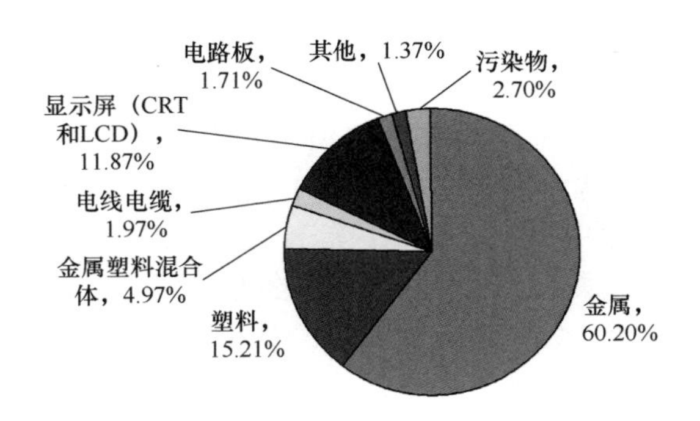

图 2-4 随意获取的电子废料的材料组分及重量比

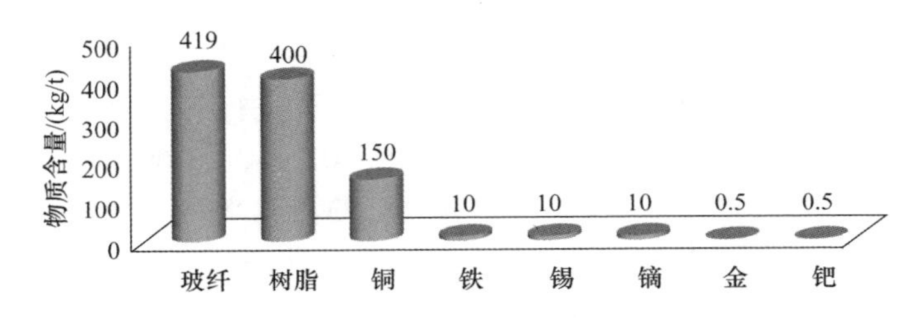

图 2-5 1t 随意获取的废弃电路板各物质的质量

然而不绿色的资源再生技术，又会带来严重的环境和健康问题。电器电子产品中含有诸如铅、镉、六价铬、汞、多溴联苯（PBBs）和多溴联苯醚（PBDEs）等有毒有害物质，处理不当会对环境和人体健康造成负面影响。例如，贵屿镇因长期、大量回收处理废弃电器电子产品，其周边环境受到严重污染。根据对贵屿镇空气、土壤和河岸沉积物重金属浓度的抽样调查结果，空气粒子中铬、铜和锌三种重金属含量比亚洲城市均值高出 4 ~ 33 倍；在贵屿镇地区的土壤中发现有 Cd、Cr、Cu、Ni、Pb、Zn 等多种重金属超过 New Dutch List 的标准。尤以电子废弃物露天焚烧场的污染最为严重，其中 Cu、Pb、Zn 分别高达 1374 ~ 14253mg/kg、856 ~ 7038mg/kg、546 ~ 5298mg/kg。在流经贵屿镇区域的河流的河底沉积物中重金属的含量也异常偏高，如在练江中，Cu、Pb 和 Zn 的平均含量分别为 1070mg/kg、230mg/kg 和 324mg/kg。其中，Pb 的浓度是美国环境保护局认定土壤污染危险临界值的 200 多倍。在贵屿镇电子废弃物露天焚烧场、河流等许多地方，存在着重金属与持久性有机污染物共存的复合污染状况。在付出了惨痛的环境代价之后，贵屿镇进行了大刀阔斧的产业转型升级，2016 年贵屿镇循环经济产业园正式投入使用，并建成了生活污水处理厂、工业污水处理厂、垃圾填埋厂、垃圾压缩转运站以及危险废物转运站等环保基础设施项目。产业园基于循环发展理念对废弃电子产品的拆卸、回收进行规范化、科学化改造和管理，当地生态环境现已大为改观，贵屿镇实现了“绿色蜕变”。

重金属对健康的危害是严重的。以电器电子产品普遍存在的铅为例，铅及其化合物对人体各组织均有毒性。一般连续两次静脉血铅水平等于或高于200μg/L即为铅中毒，按照血铅水平将铅中毒分为四级：血铅水平为100～199μg/L为高铅血症，血铅水平为200～249μg/L为轻度铅中毒，血铅水平为250～449μg/L为中度铅中毒，血铅水平等于或高于450μg/L为重度铅中毒。研究表明，铅能够造成一系列生理、生化指标的变化，影响中枢和外周神经系统、心血管系统、生殖系统、免疫系统的功能，引起胃肠道、肝肾和脑的疾病。儿童和孕妇尤其容易受铅的影响，铅中毒使得儿童的智力、学习能力、感知理解能力下降，注意力不集中、多动、易冲动，并造成语言学习的障碍。高含量的铅对机体的损害甚至是致命的。汕头大学医学院的研究者曾经监测研究了贵屿镇电子垃圾污染区3～7岁儿童铅镉负荷，将2008年贵屿镇当地幼儿园153名3～7岁儿童与邻镇陈店幼儿园150名同年龄段儿童进行对比发现：贵屿镇幼儿园儿童血铅值≥100μg/L（即高铅负荷）者有107人，占69.9%，其中血铅值在100～199μg/L的占49.7%，200～249μg/L的占9.9%，250～484μg/L的占4.6%；邻镇陈店幼儿园儿童血铅值≥100μg/L（即高铅负荷）者有55人，占36.6%。可见实现环境友好地废弃电器电子产品的回收处理需求迫切。

这些含有有毒有害物质的“城市矿山”，数量庞大。按照中国家用电器研究院关于中国主要电器电子产品理论报废量的测算，每年大约有500万～600万t的废弃电器电子产品需要被处理，见表2-7。这还仅仅是中国。作为普及率高的电器电子产品，其废弃后的处理处置在欧美、日本乃至非洲地区都是挑战。

表2-7　2018年和2019年中国主要电器电子产品理论报废量估计

产品名称	2019年		2018年	
	报废数量（万台）	报废质量/万t	报废数量（万台）	报废质量/万t
电视机	5028.10	99.65	4817.6	85.3
电冰箱	3275.74	141.84	2064.7	97.0
洗衣机	2891.61	89.35	2024.8	43.5
房间空调器	3353.70	128.11	3149.1	120.3
微型计算机	2048.82	13.52	3034.4	60.7
吸油烟机	1540.30	12.32	3081.7	24.7
电热水器	1993.77	43.86	1938.4	42.6
燃气热水器	972.85	11.67	973.8	11.7
打印机	4249.97	34.00	3039.7	24.3
复印机	526.31	47.37	574.8	51.7

（续）

产品名称	2019年		2018年	
	报废数量（万台）	报废质量/万t	报废数量（万台）	报废质量/万t
传真机	448.15	1.79	507.5	2.0
固定电话	7024.78	3.51	3102.8	1.6
手机	28923.32	5.78	30393.3	6.1
监视器	115.37	1.15	160.0	1.6
总计	62392.79	633.92	58862.6	573.1

上面仅仅对电器电子产品基础部件电路板的关键生产工艺、电器电子产品使用阶段的资源能源消耗，以及废弃后的回收处理问题做了分析，还远远不是对整个产品及其生命周期的描述，但也足以看到其生命周期的环境、资源问题。这就是为什么在进行绿色产品评价时会突出生命周期原则的原因。

2.1.4 绿色产品的评价指标与方法

产品绿色度的评价包含技术、环境和经济三个维度，是一个多目标决策的问题。也就是说，评价工作不能只针对产品的节能降耗、环境协调性或者人体健康等某个方面开展，而应该从技术、环境和经济三个维度来建立一个完整的、动态的能反映产品生命周期特性的评价指标体系，正确评价产品绿色性。

不过，由于产品的复杂程度、涉及的专业领域、使用条件以及产品功能性能及环境行为等方面都是千差万别的，因此不同的产品应根据具体情况制定适合自身条件的评价指标体系。本书只是按照生命周期原则给出了产品绿色度评价指标体系框架结构，如图2-6所示，在思想上体现了绿色产品的三大基本属性。

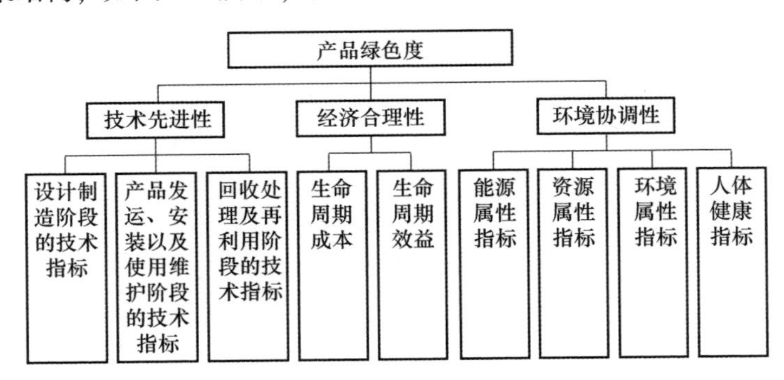

图2-6 产品绿色度评价指标体系框架结构

技术性和经济性评价在技术经济学领域已经有很多介绍。本书只对技术和经济两个维度做一些特殊性的介绍，重点介绍环境协调性指标。

1. 产品绿色度的技术先进性指标

由于绿色产品强调从整个生命周期的角度来分析问题，因此其技术先进性指标包括设计制造阶段的技术指标，产品发运、安装及使用维护阶段的技术指标，以及产品报废后回收处理及再利用阶段的技术指标等内容。

（1）设计制造阶段的技术指标

绿色产品并不拒绝先进的设计、制造技术和管理方法，相反，资源、环境问题往往都是新问题，以前从未出现过的新挑战，这决定了绿色产品必然与技术上的先进性相伴而生。先进的设计方法、可靠绿色的制造技术以及科学的管理方法是高效获得优质的绿色产品的保证。设计制造阶段通用的技术指标主要包括如下几点：

1）设计阶段的技术指标。产品的质量首先是设计出来的，提高和评价绿色产品的设计开发水平是非常重要的。设计阶段的技术指标主要有：设计信息的可靠性（如设计信息的准确性与容错能力、设计信息的可配置性、设计信息的集成度、设计信息之间的协调性等），产品结构的合理性（如产品架构的开放性、产品的模块化程度、模块性能的匹配性、产品的系列化、零部件的标准化、易制造性等），产品工艺的合理性（如产品的生产类型、材料选择的合理性、毛坯选择的合理性、零件的易加工性、加工质量的一致性、产品的易装配性、易维修性、易拆卸性、可再制造性等）。上述技术指标只是择其重点罗列，显然不限于这些指标。

2）制造阶段的技术指标。制造是根据设计系统、管理系统和供应链系统提供的有关信息与指令，加工和装配完成产品的活动，是产品从概念、图样到实物的一个物化过程，是制造企业信息流、物质流、能量流、价值流四者的结合点。制造系统通常由原材料、加工设备、工装夹具、量具、刃具、能源系统和劳动力等生产要素组成。按照制造系统的主要功能可建立产品在该阶段的评价指标体系，如作业计划的合理性，调度控制的优化度，设备工具可靠性，采购计划的及时性，供应链系统的协调性，作业数据管理的合理性和准确性，质量保障系统的可靠性与实时性，系统操作管理、状态监控和故障诊断处理的可靠性与及时性，生产效率，生产数据采集、评估与传输的准确性、实时性和安全性，制造机构设置的合理性等与制造要素及其组织管理相关的各类指标。

（2）产品发运、安装以及使用维护阶段的技术指标

发运过程是指产品从生产厂商运往使用者的过程。生产商常常对该过程重视不够，甚至将其忽略。然而，发运过程往往会给产品质量、运输效率及费用和用户满意度造成较大的影响，其评价指标的建立应考虑如下因素：包装的可靠性，运输线路的合理性，运输技术的可靠性，运输方式选择的合理性，运输时间、运输里程以及产品装卸的安全性与方便性等。

产品的安装和使用性能直接涉及用户利益，它将直接反映用户对生产商及其产品满意度。通常这个阶段的技术性评价可分为功能指标和质量指标两类。

1）功能指标。任何产品和零部件都具有其规定的功能，确定产品功能指标时应考虑下列因素：产品基本功能和辅助功能、主要零部件应具有的分功能、功能的多样性、功能的冗余度以及对产品本身的要求（如产品尺寸和重量的限制、使用寿命要求等）等。

2）质量指标。根据 GB/T 19000—2016《质量管理体系　基础和术语》的规定，质量就是反映产品或者服务满足明示的、隐含的或必须履行的需求或期望的能力。因此这些能力便是确定质量指标的依据，如产品运行可靠性、美观性、适用性、安全性，安装调试的可达性和方便性，产品及其功能模块的性能参数，输入输出能量、材料或信号的具体要求，各零部件功能的协调性等。

（3）产品报废后回收处理及再利用阶段的技术指标

机电产品退役后的回收处理及再利用阶段是目前产品生产商考虑较少的环节。这也是当前退役机电产品堆积如山、难以资源化的重要原因所在。绿色产品在其报废后必须能够方便地回收处理及再利用。产品退役后回收处理及再利用阶段的技术指标可重点考虑：产品拆解技术的适用性和可靠性、回收处理技术的适用性和可靠性、产品及零部件标识系统的完善性、重用零部件数量与占比、再制造贵重零部件的数量与占比、材料循环利用技术的适用性和可靠性、零件材料的相容性、可降解材料的数量与占比等。

2. 产品绿色度的经济合理性指标

无论一般产品，还是绿色产品，经济性都是一项重要的评价指标。不同的是生产一般产品人们通常只考虑设计、制造和营销（如租金、广告等商业所需非制造费用）阶段的成本和效益，很少考虑消费者使用成本和产品回收处理及再利用的成本和效益。然而，随着环境保护的严格，要求生产商对产品整个生命周期负责的规定逐步走向法制化。早在 1988 年，生产者责任延伸（Extended Producer Responsibility，EPR）的概念就被瑞典学者托马斯·林赫斯特（Thomas Lindhqvist）提出了。1990 年，林赫斯特在给瑞典环保局的报告中正式定义了生产者责任延伸。1991 年，德国率先将生产者责任延伸概念运用到《避免产生和再生利用包装废弃物法令》中，并通过该法令及相关的法律规范确立了包装物的生产者责任延伸。1993 年 3 月，德国联邦议会通过的新废弃物处理法中又明确规定“生产者和消费者共同对产品的全过程负责”。由于生产者责任延伸制度在德国的实施，从 1994 年起，OECD 启动了“生产者责任延伸”问题的专门研究计划，并在 2001 年 OECD 最终报告《生产者责任延伸：政府指南》（*Extended producer responsibility：a guidance manual for governments*）中将生产者责任延伸制度定义为一项由生产者承担产品在消费后阶段被处理或最终处置的大部分资金支付和/或实体责任的环境政策。目前生产者责任延伸制度已被欧盟、美国、加拿大、日本、韩国、中国、巴西等国家和地区所采纳。中国2008年通过《循环经济促进法》将生产者责任延伸制度正式引入了我国环境立法框架，经过十几年的发展，2020年《固体废物污染环境防治法》修订版，明确提出“国家建立电器电子、铅蓄电池、车用动力电池等产品的生产者责任延伸制度”。生产者责任延伸制度强调生产者对其产品的责任应该延伸到整个生命周期，尤其要对其废弃后的回收、循环利用和最终处置承担责任。生产者的延伸责任大致包括下面五个方面：

1）环境损害责任，即生产者对已经证实的由产品导致的环境损害负责，其范围由法律规定，并且可能包括产品生命周期的各个阶段。

2）经济责任，即生产者应为其产品的收集、循环利用或最终处理全部或部分付费。

3）行为责任，生产者必须实际地参与处理其产品或其产品引起的影响，如发展必要的技术、建立并运转回收系统以处理生产者的产品。

4）所有权责任，在产品的整个生命周期中，生产者保留产品的所有权，该所有权牵连到产品的环境问题。

5）信息披露责任，生产者有责任提供产品及其生命周期不同阶段与环境影响相关的信息。

这些责任最终都会直接或者间接转化为生产商费用。例如对于电器电子产品生产商最直接的影响就是废弃电器电子产品处理基金，这在欧盟、中国、韩国等国家和地区都有。表2-8为我国国家税务总局发布的2012年《废弃电器电子产品处理基金征收管理规定》对生产商的征收标准和给回收处理商的补贴标准的规定。征收标准和补贴标准在执行过程中会视情况变化而调整，表2-9为2021年补贴标准的调整情况。这些不断变化的经济因素，并非局限在生产阶段，而是分散在产品的生命周期之中。

表2-8　2012年我国电器电子产品处理基金征收标准与基金补贴标准

产品种类	基金征收标准（元/台）	基金补贴标准（元/台）
电视机	13	85
电冰箱	12	80
洗衣机	7	35
空调	7	35
微型计算机	10	85

表 2-9　2021 年废弃电器电子产品的补贴标准

产品种类	品　种	补贴标准（元/台）	备　注
电视机	14in（1in=25.4mm）及以上且 25in 以下阴极射线管电视机（黑白、彩色）	40	14in 以下阴极射线管（黑白、彩色）电视机不予补贴
	25in 及以上阴极射线管电视机（黑白、彩色），等离子电视机、液晶电视机、OLED 电视机、背投电视机	45	
微型计算机	台式微型计算机（含主机和显示器）、主机显示器一体形式的台式微型计算机、便携式微型计算机	45	平板计算机、掌上计算机补贴标准另行制定
洗衣机	单桶洗衣机、脱水机（3kg＜干衣量≤10kg）	25	干衣量≤3kg 的洗衣机不予补贴
	双桶洗衣机、波轮式全自动洗衣机、滚筒式全自动洗衣机（3kg＜干衣量≤10kg）	30	
电冰箱	冷藏冷冻箱（柜）、冷冻箱（柜）、冷藏箱（柜）（50L≤容积≤500L）	35	容积＜50L 的电冰箱不予补贴
空气调节器	整体式空调器、分体式空调器、一拖多空调器（含室外机和室内机）（制冷量≤14000W）	100	—

由此可见，绿色产品的经济性分析与一般传统产品的经济性分析的明显区别就是，绿色产品面向的是产品的整个生命周期，其指标必须反映产品生命周期全过程的所有经济特性，主要包括产品生命周期成本、生命周期效益、效益费用比等。产品的生命周期成本是指产品在整个生命周期过程中所发生的全部费用，其成本构成见表 2-10，可写为式（2-2）的形式。

$$产品生命周期成本 = 企业成本 + 用户成本 + 社会成本 \tag{2-2}$$

表 2-10　产品生命周期成本构成

项　目	企业成本	用户成本	社会成本
市场需求	调查费用	—	—
设计	开发费用	—	—
产品制造	资源、能源、设备、人员等费用	—	废物处理、环境污染、健康影响
产品运输	运输费用、存放费用、浪费损失	运输费用、存放费用	废物处理、环境污染、健康影响
产品使用	售后服务	能源、资源消耗和维修费用	废物处理、环境污染、健康影响
产品处理	处理费用	处理费用	废物处理、环境污染、健康影响
资源循环利用	再利用费用	再利用费用	废物处理、环境污染、健康影响

成本核算方法有多种，如品种法、分批法、作业成本核算法（ABC 成本法）等，具体在相关成本核算的书籍中都有介绍。

绿色产品的生命周期成本主要由企业、用户以及社会三个方面来承担，当然，其产生的效益也应由这三方面共同分享，即

$$产品生命周期效益 = 企业效益 + 用户效益 + 社会效益 \tag{2-3}$$

绿色产品生命周期效益在企业、用户和社会三个阶段中其指标往往是不一样的。例如，企业效益指标包括因惩罚费用减少而获得的收益、因资源回收处理及再利用而获得的收益、因节省能源而获得的收益、因提高产品合格率所节省的费用、因提高设计工作效率节省的费用、因提高产品质量而节省的运维费用以及企业市场竞争力提高带来的收益等；用户效益指标包括因采用绿色产品使得生产率提高而给用户带来的收益、因绿色产品节能降耗而给用户带来的收益、因绿色产品保护环境而减少了用户付出的惩罚费用以及因用户使用绿色产品改善自身形象后增加的收益等；社会效益指标包括社会采取措施对产品生命周期各个阶段排放的污染物进行处理及再利用所获得的效益、社会采取措施提高公民的环境意识而获得的效益、社会采取措施保护环境而使人类和自然界其他生命健康生存获得的效益、社会采取措施保护环境而使各种非生命器物使用寿命延长获得的效益以及生态效益等。必须指出，效益不一定是定量的经济数据，可能有不同的量纲，因此式（2-3）常不能直接进行代数求和，一般采用效益分析方法。

3. 产品绿色度的环境协调性指标

环境协调性指标是本书的重点，包括按照生产品生命周期原则建立的各项能源属性指标、资源属性指标、环境属性指标、人体健康指标等。因环境协调性指标多且复杂，故指标体系的建立需要针对评价的目标和产品的特点进行合理的选取。图 2-7 给出了与环境协调性有关的一级指标和部分二级指标。下面对其进行详细阐述。

一级指标	二级指标
能源属性指标	能源类型、消耗量、利用率、回收率及其自身的环境协调性等
资源属性指标	资源种类、消耗量、利用率、回收率、再生率、环境协调性等
环境属性指标	水环境指标、大气环境指标、固体废物排放指标、噪声、振动以及射频辐射指标等
人体健康指标	产品生产过程中的事故发生率、劳动保护标准执行情况等

图 2-7　产品绿色度环境协调性评价指标

（1）能源属性指标

能源是资源的一种。将其独立出来建立指标是基于下面三方面的考虑：

1）能源在国民经济和人民生活中的地位重要。

2）能源生产、供应与需求的形式不仅现在而且在未来相当长的时间内都十分严峻，为各国所重视。

3）能源的生产和消费过程本身就是重要的污染排放过程，其环境影响突出，如能源是造成全球气候变暖问题的重要因素。

产品与能源有关的指标主要包括：能源结构及各种能源的占比、能源的获取形式［如一次性能源（风能、太阳能、水能等）、二次性能源（电能、汽油、煤油等）］、能源自身的环境协调性、单位产品能源消耗量、单位 GDP 能源消耗量、能源利用率、能源回收量和能源回收率等。

（2）资源属性指标

这里说的资源是狭义的资源，不包括人们常说的人力资源和信息资源，它包括产品生命周期中的原材料资源、设备资源、厂房资源等物质资源。物质资源是绿色产品设计和生产的最基本条件。原材料资源指标包括产品生命周期的材料利用率、材料种类、材料环境协调性、材料再生利用率、材料的能量回收率等。这些指标反映了绿色产品的资源效率。设备资源指标包括设备利用率、设备资源的优化配置、工装夹具等工艺装备的有效利用率、设备空载时间、设备效率等。这些指标从设备层面衡量绿色产品生产组织的合理性。厂房资源指标包括厂房占地面积、单位产品建设用地使用面积、单位 GDP 建设用地使用面积、厂房设施的利用率等。这些指标是针对作业环境而设置的。

广义的资源包括人力资源和信息资源。人力资源关于环境协调性的指标主要与人体健康安全有关，将在环境属性指标给予介绍。而信息资源虽然包括资源、能源、环境、健康安全方面的数据和信息，但主要是起支撑、控制等作用，所以在资源属性指标不予考虑。

（3）环境属性指标

环境属性指标在产品环境协调性评价中的主体内容，主要包括产品生命周期各阶段及全过程中的水环境、大气环境、固体废物排放、噪声、振动以及射频辐射等多类环境指标。下面对这六个评价指标分别给予说明。

1）水环境指标。在水环境评价中，常见的评价指标有 30 多种，可分为：

① 一般水质标准（如色度、透明度、悬浮固体、电导率、pH 值、硬度、碱度、总矿化度、总盐量等）。

② 氧平衡参数指标（如溶解氧、COD、BOD 等）。

③ 重金属参数指标（如 Hg、Cr^{6+}、Pb、Cd、Ni、Cu、Mn、Zn 等）。

④ 有机污染物指标，包括酚类（如挥发酚、五氯酚钠、苯胺类等）、油类（如石油类物质、动植物油等）。

⑤ 无机污染物指标（如氨氮、硫酸盐、硝酸盐、硫化物、无机氮、氰化物、

氰化物等）。

⑥ 生物参数指标（如细菌数、总大肠菌群、无脊椎动物、藻类、病原体等）。

具体的指标建立与生产的内容紧密相关。也就是说，不同的生产有不同的污染排放，也就有不同的指标。表 2-11 为典型机械制造企业废水的污染特征和主要污染物，指标建立需要结合这些污染特征和主要污染物，以及相关的排放标准建立针对性的指标。现有的标准可以按照废水的排放去处以及排放去处的功能大体分为两类，数量也不少，如 GB 3838—2002《地面水环境质量标准》、GB 8978—2019《污水综合排放标准》、GB 3097—1997《海水水质标准》、GB 11607—1989《渔业水质标准》、GB 5084—2005《农田灌溉水质标准》、GBZ 1—2010《工业企业设计卫生标准》、GB 18466—2005《医院污水排放标准》、GB/T 31962—2015《污水排入城镇排水管道的水质标准》、GB 4912—1985《轻金属工业污染物排放标准》、GB 50894—2013《机械工业环境保护设计规范》、GB 50136—2011《电镀废水治理设计规范》等。在建立指标时应遵守这些标准，并根据标准随时调整指标。

表 2-11　典型机械制造企业废水的污染特征和主要污染物

序号	名称	污染特征						主要污染物
		浑浊	臭味	颜色	无机污染物	有机污染物	热污染	
1	铸造车间	▲	•	•	▲	•	▲	悬浮物、钢渣等
2	锻压车间	•	•	•	•	▲	▲	油、乳化液等
3	热处理车间	•	•	•	•	▲	▲	油等
4	酸洗车间	•	•	•	▲	•	•	酸、碱、重金属离子、油等
5	涂装车间	•	•	▲	•	▲	•	油漆、颜料、油等
6	电镀车间	•	•	▲	▲	•	•	重金属离子、酸、碱、氰化物等
7	煤气站	▲	▲	▲	▲	▲	▲	悬浮物、酚、油、氰化物、硫化物等
8	锅炉房	▲	•	•	▲	•	▲	悬浮物、酸、碱、酚等
9	乙炔站	▲	▲	•	▲	•	•	悬浮物、碱、硫化物等
10	机械加工车间	•	•	•	•	▲	•	油、乳化液等

注：• 表示有污染，▲ 表示主要污染。

2）大气环境指标。人类向大气排放的污染物质种类繁多，可分为有毒物质和悬浮颗粒物两类。

① 有毒物质主要指排放到大气中的硫氧化物（如二氧化硫、三氧化硫等）、

碳氧化物（如一氧化碳、二氧化碳等）、氮氧化物（如一氧化氮、二氧化氮等）、碳氢化合物（如丙体六六六、丙烯腈、环乙酮等）、金属及其化合物（如铅烟、钒及其他化合物、钨及碳化钨等）、氢化物（如氰化氢、硫化氢、磷化氢、氟化氢等）等有害物质。

② 悬浮颗粒物主要指含有10%以上游离二氧化硅的粉尘（石英、石英岩），石棉粉尘及含有10%以上石棉的粉尘，含有10%以下游离二氧化硅的滑石粉尘，含有10%以下游离二氧化硅的水泥粉尘，含有10%以下游离二氧化硅的煤尘，铝、氧化铝、铝合金粉尘，玻璃棉和矿渣棉粉尘，烟草及茶叶粉尘，含有10%以下游离二氧化硅的不含有毒物质的矿物性和动植物性粉尘等。

绿色产品评价时需要根据产品及其生命周期具体情况并结合相应的标准制定指标。从表2-12所列出的机械工业主要污染物和污染物来源来看，不同的生产过程会有不同的污染物排放，所以指标制定是要具体情况具体分析的。有关废气和工业粉尘的排放标准量及排放浓度详见各种标准，如GB 9078—1996《工业炉窑大气污染物排放标准》、GB 28662—2012《钢铁烧结、球团工业大气污染物排放标准》、GB 28663—2012《炼铁工业大气污染物排放标准》、GB 28664—2012《炼钢工业大气污染物排放标准》、GB 28665—2012《轧钢工业大气污染物排放标准》、GB 28666—2012《铁合金工业污染物排放标准》、GB 25465—2010《铝工业污染物排放标准》、GB 25466—2010《铅、锌工业污染物排放标准》、GB 25467—2010《铜、镍、钴工业污染物排放标准》、GB 25468—2010《镁、钛工业污染物排放标准》、GB 30770—2014《锡、锑、汞工业污染物排放标准》、GB 31574—2015《再生铜、铝、铅、锌工业污染物排放标准》、GB 16171—2012《炼焦化学工业污染物排放标准》、GB 13271—2014《锅炉大气污染物排放标准》、GB 3095—2012《环境空气质量标准》、GB 39726—2020《铸造工业大气污染物排放标准》等。

表2-12 机械工业主要污染物及主要来源

序号	主要污染物	主要来源
1	燃煤烟尘	各种工业炉窑、工业锅炉、冶炼炉
2	工业烟尘和粉尘：砂、煤粉、金属氢氧化物等	铸造车间
3	金属切削粉尘	机械加工车间等
4	木屑、刨花等	木工车间
5	刚玉、碳化硅、石墨、炭、石英、铝矾土、瓷粉等	砂轮厂、电炭厂、电瓷厂等
6	焊药烟尘、金属氢氧化物等	焊接车间

（续）

序号	主要污染物	主 要 来 源
7	铜粉、铝粉、铅粉、铅烟、氧化铝等	电缆厂、电瓷厂、砂轮厂、电炭厂、铅蓄电池厂等
8	云母粉、玻璃纤维、纸屑、树脂粉等	绝缘材料厂、电缆厂
9	有害气体：氮氧化物、二氧化硫、碳氢化合物、一氧化碳、二氧化碳等	各种工业炉窑、工业锅炉、冶炼炉、电镀车间、动力机械试验车间等
10	酸雾、油雾、漆雾等	电镀车间、酸洗车间、涂装车间、铅蓄电池厂、绝缘材料厂、油料加工车间等
11	有机气体（如苯类、酚类、醇类等）、沥青烟气等	绝缘材料厂、电缆厂、电机厂、电炭厂、涂装车间等

3）固体废物排放指标。固体废物是指人类在生产、消费、生活和其他活动中产生的固态、半固态废弃物质，通常具有污染性、资源性双重特性。例如废弃的机电产品既被称为“城市矿山”，也会对土壤、水体、大气以及人体健康安全造成不同程度的危害。按照化学性质不同，固体废物可分为有机固体废物和无机固体废物两大类。

① 有机固体废物，包括塑料（如聚乙烯、聚丙烯等）、橡胶、多环芳烃、多氯联苯、金属碳化合物、酚类化合物、卤化有机化合物、纤维等。

② 无机固体废物，包括镉及其化合物、汞及其化合物、铅及其化合物、铬及其化合物、砷及其化合物、硼及其化合物、铜及其化合物、锌及其化合物、镍及其化合物、锑及其化合物、铍及其化合物、铊及其化合物等。

不同的产品生命周期有不同的固体废物排放，如表 2-13 所列的机械工业不同生产工艺的固体废物就有较大差异。此外，由于固体废物具有资源性和污染性双重性质，因此其评价指标除了在此处要考虑上述环境指标，在资源指标中还要考虑其循环利用的指标。

表 2-13　机械工业固体废物的主要来源和组成物

序号	主 要 来 源	主要组成物
1	铸造冶炼	废旧型砂、废旧模型、冶炼炉渣、钢渣等
2	金属加工	钢铁屑、有色金属屑、废旧制品等
3	动力系统	粉煤灰、煤渣、电石渣、煤气发生站焦油渣等
4	热处理、热加工	盐浴炉渣、锻造炉渣等
5	生产车间	工业垃圾、铁屑、氧化皮、焊条头、油棉纱等
6	辅助车间	塑料、陶瓷、橡胶、黏合剂、木屑等
7	环境保护治理	含重金属离子污泥、其他污泥、油泥、金属粉尘、其他粉尘等

4）噪声指标。机电产品运行中通常会产生噪声。按照噪声的形成机理，可将噪声分为机械振动噪声、气体动力噪声和电磁性噪声。机械振动噪声，如齿轮啮合、轴承运转、电机旋转等，是由机械运转中的零件摩擦、撞击以及运转中因动力、磁力不平衡等原因产生的机械振动产生的。气体动力噪声，如超声速喷气机的轰隆声、储气罐排气、鼓风机气流、内燃机燃烧等，是由物体高速运动、气流高速喷射或化学爆炸引起周围空气急速膨胀而产生的。电磁性噪声，如电动机、发电机和变压器等，是由电磁振动产生的。衡量噪声的指标有声强、频率、声压、噪声级、声压级和噪声源等。目前我国已制定了相应的噪声控制标准以制约企业和人们的各种行为，见表2-14～表2-16。

表2-14　工业企业厂界环境噪声排放限值　　［单位：dB（A）］

厂界外声环境功能区类别	时　段	
	昼　间	夜　间
0	50	40
1	55	45
2	60	50
3	65	55
4	70	55

注：数据来自GB 12348—2008《工业企业厂界环境噪声排放标准》，昼间指6：00—22：00，夜间指22：00—次日6：00，可根据时差等因素调整。

表2-15　生产车间和作业场所噪声标准

每个工作日接触噪声的时间/h	8	4	2	1	0.5
新建、扩建、改建企业噪声/dB（A）	85	88	91	94	97
暂不能达到标准的现有企业噪声/dB（A）	90	93	96	99	102
最高允许噪声/dB（A）	不得超过115				

表2-16　生产车间工作地点噪声限值

序号	地点类别		噪声限值/dB（A）
1	生产车间和作业场所（工人每天连续接触噪声8h）		90
2	高噪声车间设置的值班室、观察室、休息室（室内背景噪声级）	无电话通信要求时	75
		有电话通信要求时	70
3	精密装配线、精密加工车间的工作地点		70
4	计算机房（正常工作状态）		70

5）振动指标。振动是自然界的普遍现象。过量的振动会使人不舒适、疲劳，甚至导致人体机能损伤，而且振动会形成噪声源，以噪声的形式间接地影

响人体健康、污染环境。为此，我国 GB 10070—1988《城市区域环境振动标准》规定了城市各类区域铅垂向 Z 振级标准值，见表 2-17。铁路振动、公路振动、地铁振动、工业振动均是振动污染源，被称为环境振动。制造业中的振动主要来自机械加工设备的振动源和传导振动的物体的振动，如冲床的冲剪下料、锻锤锻打零件、机床切削加工、鼓风机及风动工具等都可成为振动污染源。衡量振动污染的指标主要包括振幅、频率、振动类型等。有关振动污染的详细内容请参考相关标准和手册。

表 2-17　城市各类区域铅垂向 Z 振级标准值　［单位：dB（A）］

适用地带范围	昼　间	夜　间
特殊住宅区	65	65
居民、文教区	70	67
混合区、商业中心区	75	72
工业集中区	75	72
交通干线道路两侧	75	72
铁路干线两侧	80	80

6）射频辐射指标。随着电子仪器和设备在工业部门的广泛应用，射频辐射污染日益突出。生产中的高频电焊设备、高频淬火炉、高频加热炉、工频和冲击高压试验以及电火花加工等设备，在运行过程中都会产生强力的射频干扰电磁波，通过电源线和空间向外辐射。长期暴露于高强度射频电磁场环境中的人和生物，会因体内生物电的自然生理平衡遭到破坏，而导致健康受损。衡量射频辐射污染的指标主要有场强、频率以及离辐射源的距离等。有关射频辐射污染的详细内容请参考相关标准和手册。

（4）人体健康指标

人是产品的生产者、使用者，因此在产品生命周期中保护人们的健康，为人们提供安全、舒适、宜人的工作或使用环境是绿色产品的重要内容。下面主要从作业环境、产品的安全性以及安全管理制度三方面来讨论人体健康指标的建立。

1）作业环境评价指标。作业环境也称工作环境、操作环境，在产品生命周期中总是存在的。只是作业环境可能是安全、宜人的，也可能存在有毒有害于人体，可能导致事故、伤害、职业病、职业中毒和职业性多发病症等不安全、不健康的因素。

这些不安全、不健康的因素可能存在于生产设备、材料、工具、工位器具、生产工艺、操作空间、工作场所、劳动组织、操作程序、防护用品和防护设备等环节中。因此评价作业环境的指标应包括：产品生产、使用以及回收再利用环境等生命周期阶段的有害作业点数，特种作业人机匹配不合格率，接触Ⅰ、Ⅱ级毒物危害工人比率，接触Ⅳ级粉尘危害工人比率，车间安全通道占道率，厂区主干道占道率，车间设备、设施布局的合理性，工位器具、工件材料摆放的合格率，作业环境的地面状态以及作业环境的采光等。

2）产品的安全性评价指标。产品的安全性是产品及其零部件功能、性能的安全状态描述。产品的种类、作业环境不同，其安全性指标也千差万别。例如因焊接工艺的主要安全风险之一是触电，故电焊机的安全性就应重点考察防止触电的措施；而锅炉是一种直接由火焰加热的热能转换设备，其内部承受一定压力，容易发生爆炸危险，因而它的安全性评价内容主要包括锅炉的安全阀、水位计、压力表、给水设备、炉墙、水质处理和停炉保养情况等。一言以蔽之，产品的安全性指标应结合具体产品的功能、性能及其使用环境以及产品的人机匹配性来确定。

3）安全管理制度评价指标。合理的安全管理是产品在其生命周期过程中获得良好健康保护、安全防护特性的基本保证。通常产品安全管理的评价指标包括：产品生产、使用及回收处理组织（企业、机构等）安全制度的完善性，规章制度的执行力度，安全机构及其人员配备的合理性，安全费用占企业运行经费的比例，安全费用到位率，企业安全教育的普及性，职工安全意识与安全知识的普及率，以及产品说明书的完整性等。

4. 产品绿色度的评价方法

由于产品绿色度的评价涉及技术先进性、环境协调性和经济合理性三个方面的属性，属于一个综合评判的问题，而各个属性指标的单位也并不一样。所以学术界、工业界为此提出了不少评价方法，如专家调查法（Delphi 法）、模糊综合评判法、灰色关联分析法、层次分析法和价值分析法等，这些方法在评价流程上相似，只是评价时采用的数学方法不太一样。所以下面首先介绍评价流程，然后重点介绍在工程中应用较广的价值分析法。

（1）评价流程

产品绿色度的评价流程如图 2-8 所示，大致包含评价目标确定、评价范围界定、评价指标体系建立、指标归一化处理和权重确定、评价算法选取和评价结果输出与解释六个步骤。

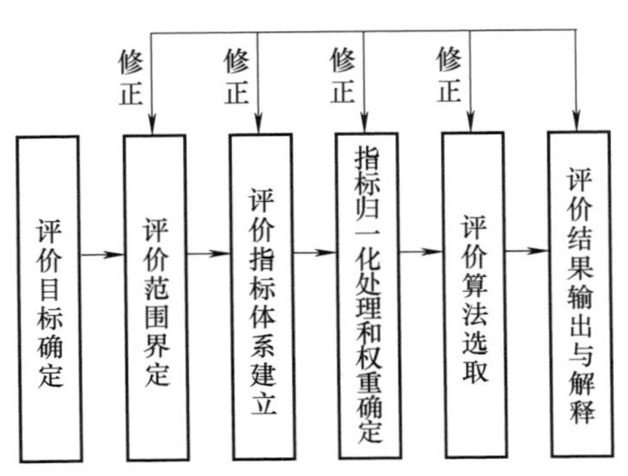

图 2-8　产品绿色度评价流程

在这六步中，前两步评价目标确定和评价范围界定主要是对评价工作的一个限制，因为一个产品绿色度的完整评价既包含绿色产品的三个属性，还包含产品的整个生命周期，评价工作量巨大，而实际上许多评价工作的目标并不需要考虑这么全面，如在设计方案比选时，评价的目标和范围就在于衡量方案不同之处的影响，没有必要进行全面的绿色度评价。所以目标确定和范围界定这两步对于评价很重要，它决定了评价的方向和工作量。评价指标体系建立则是在目标确定和范围界定的基础上进行的。第四步中的归一化处理主要完成对不同指标单位和数值量级的数据处理，而权重确定完成对不同指标对评价目标重要程度的判断。评价算法则是基于“指标体系”和“归一化处理和权重确定”确定采取专家调查法、模糊综合评判法、灰色关联分析法、层次分析法、价值分析法等算法以输出与解释评价结果。这些方法各有特点，但目前评价工作中应用较广的是专家调查法和价值分析法。评价的最后一步是评价结果输出与解释。对于评价结果，因为指标数据获取的不确定性、指标归一化处理和权重确定的主观性、评价算法选取的合理性等因素的存在，往往存在一定的假设条件需要对其做出解释，而且根据评价结果还可能对评价指标体系进行修正，使其更加合理、合乎实际。评价是一个循环递进的过程。

（2）价值分析法

在绿色产品评价中使用最多的是专家调查法，包括绿色设计产品评价的方法也是采用该方法。专家调查法简单易行，但也存在主观性较强等缺点，下面重点推荐工程意义更为突出的价值分析法。

1）价值分析的概念和特点。价值分析通俗讲就是追求高的性价比，追求“物美价廉”，即追求用最低的总成本可靠地实现产品或服务的功能与性能。价值可表示为

$$V=\frac{F}{C} \tag{2-4}$$

式中，V 为价值；F 为产品的功能；C 为成本。

绿色产品在原有技术经济性的基础上增加了环境协调性，而环境协调性无论能源降耗还是污染减排都可以体现为产品生命周期的性能，因此可以采用价值分析法来评价产品绿色度，只是内容要做一些扩充。

在评价产品绿色度时，价值分析可定义为：在功能分析的基础上，力求用最低的生命周期成本可靠地实现必要功能的有组织创造性活动。价值分析中的“价值”是指评价某一事物与实现它的费用相比的合理程度的尺度。定义中的“事物”可以是产品及其零部件，也可以是工艺或服务，对于绿色产品而言，价值即可视为绿色度，可表示为

$$V=\frac{F}{LCC} \tag{2-5}$$

式中，V 为产品的绿色度；F 为产品的功能，包括指技术先进性（功用、效用、能力等）和环境协调性（能源、资源、环境属性、人体健康安全等），是一个广

义的概念；*LCC* 为产品生命周期成本。

比较产品绿色度评价的价值分析法和传统的价值分析法，其内涵有所扩展，具有如下特点：

① 价值分析的研究对象不再只集中于产品设计制造阶段的产品功能单元，而是充分考虑产品生命周期全过程的各功能单元和过程，即一个产品系统。

② 功能的内涵更丰富，包括评价目标约束下的有关技术先进性、环境协调性的功能和性能。

③ 成本的内涵更丰富，包括评价范围约束下的产品生命周期过程中发生的各种费用的总和，即生命周期成本。

2）价值分析的流程。由于一个产品从生到死的过程，可能会涉及较多的业务内容和参与企业，因此要真正实现价值分析首先需要建立一个多元化、跨学科、跨组织的小组。这个小组一般由跨组织的设计工程师、制造工程师、环保专家、质量管理员、采购员、推销员以及成本分析员等共同组成。通常认为价值分析的工作程序可分为七个步骤，即选择价值分析对象（即确定评价对象、目标和范围）、收集情报和资料、功能分析、提出改进方案、方案优选、方案试验和价值分析结果评价，如图 2-9 所示。在进行价值分析的过程中，应自始至终围绕着所评价的产品的价值、功能和成本三者的关系，通过跟踪和分析产品的整个生命周期，对产品系统中价值不高的功能单元和过程进行分析评价，才能得到正确有效的结果。

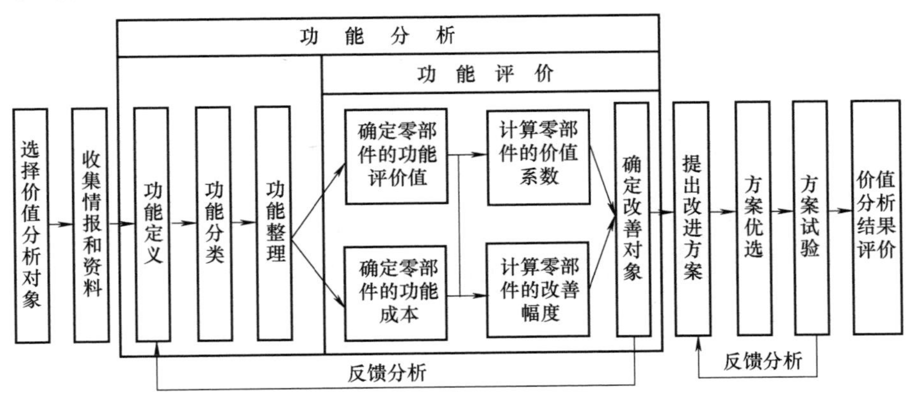

图 2-9　价值分析的工作流程

下面以一个汽车外饰件为例进行方法说明价值分析法的应用，见表 2-18。限于篇幅，此处只考虑了该产品的部分指标及其计算。这是一个基于基准产品对新产品进行评价的案例。表中指标的权重系数由专家调查法或层次分析法获得，表中假设基准产品的性能指数为 5，然后将新产品关注的各性能指标与之逐一比较，得到相应的指标指数。如果性能指标相较基准产品提升，则其指数大于5；如果和基准产品的指标相当，则指数等于5；如果性能相较基准产品有所下降，则其指数小于5。根据计算结果可以看出，新产品虽然成本有所提高，但由于其性能的提高和改善幅度更大，因此其绿色度也较基准产品的高。

表 2-18　价值分析法的应用

指　　标	权重系数	新　产　品	基准产品
外观影响	0.2	8	5
生产工艺性	0.15	9	5
技术可靠性	0.1	9	5
产品耐用性	0.1	4	5
质量一致性	0.1	6	5
产品易维修性	0.15	7	5
生产阶段能源利用效率	0.05	9	5
生产阶段资源利用效率	0.1	9	5
生产阶段环境属性	0.05	5	5
功能总和		7.5	5
生命周期成本（10元）		2.95	2.45
绿色度		2.54	2.04

注：功能总和 = ∑权重系数 × 产品功能指数，绿色度 = 性能/成本。

价值分析法因较为全面地分析了产品的功能和性能，并综合考虑了产品的生命周期成本，故在评价绿色产品时对评价结果的解释性更好，也更有说服力，而且也更容易根据各种指标的指数来确定产品生命周期的薄弱环节和产品有待改进的性能指标。因此，价值分析法不失为评价、改进产品绿色属性的一种有效方法。

2.2　生命周期评价原理与应用

绿色产品的评价主要是从技术先进性、环境协调性、经济合理性三方面进行综合评价。如果更关注环境协调性，则就犹如对技术、经济有专门的评价方法一样，其评价方法被称为生命周期评价（Life Cycle Assessment，LCA）。

2.2.1　生命周期评价的由来

生命周期评价的思想最早出现在20世纪六七十年代。当时的可口可乐公司为了了解其饮料包装瓶的资源环境特性，委托美国中西部研究所的研究人员开展相关研究，于是提出了饮料包装瓶全生命周期的资源环境分析的方法。该方法一经提出便受到学术界、工业界和政府等社会各界的关注。许多著名的研究机构（见表 2-19），都从事了相关研究。但相关研究机构在使用资源环境分析的方法时其目的和侧重点也各不相同，随着分析的对象拓展到空调、汽车等复杂产品，便急需统一资源环境分析方法。1989 年荷兰住宅、空间计划及环境部（VROM）针对“末端治理”的问题，首次提出了面向产品的环境政策，提出要对产品整个生命周期内的所有环境影响进行评价，也提出了要对评价方法和数据进行标准化。1990 年国际环境毒理学与环境化学学会（SETAC）主持召开了首次有关生命周期评价的国际研讨会，发布了《生命周期分析纲要：实用指南》，并提出了生命周期分析的概念。

表 2-19　从事生命周期分析研究的国际机构

机构简称	机构名称
SETAC	Society of Environmental Toxicology and Chemistry（环境毒理学与环境化学学会）
ISO	International Organization for Standardization（国际标准化组织）
UNEP	United Nations Environment Programme（联合国环境规划署）
WWF	World Wide Fund for Nature（世界自然基金会）
WBCSD	World Business Council for Sustainable Development（世界可持续发展工商理事会）
DTU	Technical University of Denmark（丹麦技术大学）
NEP	Nordic Project for Environmentally-Oriented Product Development（北欧环保产品发展署）
IVL	Institute för Vatten Och Luftvårdsforskning（瑞典环境科学研究院）
Procter&Gamble	The Procter & Gamble Company（宝洁公司）

SETAC 将生命周期分析定义为一种对产品、工艺或活动的环境影响进行评价的客观过程，通过对能量和物质的消耗以及由此造成的环境排放进行辨识和量化来进行。生命周期分析的目的在于评价能量和物质利用，以及废物排放对环境的影响，寻求改善环境影响的机会以及如何利用这种机会。整个评价贯穿于产品、过程和活动的整个生命周期，即包括从原材料提取与加工，产品生产、运输与销售，产品使用维护，到产品废弃后的循环利用与最终处置等各个阶段。SETAC 根据对生命周期分析的定义，也制定了如图 2-10 所示的生命周期分析基本技术框架。

该框架下生命周期分析分为目标和范围界定、清单分析、影响分析和改进分析，被认为是生命周期评价研究的一个里程碑。之后，欧洲、日本等国家和地区也制定了一些促进生命周期分析的政策与法规，如“生态标志计划”“生态管理与审计法规”等，并完成了大量生命周期分析案例。国际标准化组织（ISO）也于 1993 年着手开展了生命周期分析的国际标准化工作。生命周期分析被标准化为生命周期评价，并编制在 ISO 14040 系列标准中。现在关于生命周期评价的研究主要集中在评估方法和数据库的进一步完善上，表 2-20 和表 2-21 分别是一些主要的生命周期评价评估方法和软件。

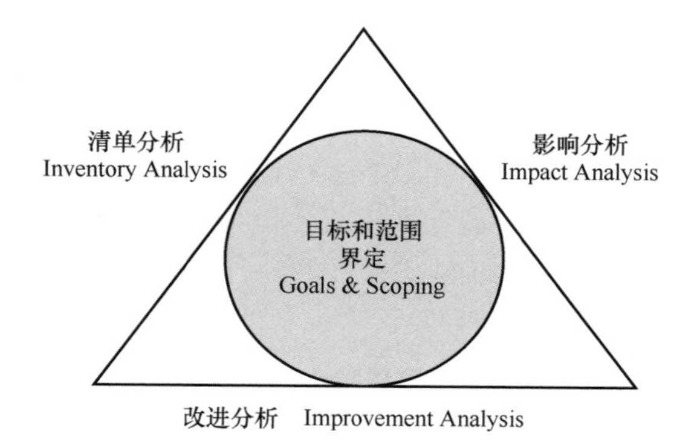

图 2-10 SETAC 提出的生命周期分析基本技术框架

表 2-20 几种主要的生命周期评价评估方法

评价方法	研究单位	说明	网址
CML	Leiden University CML	定量评估，可用于复杂产品，模型复杂，CML2001，有详细特征化和标准化值及权重值，符合 ISO 14040	www. leidenuniv. nl/interfac/cml
Eco-indicator	PRé Consultants B. V.	定量评估，可用于复杂产品，模型复杂，Eco-indicator99 符合 ISO 14040	www. pre. nl
EDIP	Technical University of Denmark and Danish EPA	定量评估，可用于复杂产品，模型复杂，符合 ISO 14000 标准	ipt. dtu. dk/ap/ lceresearch. htm
Eco-point	Joint study of Switzerland, Norway and Germany	定量评估，包装材料数据多	http：//www. admin. ch/buwal/publikat
EPS	CPM，Chalmers University of Technology and Volvo	环境负荷打分系统，定量化，应用不广泛；EPS2000	www. car. volvo. se www. cpm. chalmers. se/cpm/publications/EPS2000. pdf
EIO-LCA	Carnegie Mellon University	通过输入—输出物流平衡定量化评估产品环境影响，目前应用较少	gdi. ce. cmu. edu
MECO	EU	常用的定性化评估方法，不准确	N/A
MET	AT&T	常用定性化环境影响评估方法，易于掌握	www. att. com

表 2-21　几种主要的生命周期评价软件

生命周期评价软件名	国别和提供商	主要功能
SimaPro	荷兰 PRé Consultants B. V.	生命周期管理（LCM）、生命周期评价（LCA）、生命周期清单分析（LCI）、产品管理（PM）、供应链管理（SCM）、生命周期环境影响评价（LCIA）、生命周期成本分析（LCC）、面向环境的设计（DfE）、生命周期工程（LCE）、物质/材料流分析（SFA/MFA）
GaBi	德国 PE International GmbH	生命周期管理（LCM）、生命周期评价（LCA）、生命周期清单分析（LCI）、产品管理（PM）、供应链管理（SCM）、生命周期环境影响评价（LCIA）、生命周期成本分析（LCC）、面向环境的设计（DfE）、生命周期工程（LCE）、物质/材料流分析（SFA/MFA）
Umberto	德国 ifu Hamburg GmbH	生命周期管理（LCM）、生命周期评价（LCA）、生命周期清单分析（LCI）、产品管理（PM）、供应链管理（SCM）、生命周期环境影响评价（LCIA）、生命周期成本分析（LCC）、面向环境的设计（DfE）、生命周期工程（LCE）、物质/材料流分析（SFA/MFA）
EIME	法国 CODDE	生命周期评价（LCA）、生命周期清单分析（LCI）、生命周期环境影响评价（LCIA）、面向环境的设计（DfE）
TEAM	法国 Ecobilan	生命周期管理（LCM）、生命周期评价（LCA）、生命周期清单分析（LCI）、产品管理（PM）、供应链管理（SCM）、生命周期环境影响评价（LCIA）、生命周期成本分析（LCC）、面向环境的设计（DfE）
KCL-ECO	芬兰 KCL	生命周期管理（LCM）、生命周期评价（LCA）、生命周期清单分析（LCI）、产品管理（PM）、供应链管理（SCM）、生命周期环境影响评价（LCIA）、面向环境的设计（DfE）、生命周期工程（LCE）、物质/材料流分析（SFA/MFA）
OpenLCA framework	欧洲 GreenDeltaTC	生命周期管理（LCM）、生命周期评价（LCA）、生命周期清单分析（LCI）、产品管理（PM）、供应链管理（SCM）、生命周期环境影响评价（LCIA）、生命周期成本分析（LCC）、面向环境的设计（DfE）、生命周期工程（LCE）、物质/材料流分析（SFA/MFA）
BEES	美国 NIST	生命周期评价（LCA）、生命周期清单分析（LCI）、生命周期环境影响评价（LCIA）、生命周期成本分析（LCC）
JEMAI-LCAPro	日本 JEMAI	生命周期评价（LCA）、生命周期清单分析（LCI）、生命周期环境影响评价（LCIA）
AIST-LCA	日本 AIST	生命周期管理（LCM）、生命周期评价（LCA）、生命周期清单分析（LCI）、产品管理（PM）、供应链管理（SCM）、生命周期环境影响评价（LCIA）

中国从 20 世纪 90 年代中期开始向国外学习生命周期评价的方法和概念，到现在不仅将生命周期评价的系列国际标准转化为了国家标准，而且在各种绿色设计产品评价标准中也将生命周期评价列为了重要内容。

2.2.2 生命周期评价原理

如图 2-11 所示，ISO 与 SETAC 提出的生命周期评价框架大体一致，只是在最后一个步骤上有区别。SETAC 框架的最后一步是“改进分析”，强调生命周期评价的应用；而 ISO 将应用单独出来，在评价框架中增加了一个“解释”环节。相比之下，笔者认为 ISO 的框架更为完整。因为生命周期评价的评价结果确实存在各种假设，各种模型、数据的不确定性等诸多需要说明的内容。增加“解释”这一步骤，使得评价在过程上更具科学性。下面以 ISO 的生命周期评价框架对其原理进行简单介绍。

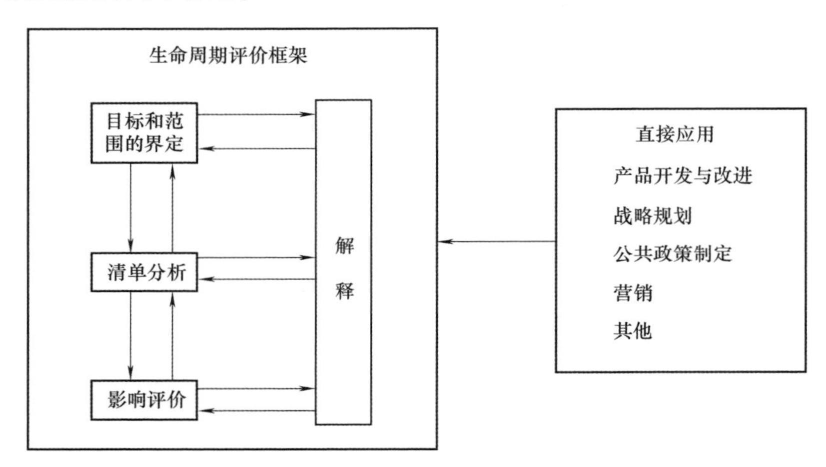

图 2-11　ISO 提出的生命周期评价框架

（1）目标和范围界定（Goals & Scoping）

目标和范围界定是生命周期评价的第一步，对产品生命周期各个阶段的数据收集、分析、评估起指导作用。明确的评价目标和准确的评价范围决定了分析或评估的方向和深度，有助于减少评价的难度和工作量。目标和范围界定的步骤和相关内容在 ISO 14041 有明确规定。其中目标的确定取决于预期的应用意图，即开展研究的动机以及目标受众，而范围的界定内容有：产品系统的功能、功能单位和基准流、评价基准、数据质量要求、系统边界、评价方法、假定条件、局限性等。不过，应该强调的是，生命周期评价是个迭代的过程，在后续的研究过程中，目标和范围，尤其是范围，可能也会不断调整。

（2）清单分析（Inventory Analysis）

清单分析是生命周期评价数据的收集和处理的核心和关键。当生命周期评价的目标和范围确定以后，就可以模拟（对产品设计分析而言）或追踪（对产品性能评估而言）产品的整个生命周期，详细列出各个阶段的各种原材料和能源输入，以及能源、资源输出和污染物排放清单，建立输入输出平衡表，为下一步的环境影响评价做数据准备。

典型的清单分析应对产品的原材料制备、制造、包装、运输、使用和最终处理/回收再利用等生命周期阶段进行细化，并进行输入输出的量化分析。整个分析与量化过程必须遵循能量平衡和物质守恒两大原则，即“输入物料（能量）= 输出物料（能量）”，并利用测定或计算的数据建立并绘制输入和输出的物料与能量平衡图，以准确确定各种输入输出物组成成分、数量、去向以及能量含量。编制平衡图时应注意，如果物料或能量流不平衡时，应仔细分析原因，并借助各种理论计算或历史资料修正数据，尽量减小平衡误差。物料和能量平衡是分析物料和能量损失的依据。只有遵循这两大原则才能为下一步影响评价提供准确的数据。

详细的清单分析在 ISO 4041 中有详细规定，此处就不赘述了。

（3）影响评价（Impact Assessment）

影响评价就是根据清单分析中获得的信息，定性或定量评价它们对潜在环境影响的程度。即系统地鉴别、定性或定量地评价产品或生产系统的投入/产出可能对生态系统、人体健康、自然资源的消耗等产生的影响。这是生命周期评价的重点，也是难点。评价哪些环境影响、清单物质对环境影响的贡献、评价方法等至今都存在争论。所以具体如何评价还是取决于评价的目标和范围。

生命周期影响评价在 ISO 14042 中有详细规定。其主体内容是在清单分析中的输入、输出与环境影响类型之间建立联系，并通过归一化、分类或者权重处理，形成产品生命周期环境影响报告。要实现环境影响评价，ISO 14042 大致规定了以下三个必要步骤：

1）影响类型、类型参数和特征化模型的选择。这一步原则上是根据清单分析的结果客观地选择影响类型及其相关模型和参数，但实际评价中，这些选择并不容易，多参考国外的一些影响评价方法，如 EPS、EDIP、Eco-indicator 99 等来实现。当然，这也就出现了模型是否合适的问题。

2）清单的影响类型分类，即将清单分析的输入输出物质归类到所选择的环境影响类型之中。分类结果直接影响评价数值和结论。

3）影响类型参数结果的计算，即特征化。所谓特征化就是确定某种物质在某类环境影响类型指标上的影响，其大小称为特征化因子。所以这一步的计算就是将清单分析的输入输出物质清单乘以特征化因子。特征化因子的大小在

EPS、EDIP、Eco-indicator 99 等评价方法中都有提供，但并不完全一样。这也会影响评价结果。

（4）解释（Interpretation）

解释就是对生命周期评价过程中所采用的数据、方法、条件假设、方法说明和存在问题等进行说明。当生命周期评价应用于绿色产品开发时，还可根据清单分析过程中获得的有关产品的各类数据以及影响评价中所获得的信息寻找出产品的薄弱环节，有目的、有重点地改进创新，为生产更好的绿色产品提供依据和改进措施。此外，也可根据这些信息制定关于该类产品的评价标准，为以后的评价工作提供一个可靠的基准。总而言之，"解释"工作的作用就是让生命周期的数据、结果、建议和报告能更透明，也更容易被别的评价活动所采信和借鉴。

综上所述，生命周期评价实际上就是根据评价目标，在界定的范围内跟踪产品生命周期过程的物料流和能量流，建立物料流、能量流与环境影响之间的定性或定量的关系，完成对产品环境影响的评价，并提出改进建议。

2.2.3 生命周期评价的几个问题

尽管生命周期评价有国际标准、国家标准，但在实际评估中依然存在一些难点和问题需要注意。

1. 评价目标界定

确定评价目标并不容易，因为很多时候在做评价时目标并不清晰。评价目标必须根据开展生命周期评价的动机而定。通常生命周期评价的动机有：

1）建立某类产品的参考标准。利用生命周期评价方法，评估某类产品生命周期中具体阶段可能产生的环境影响，筛选相关影响因素，制定相应的参考标准。

2）识别某产品的改善潜力。利用生命周期评价方法，识别某产品在环境协调性方面存在的问题，并探寻改善的可能性与潜力。

3）用于总体设计时的方案比较。在总体设计时利用生命周期评价方法对各个备选方案进行预评估与选择。该阶段可简化生命周期评价方法，只考虑最关键的功能单元和过程。

4）用于详细设计时的方案比较。在详细设计时，使用生命周期评价方法的目的就是利用清单分析中的信息、影响评价中的结果，寻找各详细设计方案的优缺点，做出综合评判，从中寻求最优方案，并对方案进行改进。

基于生命周期评价的动机，方可确定评价目标。例如，若动机为建立某类产品的参考标准，就可以通过分析该类产品的现有标准，找出其中的不足和缺陷，并结合需求，确定需要建立或完善的标准，将其作为生命周期评价的目标；

若动机是识别某类产品的改善潜力时，其评价目标则是通过生命周期评价找出该类产品在环境协调性方面的薄弱环节，为产品改进提供依据和技术支持；若动机为设计方案选择，则可将各方案对不同环境影响类型的贡献作为评价目标，以支撑设计目标的确立。总之，要在评价之初弄清楚评价的目标，这是评价的方向。

2. 评价范围界定

当评价目标确定后，生命周期评价的任务就是建立产品的生命周期模型，确定产品生命周期的主要环节。因为生命周期评价通常会涉及产品许多功能单元和生命周期中的诸多过程，逐一对各功能单元和过程进行评价是不必要的，也是不可能的，因此，在确定评价目标之后，必须界定评价范围，也就是说必须将注意力放在与评价目标相关的主要因素上。界定评估范围需要注意如下问题：

（1）建立产品系统模型

产品是由一些具有某种功能的零部件组成的，而其生命周期活动则是为实现这些功能或为提供某种服务而进行的活动。本书将产品及其生命周期过程称之为产品系统。也就是说，产品系统建模应包括产品系统的功能单元以及实现这些功能的生命周期过程。

1）产品系统的功能单元。产品系统的功能单元是指为用户或某一过程所提供的一种服务或使用价值。一个产品的总功能往往是由存在“目的-手段”关系的、多个层级的子功能组成。例如，车床主轴箱的电动机，它的功能是提供动力。如果再细分下去，可以发现，提供动力的目的是传递力矩和转速，传递力矩和转速的目的是切削工件。而切削工件就是车床的最终目的。由车床的例子可以看出，产品功能可分为目的功能和手段功能，而分析目的功能与手段功能之间的关系，就可以把整个产品各个零部件功能之间的关系系统化，并可以形成如图 2-12 所示的产品功能系统图的一般形式。

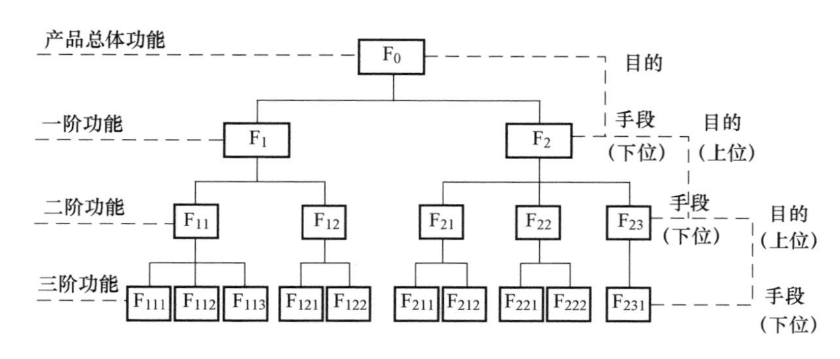

图 2-12 产品功能系统图的一般形式

在产品功能系统图中，上一阶功能叫作目的功能，也称上位功能，下一阶功能叫作手段功能，也称下位功能。图 2-12 中 F_0 表示产品总体功能，F_1、F_2……F_n是实现功能 F_0的手段功能，是 F_0的下位功能；一阶功能 F_1、F_2必须以二阶子功能 F_{11}、F_{12}、F_{21}……F_{nm}为手段才能实现，同时又是 F_{11}、F_{12}、F_{21}……F_{nm}的目的功能或上位功能，其他依此类推。产品功能单元划分不能一概而论，应结合产品结构特点和评价目标等具体情况确定功能的阶数，既要避免因功能单元划分太粗影响评价，又要避免划分过细，而浪费人力、物力和财力。

2）过程树。一个产品系统除了包括组成产品的各个功能单元以外，还应该反映包括原材料的制备，产品的设计、制造、使用和废料的处理等在内的产品生命周期过程。产品系统可以用图 2-13 所描述的过程树来表示。从形状上看，过程树有“根”和“枝”，这些“根”和“枝”通过产品及其使用阶段（即过程树的“茎”）相互连接。图中的“根”指原材料的生产过程，即从环境中提取资源和能源并生产原材料、零部件，以及组装成产品的过程。“枝”指产品废弃后的回收处理及再利用过程，主要包括零部件的重用，材料的再利用以及废料的无害化处理处置。产品的销售、运输、安装和使用过程，犹如连接“根”和“枝”的“茎”，是产品生产企业获取丰厚利润的阶段。由于这些过程都是紧密联系着的，因此在进行生命周期评价时，必须结合评价目标，弄清楚影响产

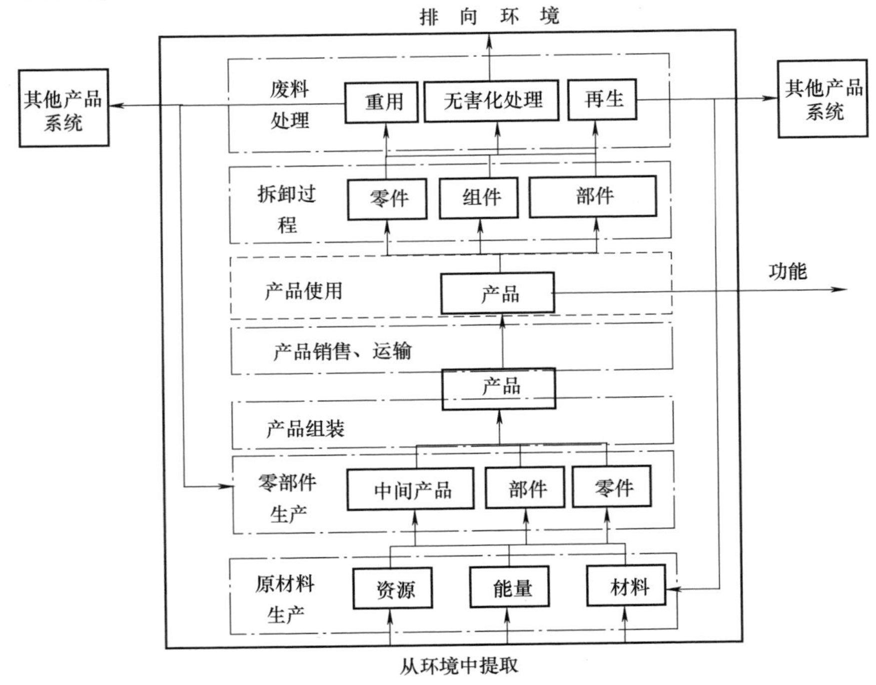

图 2-13　产品系统的过程树

品环境协调性的主要生命周期环节。

从图2-13中还可以看出，通常产品系统之间，以及产品系统与环境之间存在着复杂的交错关系。例如退役机电产品零部件再制造后重用就会进入其他产品系统。这使得评价过程不再只局限于产品的一个生命周期，而成为多个生命周期的评价问题，增加了评价的难度，因此确定生命周期评价的系统边界就显得格外重要了。而产品系统这一概念抓住了产品及其生命周期活动的共性，为系统边界的确定提供了模型支撑。

（2）确定系统边界

确定生命周期评价的系统边界就是在一个产品系统中寻找对评价目标有重大影响的功能单元和过程，从而有目的、有针对性地收集各种环境协调性数据。例如电视机的显像管是产生辐射的主要功能单元，评价人体健康时可以把重点放在显像管这个功能单元上，对其进行详细的分析，并提出改善方案；又如洗衣机的环境影响主要集中在使用阶段的能耗、水耗和洗涤剂消耗等方面，评价中则可以将主要精力放在使用阶段，其他阶段则不作为重点来研究。由此可知，尽管生命周期评价强调分析产品整个生命周期，但合理的系统边界可以有效地减小评价工作的工作量和难度，也可以避免因所采集的数据太多且不确定性大等问题导致的评价不准确和不可靠。

（3）确定输入输出初步选择准则

按照标准规定，输入输出初步选择准则包括如下四条：

1）物质准则。当物质输入/出的累积总量超过该产品系统物质输入/出总量一定百分比时，就要纳入系统输入/出。

2）能量准则。当能量输入/出的累积总量超过该产品系统能量输入/出总量一定百分比时，就要纳入系统输入/出。

3）环境关联性。当产品系统中一种数据类型超过该类型估计量一定百分比时，就要纳入系统输入/出。以二氧化硫为例，先规定产品系统二氧化硫的排放百分比，当输入/出大于这一百分比时，则将其纳入系统输入/出。

4）敏感性分析。当研究结果是用于支持面向公众的比较性论断时，对输入/出数据所做的最终敏感性分析必须包括上述物质、能量和环境关联性准则。

（4）确定评价准则和方法

方案比选中，不同方案的环境协调性指标往往并不一样，常常会出现某方案的某几项指标优于其他方案，但另外几项指标又较其他方案差。如表2-22所列，高密度聚乙烯（HDPE）购物袋的回收性能较无漂白牛皮纸购物袋差，但其在生产过程中的能源、资源消耗以及污染物排放却比无漂白牛皮纸购物袋少。这就意味着评价准则和权重方法会直接影响生命周期评价的结果，需要根据实际情况而定。

表 2-22　购物袋的生命周期评价　　（单位：每 1000 袋）

投入与产出量		单位	购物袋类型		备　注
			高密度聚乙烯购物袋	无漂白牛皮纸购物袋	
购物袋尺寸（长×宽×高）		cm	27×13×49	23×12×39	容量相同
购物袋质量		g/个	6.85	21.0	
能源消耗		kcal①	9930	126000	含回收的焚烧能
资源消耗	主要材料	kg	原油　7.03	木材　43.3	辅助材料略
	水	kg	20.6	2310	
废气排放	CO_2	g	28.1	49.9	
	SO_x	g	38	126	
	NO_x	g	13	204	
	碳氢化合物	g	144	忽略	
废水排放	生物需氧量（BOD）	g	忽略	50	
	化学需氧量（COD）	g	5.36	130	
废渣	灰	kg	忽略	0.2	
	淤渣等	kg	0.2	0.8	
回收性能（可回收量）		g	5.9	19.7	

① 1kcal = 4.186kJ。

（5）确定数据的有效性

生命周期评价中采纳的数据应具有有效性。数据有效性应包含时间上的有效性和技术水平上的有效性。因为绿色产品的环境协调性指标是动态的，是时间的函数，而生命周期评价中所采用的数据有相当一部分是在对基准产品进行清单分析时获取的，也就是说，所采用的数据都是几年前（甚至更久远）的数据，所以存在时间有效性的问题。例如，假设一个产品生产要 0.5～1 年，寿命为 3～5 年，这意味着根据基准产品数据做出的决策只在 3.5～6 年内有效。另外，与产品环境协调性相关的标准也会在一段时间后修订。因此，生命周期评价须对时间进行限制，选择有效的数据，这样才能获得正确的评价结果，以帮助决策。

数据的有效性还和产品生命周期中所采纳的技术组合相关。同一时间段里某类产品在其生命周期过程中往往存在不同水平的技术提供者，而不同水平的技术导致的环境协调性也不一样。例如，空调有一级能效、二级能效、三级能效之分。能效不一样，相同规格的空调能耗自然也就不一样。因此，采信数据时还要注意数据产生的技术组合。

综上所述，评价范围界定时，必须弄清楚产品系统的关键功能单元和过程对评价目标的贡献，同时要兼顾评价准则、数据的有效性。也就是说，评价范围界定实际上本身就是一个粗略的评估过程。

3. 清单分析

评价目标和范围界定之后，便是开展产品生命周期输入输出的清单分析。按照标准 ISO 14041 的规定，清单分析的流程如图 2-14 所示。不过，此处并不详细介绍每个步骤的内容，而是对清单分析中需要注意的几个问题进行探讨：

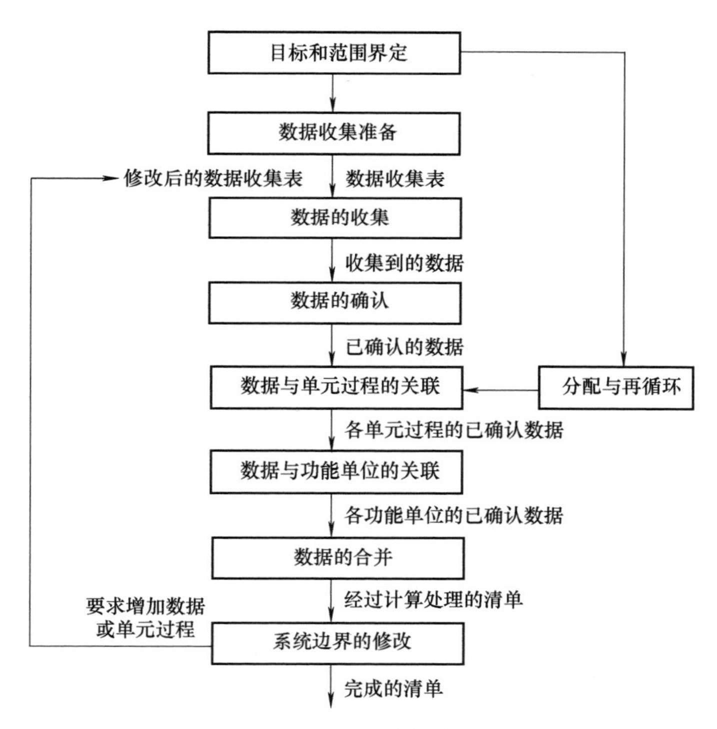

图 2-14　清单分析流程

（1）数据收集准备工作

这一工作常被忽视，但实际上很重要，因为它有利于确定数据收集环节、保障数据收集的可行性和完备性。为此，应该做好如下几件事：

1）基于生命周期评价的目标和范围，建立产品功能单元树和产品生命周期过程树，以描绘功能单元、过程以及它们之间的相互关系。这一工作的目的是通过对功能单元和过程的合理划分，避免“眉毛胡子一把抓”的现象，以便准确可靠地采集数据。

2）详细表述每个功能单元和单元过程，并列出与之相关的数据类型。描述产品功能单元和过程有助于定性地了解在该功能单元或过程中的主要影响因素，同时，也可通过描述数据采集环境，规范计量单位，实现数据的类推，方便其他系统借鉴、分析。

3）结合产品系统的特点（如产品及其零部件的结构特性、单元过程的技术特性、操作环境等），针对数据类型，规范数据测试设备、测试方法、计算技术和文件记录。如表2-23为大气质量数据收集的部分描述信息的示例。

表2-23　大气质量数据收集的部分描述信息的示例

序号	名　　称	内　　容	原　　因	描　　述	备　　注
1	监测范围	厂区			
2	监测点数目	≥10	一级评价项目		确定因素包括评价区大小、工程特征、气象条件、地理环境
3	监测点位置布设	网格法	面源	即将监测区域分成…	常用方法有：网络法、同心圆布点法、扇形布点法、功能分区法和配对布点法
4	监测时间	每次连续监测7天	一级评价项目		
5	监测频率	各监测点每隔2h采样一次	一级评价项目		
…	…	…	…	…	…

（2）数据收集

数据收集是清单分析中工作量最大的一项任务。数据收集方法的正确性在很大程度上决定了数据的准确性、完整性、一致性和实时性。

对于产品生命周期中的统计量，可以通过统计的方法获得其标准差和概率分布函数；对于其中收集难度大或收集成本高，难以通过统计方法确定参数的标准差和概率分布函数，则可采用下面的方法：

1）标准差的确定。对于不能通过统计方法获得标准差的统计量，其标准差确定可以通过专家或数据提供者的经验获得数据的变化范围，如±10%、±20%等，并利用式（2-6）求解标准差：

$$\Delta = \frac{\sigma}{\mu} \tag{2-6}$$

式中，Δ为变化范围；σ为标准差；μ为平均值。

当平均值已知，便可计算出标准差的估计值。

2）概率分布函数的确定。概率分布函数反映统计量的分布情况。对于样本少难以通过统计方法获得概率分布函数的统计量，可利用专家知识来估计统计量的概率分布函数。例如，通常用威布尔分布来表示产品寿命的分布函数。常用的概率分布函数有正态分布、对数正态分布 $\lg N$ 和威布尔分布等。

除了上述对统计量的处理外，数据收集的程序和方法上还应该做好下列基础工作：

① 用文档的形式记录数据收集的程序和方法，并给出采用这些程序和方法的理由。

② 应对产品系统模型的描述进行记录，例如：定量和定性表述产品系统的输入和输出；定量和定性表述单元过程功能和功能单位；单元过程若存在多输入（如进入污水处理系统的多个水流）或多输出，必须进行数据分配，并将分配程序和分配结果形成文件；能量的输入输出须按能量单位进行量化；必要时还应记录燃料的质量或体积等。

③ 应该记录或标明数据来源、出处，特别是对于从文献中获得的、对结论影响重大的数据，必须详细说明这些数据的收集过程、收集时间以及其他数据质量参数的公开来源。

下面以某微型车车身的磷化处理为例进行清单列表说明，见表 2-24 和表 2-25。磷化处理是车身涂装前处理的主要工序，对环境影响较大。表 2-24 描述了某微型车车身磷化处理过程的基本属性、操作参数等。表 2-25 是某微型车车身磷化处理的环境协调性数据清单。

表 2-24　某微型车车身磷化处理过程描述

过程名称	磷化处理	过程编码	Pentu-10	采集时间	2020. 7. 13	采集人/部门	
磷化处理的概念：金属表面与含磷酸二氢盐的酸性溶液发生化学反应并在金属表面上生成稳定的、不溶性的无机化合物膜的一种化学处理方法							
磷化处理的作用：生成稳定的、不溶性的无机化合物膜，与各类涂料形成良好的配套性							
磷化处理方法：低温锌系磷化法 优点：磷化膜结晶细密、成膜速度快、与各类涂料均具有良好的配套性、槽液易管理							
工艺循环：设备一天工作 16h，一周工作 5 天 磷化过程：清洗、表面调整、磷化处理和清洗、每隔 3 ~ 4 个月清洗设备 工序时间：磷酸化 8min，烘干 8min 工艺参数（技术保密）：脱脂液的碱度，磷酸液的总酸，游离酸，促进剂浓度，喷淋压力							
技术要求：灰色或浅灰色细结晶膜层，完整均匀，无发花、黄锈和挂灰；膜层 1 ~ 3μm，膜重 1. 5 ~ 2. 5g/m^3；耐蚀性：浸 3% NaCl，(20 ± 5) ℃ 溶液，30min 无变化							

表 2-25　某微型车车身磷化处理环境协调性数据清单

过程名称	磷化处理	过程编码	Pentu-10	采集时间	2020. 7. 13	采集人/部门
指标名称		单位	均值	概率分布	统计参数	备注
输入						
能源情况	电能	kW · h				
	天然气	kg				
	原油	kg				
	生产用水	kg				
	……	……				
资源情况	磷酸二氢盐	kg				
	脱脂液	kg				
	促进剂	kg				
	……	……				
输出						
废气指标	二氧化碳	g				
	一氧化碳	g				
	二氧化硫	g				
	……	……				
废水指标	BOD	g				
	COD	g				
	固体悬浮物	g				
	清洁剂	g				
	……	……				
固体废物	矿渣	kg				
	淤泥	kg				
	……	……				
工作环境影响	单调重复的工作时间	h				
	噪声	dB				
	对神经系统的伤害程度					取值范围为 0 ~ 1
	对生殖系统的伤害程度					取值范围为 0 ~ 1
	癌症发生率					用百分数表示
	事故发生率					用百分数表示

（3）数据确认

数据确认就是检验数据的有效性。检验的基本原理主要包括物质平衡、能量平衡和排放因子的比较分析，具体方法可采用编制输入输出平衡图来实现。在编制平衡图时应注意：如果存在明显不合理的数据，就要予以替换，所替换的数据要满足在确定评价范围时定义的数据质量要求。如果物料或能量流不平衡时，应仔细分析原因，并借助各种理论计算或历史资料修正数据，尽量减小平衡误差。在输入输出数据合理的基础上，再全面系统地对物流和能量流平衡结果进行评估，分析物料和能量损失、污染物产生和排放的原因，识别关键环境影响因素。

当然，对存在问题的数据进行替换或其他处理的过程须形成文件，以备日后对评价结果进行分析、解释，或便于其他系统参考借鉴。

（4）将数据与产品系统相关联

前面的几点只是保证了数据的有效性和完整性。只有将数据与产品系统关联起来，才能进行数据分析、处理与后续的环境影响评价。但由于这些收集的数据往往来自不同部门或企业，不一定有相同的基准，因此必须对每一单元过程确定适宜的基准流（如1kg材料、1MJ能量、挖掘1m^3土等），并据此计算出单元过程的定量输入和输出数据。只有这样的数据才具有真正的可比性。

当数据与单元过程关联之后，还应该将单元过程与功能单位（完成产品功能的单元实体或组合）关联起来。这里的功能单元实体是指完成某一功能的零部件或设计方案。因为如果完成相同功能的功能单元实体不同，那么它对应的单元过程也就大不一样。要对功能单元实体进行数据收集和统计分析，必须将两者结合起来。

（5）数据合并

数据合并就是将产品各功能单元和过程中相同影响因素的数据求和，以获得某功能单位该影响因素的总量，为影响评价提供数据支撑。以齿轮加工的电能消耗为例，齿轮加工主要包括下料、锻压、调质、滚齿、渗碳、精磨以及运输等辅助过程，所以齿轮的电能消耗主要就是这些过程的电能之和。数据合并应当慎重，合并程度取决于能否实现评价目标，而且数据合并只有在当数据类型是涉及等价物质并具有类似的环境影响时才允许进行。详细的数据合并规则，应在“目标和范围界定”阶段确定，或者留到此后的“影响评价”阶段论证。

对于统计量的数据合并，理论上是多个独立随机变量之和，而非直接求和。以某微型车焊接线主车体部分的空气消耗为例，该微型车焊接线主车体部分由编号为603～610的八个工位组成，各工位空气消耗见表2-26。要确定焊接线主车体部分总体的空气消耗就是一个数据合并的例子。由于各工位的空气消耗均值不同，变换系数也不一样，采用蒙特卡罗法进行仿真计算，可模拟出各工位空气消耗和总体空气消耗（见表2-27），并可获得表2-28所列的焊接线主车体部分总体空气消耗的平均值与变化系数。

表 2-26 某微型车焊接线主车体空气消耗[①]

工　位	平均值μ/ (m^3/h)	变化系数/ (σ/μ)	概 率 分 布
603	5.7	0.1	lg$N$
604	0.5	0.4	lg$N$
605	0.7	0.3	lg$N$
606	22.0	0.1	lg$N$
607	0.5	0.3	lg$N$
608	0.5	0.4	lg$N$
609	0.5	0.3	lg$N$
610	0.2	0.5	lg$N$

① 在 0.5MPa 压力情况下的数据。

表 2-27 蒙特卡罗法模拟各工位和总体空气消耗[①] （单位：m^3/h）

工位	1	2	3	4	5	6	7	8	9	10
603	5.40	6.30	6.00	5.60	6.20	5.10	6.00	5.70	5.30	5.40
604	0.38	0.95	0.48	0.55	0.72	0.22	0.75	0.3	0.3	0.45
605	0.76	0.80	0.55	0.66	0.77	0.64	0.62	0.73	0.7	0.81
606	19.90	24.9	23.4	22.0	19.1	21.5	22.5	20.8	23.5	22.5
607	0.41	0.55	0.62	0.50	0.37	0.48	0.55	0.55	0.6	0.47
608	0.62	0.40	0.38	0.52	0.47	0.56	0.55	0.65	0.55	0.50
609	0.47	0.53	0.61	0.57	0.52	0.46	0.50	0.43	0.40	0.48
610	0.07	0.15	0.2	0.23	0.18	0.13	0.3	0.23	0.34	0.26
总和	28.01	34.58	32.24	30.63	28.33	29.09	31.77	29.39	31.69	30.87

① 在 0.5MPa 压力情况下的数据。

表 2-28 用蒙特卡罗法求总体空气消耗的平均值与变化系数

名　称	平均值 ($\overline{X}_\Sigma$) / (m^3/h)	变化系数 (S[①]/$\overline{X}_\Sigma$)
计算值	30.66	0.06

① $S=\dfrac{\sigma}{\mu}$。

该微型车焊接线主车体部分总体空气消耗的例子表明：对于统计量来说，数据合并并非均值直接求和，而是有其自身的概率分布。

（6）物流、能流和排放物的分配

清单分析中也常常存在数据不是由某个单一功能单元或过程所产生的，而是多个功能单元或过程共同作用的结果，或者在一个单元过程中产生多个产品等情况，这就会出现数据分配的问题，即根据既定的程序将物流、能流和环境排放分配到各个产品或过程中。数据分配时难度很大，且需要根据数据产生的实际情况而定。为此，国际标准化组织在 ISO 14041 中提出并制定了一套分配原则和分配程序。操作者可以参考相关标准。尽管如此，在实际操作时数据分配依然是一项棘手的工作。

（7）系统的敏感性分析

敏感性分析是用来估计所选用方法和数据对研究结果影响的方法。由于产品生命周期时间和空间跨度大，评价系统建模理论不成熟、数据收集困难，在生命周期评价过程中不可避免存在假设、数据缺乏或数据的不确定性大等问题，因此评价中有必要进行敏感性分析。影响评价结果的因素有：

1）产品系统模型。评价范围界定实际上只是基于对产品生命周期的一个粗略评价，是以现有知识和经验来确定影响最大的功能单元和过程，并完成建模。因此，不同的人、不同的研究重点其得到的产品系统模型就可能有所不同，存在一定程度的主观性，也必然会影响生命周期评价的结果。

2）数据缺乏或数据不确定性大。清单分析中的有些数据，或要经过一系列的分配程序才能获得，或要经过较长的时间收集整理，不仅难以获取，而且还存在较大的不确定性。例如，由于能源计量体系不健全，经常存在用一个电能表计量整个车间甚至企业用电量的情况，因此在数据收集、处理时，很难实现数据的准确分配，也很难找出产品生产中资源消耗的重点环节。数据缺乏或数据不确定性大的问题，已经逐步受到重视。我国从“十五”计划到现在都很重视相关数据库的建设，如 2019 年国家重点研发计划启动了《基础制造工艺资源环境负荷数据采集及环境评价数据库的建设》项目。这也说明数据对生命周期评价的重要性。

3）评估因素。评估因素对评价结果的影响一方面是由于人类对自然规律的认识还不够深入，还不能用正确的模型来描述复杂的自然规律。例如表 2-29 罗列了具有反应时间的毒性资料的剂量—反应模型。这些模型在描述环境污染对健康损害时，所采用的方法是数理统计。显然，统计模型不同，必然导致结果的不同。另一方面，评价因素、污染物质的标准化、不同影响因素之间权重的确定方法，也是造成评价结果不确定性的重要原因，因此识别重要的影响因素，完善标准化工作和建立合理的权重方法是保证评价结果准确的基础。

表 2-29　具有反应时间的毒性资料的剂量—反应模型

数学模型	D 剂量、t 时间毒性反应的概率
对数正态分布	$(2\pi)^{1/2}\int_{-\infty}^{\alpha+\beta\lg d+\gamma\lg t}\exp(-u^2/2)\,du\quad(\beta>0)$
Log-logistic（对数逻辑斯谛）	$[1+\exp(-\alpha-\beta\lg d-\gamma\lg t)]-1\quad(\beta,\gamma>0)$

（续）

数学模型	D 剂量、t 时间毒性反应的概率
Weibull（威布尔）分布	$1-\exp(-\lambda d^m t^k)$ $(\lambda, m>0)$
Gamma（伽马）分布	$\int_0^{\lambda dt} e^{-u} u^{k-1}/\gamma(k)\,du$ $(\lambda, k>0)$
一般分布	$1-\exp\left(-\sum_{i=1}^{m}\alpha_i d_i \sum_{j=1}^{k}\beta_j t_j\right)$ $(\alpha_i, \beta_j>0)$

（8）系统边界的修正

反复迭代是生命周期评价的固有特征。清单分析过程中会依据敏感性分析所判定的数据重要性来决定指标和数据的取舍，从而修正系统边界。系统边界修正包含两方面的内容：

1）排除经敏感性分析判定为不重要的生命周期阶段或单元过程；排除对研究结果缺乏重要影响的输入和输出。

2）纳入经敏感性分析认为重要的新的单元过程、输入和输出。

应该强调的是，须对上述修正过程和敏感性分析的结果进行记录，并形成文件。

（9）对清单分析结果的解释

针对清单分析的结果还应根据评价目标与范围加以解释。解释内容应包含：

1）系统功能和功能单位的规定是否恰当。

2）系统边界的确定是否恰当。

3）数据质量评价。

4）重要输入输出及方法的敏感性分析。

5）所发现的问题。

对清单分析结果的解释应当慎重，因为它针对的只是输入输出数据，还不是环境影响。尤其在进行比较时，不能以清单分析的结果作为唯一的基础。尽管瑞士“Ecopoint97”（生态指数法）的评价方法是依据清单分析结果来做评价的，但这不是生命周期评价的主流。

原则上讲，由于产品的种类、生产模式、用户需求不同，很难而且也不可能建立一个统一的清单模型，必须结合评价目标和对象的实际情况建立合适的清单。当产品生命周期评价的清单列出后，宜组织评审，看是否存在重要的但又被遗漏的因素，如果有，应及时修正。

4. 影响评价

影响评价就是根据清单中的信息，定性或定量评价其对潜在环境影响的贡献。国际上的一些研究机构，结合 ISO 14040 标准，分别提出了各自的环境影响评价方法，如 Swiss Ecopoints 1997、EPS、CML2 baseline 2000、EDIP 和 Eco-indicator99。下面以 Eco-indicator 99 方法为例详细阐述。

Eco-indicator 99 方法是荷兰 PRé Consultant 公司开发的一种基于环境损害的影响评价方法。该方法的环境影响指标体系及评价过程如图 2-15 所示，大致分为以下四步。

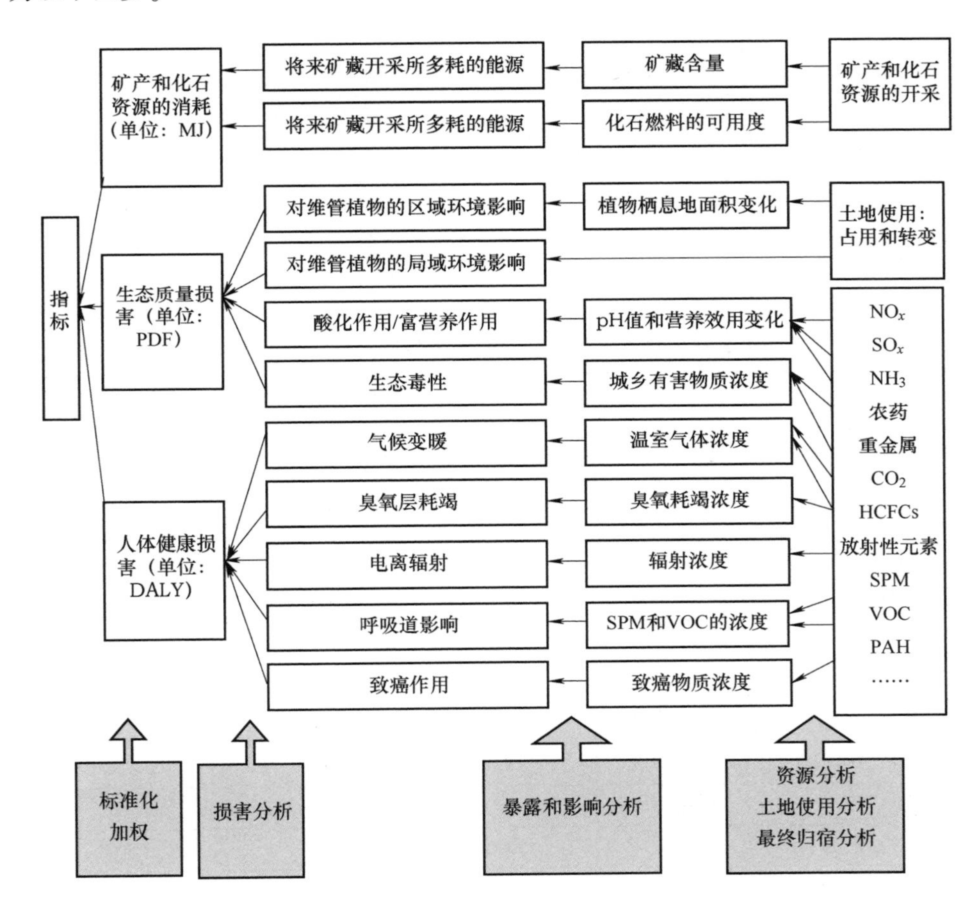

图 2-15 Eco-indicator 99 方法的环境影响指标体系及评价过程

（1）清单数据的分析、归类

即将清单分析中获得的物质排放、能源、资源消耗等数据进行特征化归类，确定其可能的影响类型。如将 CO_2、CCl_4、HCFCs 等会对温室效应产生影响的物质可以归为一类。表 2-30～表 2-33 分别列举了对富营养作用、温室效应、臭氧层耗竭和酸化作用等产生影响的一些物质。更多的环境影响类型和物质可参考有关 EPS、EDIP、Eco-indicator 99 等影响评价方法的技术报告。

表 2-30　对富营养作用产生影响的物质及其等价因子

物质名称	排放状态	等价因子	单　位
硝酸盐	气体排放物	1	g
NO_x	气体排放物	1.35	g
NO	气体排放物	2.07	g
氰化物	气体排放物	2.38	g
N_2O	气体排放物	2.82	g
氨气	气体排放物	3.64	g
N-tot	气体排放物	4.43	g
磷酸盐	气体排放物	10.45	g
焦磷酸盐	气体排放物	11.41	g
P-tot	气体排放物	32.03	g

表 2-31　对温室效应产生影响的物质及其等价因子

物　质	分子式	GWP g CO_2物质		
		20 年	100 年	500 年
二氧化碳	CO_2	1	1	1
甲烷	CH_4	62	25	8
氧化亚氮	N_2O	290	320	180
CFC-11	CCl_3F	5000	4000	1400
CFC-12	CCl_2F_2	7900	8500	4200
HCFC-22	$CHClF_2$	4300	1700	520
HCFC-141b	CH_3CCl_2F	1800	630	200
HFC-134a	CF_3CH_2F	3300	1300	420
HFC-152a	CH_3CHF_2	460	140	44
四氯化碳	CCl_4	2000	1400	500
1，1，1-三氯乙烷	CH_3CCl_3	360	110	35
三氯甲烷	$CHCl_3$	15	5	1
二氯甲烷	CH_2Cl_2	28	9	3

表 2-32　对臭氧层耗竭产生影响的物质及其等价因子

物质名称	寿命（年）	臭氧损耗潜在影响等价因子
CFC-11（CCl_3F）	45	1.0
CFC-12（CCl_2F_2）	100	1.0
CFC-114（$C_2Cl_2F_4$）	300	1.0

（续）

物质名称	寿命（年）	臭氧损耗潜在影响等价因子
CFC-115（C_2ClF_5）	1700	0.6
哈龙 1211（$CBrClF_2$）	11	3.0
哈龙 1301（$CBrF_3$）	65	10.0
哈龙 2402（$C_2Br_2F_4$）	—	6.0
CFC-13（$CClF_3$）	640	1.0
CCl_4	35	1.1
甲基氯仿（$C_2H_3Cl_3$）	4.8	0.1
$CHBr_2F$	—	1.0
HBFC-12B1（$CHBrF_2$）	—	0.74
CH_2BrF	—	0.73

表 2-33　对酸化作用产生影响的物质及其等价因子

物质名称	排放状态	等价因子	单位
NH_3	气体排放物	1.88	g
H_2S	气体排放物	1.88	g
H_2SO_4	气体排放物	0.65	g
HCl	气体排放物	0.88	g
HF	气体排放物	1.60	g
HNO_3	气体排放物	0.51	g
NO	气体排放物	1.07	g
NO_x	气体排放物	0.70	g
H_2PO_4	气体排放物	0.98	g
SO_2	气体排放物	1	g
SO_3	气体排放物	0.80	g

（2）暴露和影响分析

暴露和影响分析必须基于特征化归类的结果。以人体健康危害为例，其暴露和影响分析是根据人体暴露环境中排放物的浓度、暴露人群的数量以及相应的剂量-反应关系等计算获得的。表 2-34 描述了噪声性耳聋的发病率与噪声暴露年限、等效连续 A 声级的关系。根据该表和噪声暴露人群的数量，即可计算出某个环境中噪声性耳聋可能的发病人数。

表 2-34　噪声性耳聋的发病率与噪声暴露年限、等效连续 A 声级的关系

等效连续 A 声级/dB（A）		噪声暴露年限									
		0	5	10	15	20	25	30	35	40	45
≤80	发病率（%）	0	0	0	0	0	0	0	0	0	0
	听力损伤者比例（%）	1	2	3	5	7	10	14	21	33	50
85	发病率（%）	0	1	3	5	6	7	8	9	10	7
	听力损伤者比例（%）	1	3	6	10	13	17	22	30	43	57
90	发病率（%）	0	4	10	14	16	16	18	20	21	15
	听力损伤者比例（%）	1	6	13	19	23	26	32	41	54	65
95	发病率（%）	0	7	17	24	28	29	31	32	29	23
	听力损伤者比例（%）	1	9	20	29	35	39	45	53	62	73
100	发病率（%）	0	12	29	37	42	43	44	44	41	33
	听力损伤者比例（%）	1	14	32	42	49	53	58	65	74	83
105	发病率（%）	0	18	42	53	58	60	62	61	54	41
	听力损伤者比例（%）	1	20	45	58	65	70	76	82	87	91
110	发病率（%）	0	26	55	71	78	78	77	72	62	45
	听力损伤者比例（%）	1	28	58	76	85	88	91	93	95	95
115	发病率（%）	0	36	71	83	87	84	81	75	64	47
	听力损伤者比例（%）	1	38	74	88	94	94	95	96	97	97

注：国际标准化组织（ISO）提出，等效连续 A 声级不超过 80dB（A）时，噪声性耳聋的发病率为零，即把在这种条件下听力损伤者随工作年限的增加作为老年性耳聋的自然现象。当等效连续 A 声级在 85dB（A）以上时听力损伤者所占百分比中扣除老年性耳聋所占百分比才是噪声性耳聋的发病率。

（3）损害分析

即将暴露和影响分析的结果转化为 Eco-indicator 99 方法中的三大环境损害类型，即矿产和化石资源的消耗、生态质量损害、人体健康损害。针对这三大环境损害类型和世界上相关领域的研究成果，Eco-indicator 99 方法提出或采用了一些国际上相对权威的衡量指标进行环境影响的损害分析，见表2-35。

表2-35　资源消耗、生态质量损害和人体健康损害的衡量单位

指标名称	指标单位	备　注
矿产和化石资源的消耗	MJ	采用将来矿藏开采较现在矿藏开采所多耗的能源来衡量资源的消耗情况
生态质量损害	PDF · m^2 · 年	PDF的全称：Potentially Disappeared Fraction，用于衡量物种的潜在消失百分率
人体健康损害	DALY	DALY的全称：Disability-Adjusted Life Years，伤残调整生命年；是1993年美国哈佛大学公众健康学院与世界卫生组织和世界银行在《全球疾病负担》一书中提出的。DALY提出的目的是衡量某一疾病引起的全部负担。所以，DALY健康指标可以用疾病造成的残疾（病态）引起的损失（Years Lived Disabled，YLD）与疾病造成的过早死亡引起的损失（Years of Life Lost，YLL）之和表示

（4）归一化处理和权重确定

在方案间进行人体健康、生态质量影响和资源消耗比较时，通常会出现某一方案的一些环境影响类型的影响小于其他方案，而其他方案又在另外一些环境影响类型的影响上小于该方案。表2-36为两种不同制冷剂的电冰箱潜在的环境影响。由表2-36可知，采用戊烷/异丁烷制冷剂的电冰箱在对全球变暖方面的影响较R134a制冷剂的电冰箱小，而对光化学烟雾形成的贡献大于R134a。在这种情况下，如果没有充分的理由，谈论方案孰优孰劣是没有道理的，因为环境影响类型不同，计算单位也不同，如温室效应的单位是g CO_2 eq，光化学烟雾形成影响的单位是g C_2H_4 eq，这些值是不能比较的。因此在方案比较时，必须建立一个通用的尺度和基准，即需要进行标准化。另外，方案的优劣也和赋予不同环境影响类型的权重系数有关系。权重系数也在较大程度上影响环境影响的综合评价。

表2-36　两种不同制冷剂的电冰箱潜在的环境影响

影响类型	单　位	电冰箱一（戊烷/异丁烷）	电冰箱二（R134a）
全球变暖	g CO_2 eq	870000	2270000
臭氧耗竭	g CFC-11 eq	0	0
光化学烟雾形成	g C_2H_4 eq	101	63
酸化作用	g SO_2 eq	6820	8000
富营养作用	g NO_3 eq	4380	5150

1）归一化处理。归一化处理就是用人体健康损害、生态质量损害和资源消

耗分别除以相应的标准化参考值，如式（2-7）所示，使各种不同的环境影响具有通用的比较尺度和基准。

$$\mathrm{NEI}(j)=\mathrm{EI}(j)\frac{1}{T\cdot \mathrm{REI}(j)} \tag{2-7}$$

式中，NEI（j）为第j类环境影响损害的标准化值；EI（j）为第j类环境影响的损害；T为产品系统的服务期；REI（j）为第j类环境影响损害的1年的参考标准；j分别代表人体健康损害、生态质量损害和资源消耗三类环境影响；$T\cdot$ REI（j）被定义为标准化参考值，其意义是基于与产品系统的服务期T相同时期的社会活动导致的环境损害。

无论何种类型的环境影响，其在全球范围的影响往往会远远大于在某一特定地区的影响，如表2-37所示，这与全球范围的人类活动更多有关。因此用全球影响作为全球影响类型的标准化参考值和用区域影响作为区域影响类型的标准化参考值将在归一化过程中造成不均衡，甚至导致产品系统的全球性环境影响远远小于区域性环境影响。为了修正该偏差，确保一系列标准化参考值构成所有影响类型的一个通用的尺度，可用在参考时间内人均的环境影响作为标准化参考值，即

$$\text{标准化参考值}=\frac{\text{参考年某区域(或全球)的某类环境影响}}{\text{参考年该区域(或全球)的人数}} \tag{2-8}$$

表2-37　世界/欧盟和中国每年对几种影响类型的贡献

环境潜在影响	单　位	世界/欧盟		中国		备注
		总和	人均	总和	人均	
全球变暖	kg CO_2 eq/年	4.59×10^{13}	8700①			
臭氧耗竭	kg CFC11 eq/年	1.05×10^{9}	0.20①			
酸化作用	kg SO_2 eq/年	2.65×10^{10}	82②	4.06×10^{10}	35.6④	
富营养作用				6.9×10^{10}	60.6④	
光化学臭氧	kg C_2H_4 eq/年	5.05×10^{9}	16③	7.4×10^{9}	0.65④	

① 全球1990年。②欧盟1990年。③欧盟1985年。④中国1990年。

2）权重确定：三角形法。为了能比较不同影响因素的潜在影响，必须首先确定影响类型之间的相对重要程度，即确定环境影响类型的权重。而这些因素中有些具有严格的科学性，如排放地区对排放物的敏感性、排放量超过排放地区的阈值将产生的结果、环境损害是否可逆、环境影响的范围。有些则更具有社会性、规范性和政治性，例如：若用于公司决策，权重则可能会侧重于产品用户对环境影响严重程度的理解、公司领导的理解；若用于设置环境标志等政府决策，则权重可能又会侧重于解决当前环境影响的行动计划、相关国际规则等。

可见，权重确定必须综合考虑方方面面的因素，因为不同的人价值观不同，

其对环境影响的认识也不同，例如，有的人认为人体健康比生态质量重要，有的人则认为没有好的生态质量就不可能保证良好的健康状况。不同观点的人们会给出不同的权重。

在 Eco-indicator 99 方法中，研究者基于人体健康、生态质量和资源三方面的环境损害，提出了一种三角形法的权重确定方法，如图 2-16 所示。该方法中三角形的边分别代表生态质量、人体健康和资源。每条边被分为 0 ~ 100% 的数值。该方法应用时，被调查者根据自己的理解和认识分别给生态质量、人体健康和资源设置权重。通过整理，可以得到一个如图 2-16 所示的分布有许多“×”号的三角形，由图可以看出，人们对生态质量和人体健康的关注，明显高于对资源的关注，中间的“·”代表所有调查者所设置权重的平均值，其代表对生态质量的权重为 39%，对人体健康的权重为 37%，对资源的权重为 24%。该方法实质是专家调查法的一个应用，它通过用三角形形象地描述了不同的被调查者对环境影响的看法。应该指出的是，Eco-indicator 99 方法中的三角形法有些特殊性，实际评估中也可以结合具体情况采用专家调查法、层次分析法等。

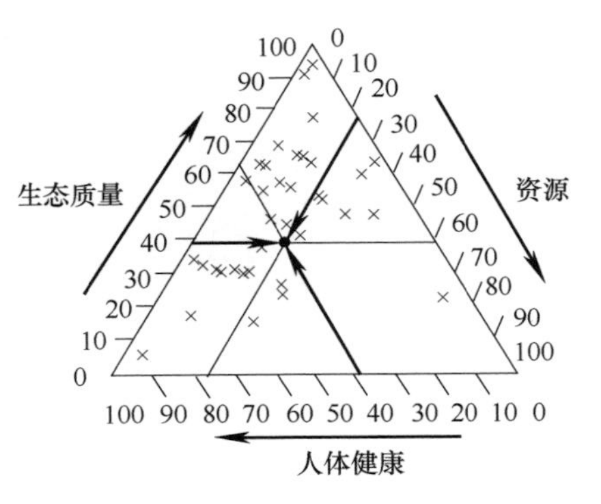

图 2-16 三角形法的一个例子

综上所述，生命周期评价过程实质上是一个动态寻优过程，是一个逐步迭代的过程。其最终目标是实现产品环境协调性的最优化。

2.2.4 生命周期评价的应用

下面以 2MW 风电装备齿轮箱为例介绍生命周期评价方法的应用。齿轮箱是双馈式风电装备连接叶片和发电机的重要传动部件，其作用是将输入轴的转速（为 15 ~ 20r/min）增速至发电机目标转速范围内（为 1300 ~ 2200r/min），增速比为 80 ~ 120。风电齿轮箱的设计寿命为 20 年，但是实际中由于齿轮箱加工质量和运行载荷的不确定性等不利因素的影响，风电齿轮箱的实际使用寿命往往达不到 20 年，因此可靠性是风电装备关注的重要性能。本案例将按照 ISO 14040 系列标准的四个步骤介绍，同时引入机械系统可靠性理论来评价可靠性对齿轮箱生命周期环境负荷的影响，但限于篇幅，不能将所收集的清单数据全部罗列，主要介绍评价方法，讨论所涉及的问题。

1. 评价目标和评价范围界定

（1）确定评价目标

案例中的齿轮箱，如图 2-17 所示，主要由箱体、一级行星轮系和两级平行轮系组成。评价目标是计算齿轮箱的环境影响，分析可靠性对环境影响的敏感性。

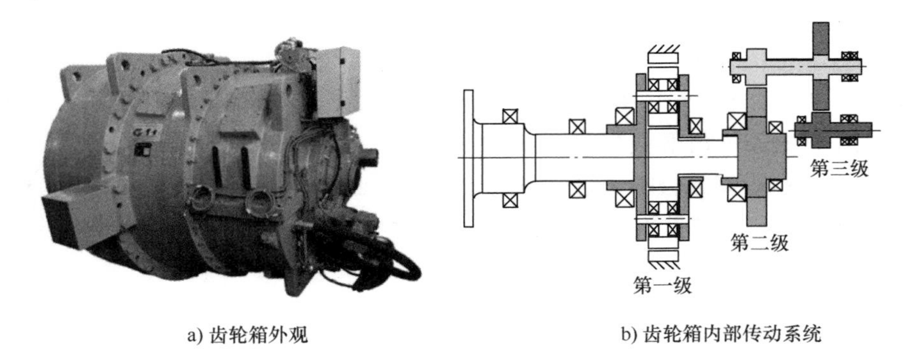

a) 齿轮箱外观　　b) 齿轮箱内部传动系统

图 2-17　2MW 风电装备齿轮箱及其传动系统结构图

（2）评价范围界定

1）定义功能单元与基准流。评价范围界定首先要明确评价对象的功能和性能。风电齿轮箱的功能是增速，性能主要关注其与使用寿命相关的可靠性。依据风电装备的要求，定义功能单元为正常使用 20 年、传递效率为 96% 的增速箱。

2）界定系统边界。评价的系统边界理论上包括从“摇篮”到“坟墓”的整个生命周期，但实际中并不能完全覆盖，案例的评价边界主要包含原材料采掘和钢坯生产、零部件加工和装配、齿轮箱使用和回收处理等过程，如图 2-18 所示，而且该案例还忽略了不少的因素。表 2-38 给出了系统边界定义中所包含的和不包含的内容。

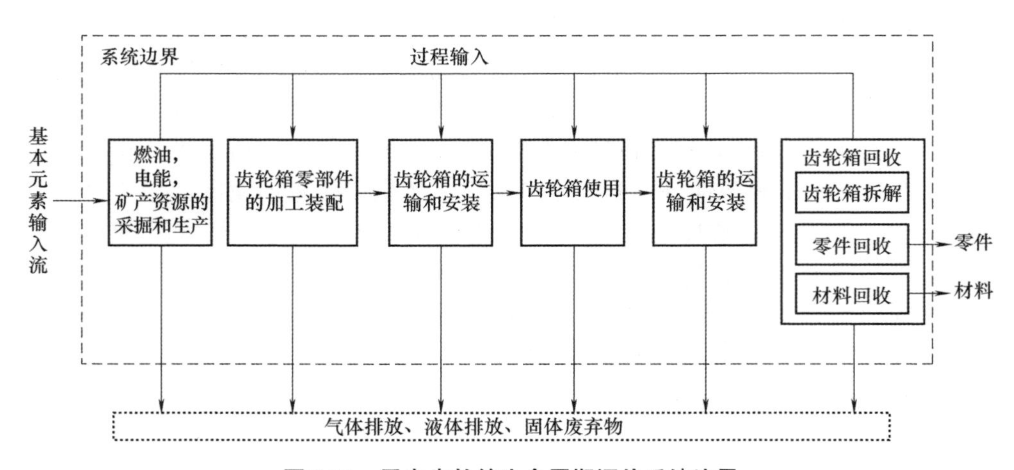

图 2-18　风电齿轮箱生命周期评价系统边界

表 2-38　定义的系统边界内容

包含内容		不包含的内容	
1	矿产资源及能源资源的采掘	1	零部件在加工过程中的运输
2	矿产资源及能源资源的加工	2	齿轮箱配件（螺柱、垫圈、油管等）
3	齿轮箱零部件的加工过程	3	齿轮箱装配过程中人做的功
4	齿轮箱装配、拆解过程的功耗	4	齿轮箱安装过程中起重机功耗外的其他功耗
5	齿轮箱在运输和安装阶段中的燃油损耗	5	由于齿轮箱故障造成风机停机引起的电能损耗
6	齿轮箱使用过程中的功耗和润滑油损耗		
7	零部件的回收利用		
8	材料的回收利用		
9	零部件加工过程中铁屑的回收		

3）确定输入输出初步选择准则。结合齿轮箱生产情况，数据及其可获得性，案例采用如下输入输出初步选择准则：

① 普通物料重量 $<1\%$ 产品重量时，以及含稀贵或高纯成分的物料重量 $<0.1\%$ 产品重量时，可忽略该物料的上游生产数据；总共忽略的物料重量不超过 5%。

② 低价值废物作为原料，如粉煤灰、矿渣、秸秆、生活垃圾等，可忽略其上游生产数据。

③ 因数据采集分配原因，忽略生产设备、厂房、生活设施等数据。

④ 对选定环境影响类型敏感的排放数据不应忽略。

4）确定环境影响类型。根据调研的排放初步确定评价的环境影响类型指标，见表 2-39，包括全球增温潜能值（Global Warming Potential，GWP）、初级能源需求（Primary Energy Demand，PED）、酸化（Acidification，AP）、富营养化—淡水（Eutrophication-Fresh Water，FEP）、光化学臭氧合成（Photochemical Ozone Formation，POFP）。

表 2-39　环境影响类型指标

环境影响类型指标	影响类型指标单位	主要清单物质
全球增温潜能值	kg CO_2 eq	CO_2，CH_4，N_2O…
初级能源需求	MJ	硬煤，褐煤，天然气…
酸化	mol H^+ eq	SO_2，NO_x，NH_3…
富营养化—淡水	kg P eq/kg N eq	NH_4-N…
光化学臭氧合成	kg NMVOC eq	C_2H_6，C_2H_4…

5）数据质量的要求。案例中的数据主要有 3 个来源，包括现场调研、中国生命周期基础数据库（CLCD）、欧盟生命周期基础数据库（ELCD）和瑞士的

Ecoinvent 数据库。对于数据的质量和有效性主要考虑时空范围和技术覆盖面。

在时空范围方面，2MW 风电齿轮箱在中国是 2010 年左右开始上线的，现为主流齿轮箱。齿轮箱的加工和装配数据来自于现场调研，为有效的数据。但是由于齿轮箱最长的上线时间只有 10 年左右，因此所评价的齿轮箱在运行和回收阶段的数据不能涵盖齿轮箱 20 年的设计寿命年。另外，齿轮箱的生产、运行和退役后的回收处理都在中国完成。

在技术覆盖面上，原材料的采掘与加工、齿轮箱的运输和齿轮箱回收等环节所采用技术为中国国内平均技术水平。其中，零件毛坯加工主要有铸造和锻造两种形式，按照中国的情况，铸造的材料利用率大约为 70%，锻造的材料利用率为 80%，而铸造和锻造工艺的污染排放国内没有统计数据，只能采用 GaBi 数据库中的数据。零件加工和装配阶段的数据则是通过现场调研齿轮箱各主要零部件的基本加工工序信息来计算能耗和排放的。齿轮箱运行阶段产生环境影响的活动主要是维护，这在各个国家都基本类似，即采用定期检查、定期更换润滑油的方式。

2. 清单分析

确定评价目标与评价范围之后，便可以按照毛坯生产、零件加工、齿轮箱装配、齿轮箱运输及安装、齿轮箱使用和齿轮箱回收与再利用等环节进行清单分析。其数据见表 2-40 ~ 表 2-47。由于环境数据清单内容多，只是用锻造过程的部分清单数据做说明，见表 2-48。

表 2-40　齿轮箱各零件的质量和毛坯加工方式

零件名称	数　量	材料类型	质量/kg	毛坯加工方式
一级行星架	1	QT700-2A	3152	铸造
一级行星轮	3	18CrNiMo7-6	622.11	锻造
一级行星轮轴	3	42CrMoA	246.2	锻造
一级太阳轮	1	18CrNiMo7-6	609.25	锻造
一级内齿圈	1	42CrMoA	2147.1	锻造
二级大轴	1	42CrMoA	321.1	锻造
二级大齿轮	1	20CrMnMo	2069.8	锻造
二级齿轮轴	1	18CrNiMo7-6	323.15	锻造
三级大齿轮	1	20CrMnMo	683.6	锻造
三级齿轮轴	1	18CrNiMo7-6	200.11	锻造
前箱体	1	QT400-18AL	2261.2	铸造
后箱体	1	QT400-18AL	4160	铸造
空心管	1	组焊件	53.2	铸造

表 2-41　齿轮箱各个零件加工阶段的信息

零件	工序	设 备 名 称	额定功率/kW	效率①	工时/h	废液排放/(mL/件)
一级行星轮	粗车	大型普通车床	22	15% ~20%	8	0
	铣齿	数控铣齿机	37	45% ~50%	10	0
	滚齿	数控滚齿机	20	25% ~30%	37	50
	精车	数控单柱立式车床	45	10% ~15%	4	0
	磨	数控单柱立式车床	45	10% ~15%	4	100
	磨齿	数控成型磨齿机	18	20% ~25%	14	300
一级太阳轮	粗车	中型普通车床	12	15% ~20%	13	0
	滚齿	数控滚齿机	15	40% ~50%	26. 5	40
	精车	数控卧式车床	30	10% ~15%	9	0
	磨外圆	外圆磨床	22	10% ~15%	1. 5	90
	磨齿	成型磨齿机	18	20% ~25%	7	250
一级内齿圈	粗车	立式车床	55	15% ~20%	10. 5	0
	粗铣	数控铣齿机	37	50% ~55%	20	0
	半精车	立式车床	55	10% ~15%	4. 5	0
	精铣	数控铣齿机	37	25% ~35%	22	0
	精车	数控单柱立式车床	55	15% ~20%	8	0
	钻攻	摇臂钻床	7. 5	20% ~50%	15. 5	0
	磨齿	磨齿机	37	25% ~30%	32	500
	同钻铰	摇臂钻床	7. 5	20% ~50%	16	0
一级行星轴	粗车	中型普通车床	12	15% ~20%	5	0
	精车	中型普通车床	12	10% ~15%	4. 5	0
	磨	外圆磨床	20	10% ~15%	3. 5	50
一级行星架	半精车	数控单柱立式车床	55	15% ~30%	8	0
	镗	落地镗铣床	71	12% ~18%	6	0
	精车	立式车铣加工中心	60	8% ~12%	16	0
	精镗	立式车铣加工中心	29. 6	10% ~15%	12	0
二级大轴	粗车	大型普通车床	24. 2	15% ~20%	15	0
	精车	数控卧式车床	30	10% ~15%	8	0
	磨	外圆磨床	22	10% ~15%	6. 5	80
	插齿	插齿机	25	15% ~20%	12	40

（续）

零件	工序	设备名称	额定功率/kW	效率①	工时/h	废液排放/(mL/件)
二级大齿轮	粗车	立式车床	75	15%～20%	10	0
	滚齿	数控滚齿机	25	40%～50%	56	60
	精车	数控单柱立式车床	55	10%～15%	7	0
	插齿（粗）	插齿机	25	30%～40%	5	35
	磨（端面）	数控单柱立式车床	55	10%～15%	4	45
	插齿（精）	插齿机	25	15%～20%	3	35
	磨外圆	数控车床	90	10%～15%	5	45
二级大齿轮	磨齿	数控成型磨齿机	50	25%～30%	24	250
二级齿轮轴	粗车	中型普通车床	12	15%～25%	6.5	12
	滚齿	数控滚齿机	15	40%～50%	12	15
	精车	数控卧式车床	30	10%～15%	5	30
	磨	外圆磨床	22	10%～15%	5	22
	磨齿	数控成型磨齿机	18	20%～25%	6	18
三级大齿轮	粗车	大型普通车床	22	15%～20%	9	0
	滚齿	数控滚齿机	15	40%～50%	22	55
	精车	数控单柱立式车床	55	10%～15%	4	0
	磨	数控单柱立式车床	55	10%～15%	4	100
	磨齿	数控成型磨齿机	18	25%～30%	7	300
三级输出轴	粗车	中型普通车床	12	15%～20%	7	0
	滚齿	滚齿机	15	40%～50%	9	40
	精车	中型普通车床	12	10%～15%	9	0
	磨	外圆磨床	20	10%～15%	2.5	90
	磨齿	数控成型磨齿机	50	25%～30%	2	250
前箱体	粗车	立式车床	75	15%～30%	16	0
	粗铣	数显镗床	17	15%～30%	10	0
	精车	立式车床	75	10%～15%	18	0
	精铣	数控卧式镗床	17	10%～15%	7.5	0
	钻攻	摇臂钻床	7.5	20%～50%	7	0
后箱体	粗铣	数控定梁龙门移动式镗铣床	40	15%～30%	14.5	0
	钻攻	摇臂钻床	7.5	20%～50%	10	0

（续）

零件	工序	设备名称	额定功率/kW	效率①	工时/h	废液排放/（mL/件）
后箱体	粗车	数控单柱立式车床	55	15%~30%	8	0
	粗镗	落地镗铣床	71	15%~30%	20	0
	精铣	数控定梁龙门移动式镗铣床	40	10%~15%	6	0
	精镗	落地镗铣床	71	12%~18%	32	0
	钻攻	摇臂钻床	7.5	20%~50%	16	0
	镗	落地镗铣床	71	12%~18%	2	0

① 机床在工作时可能达不到额定功率，机床的实际功率与额定功率的比值称为效率。

表2-42 风电齿轮箱装配流程

工序号	工序名称	使用工具	工具功率/kW	工时/h	起重机功率/kW	起重机工作时间/min
1	输出部套装配	加热箱	190	4	22	5
2	二级大轴部套装配	加热箱	190	4	22	5
3	行星架部套装配	加热箱	190	4	22	10
4	中间轴部套装配	加热箱	190	4	22	5
5	后箱体部套装配	液压扳手	1.5	3	22	30
6	总装部套装配	拉伸器	1.1	2	22	20
7	附件装配					
8	外部管系装配					
9	锁紧盘安装	拉伸器	1.1	0.25	22	5
10	试验前洁油	电动机	11	1	22	5
11	试验	3300kW 电动机	2285	3.5	22	60
12	试验后洁油	电动机	11	1	22	5
13	喷漆	喷漆设备		1.5	22	10
14	接线					
15	扫尾					
16	入库					

注：齿轮箱的装配基本在一个地方完成，各个零部件通过起重机运送到装配区域，装配过程主要考虑主要工具的电能消耗和装配过程中起重机的电能消耗。

表 2-43　齿轮箱运输过程数据

途　　径	吨位/t	数量/（台/辆）	距离/km
货车	40	2	1000

注：货车在运输过程中的资源消耗和环境排放采用 GaBi 数据库给出的数据。

表 2-44　风电齿轮箱在安装过程中的信息

起　重　机	起重机吨位/t	吊装时间/h	起重机燃料	耗油量/（L/h）
主起重机	600	12	柴油	75
辅助起重机	450	12	柴油	56.25

注：齿轮箱一般离地 60～80m，吊装是主要工艺，其运行能耗是主要环境影响因素。

表 2-45　使用过程中的信息

传 递 效 率	齿轮箱运行时间①/（h/年）	发电率②	润滑油消耗③/（L/年）
96%	3000	70%	208

① 齿轮箱运行时间因风场而不同：风况好的风场，平均运行时间可达 3800～5000h/年；风况差的风场，平均运行时间只有 1500h/年，故取平均值 3000h。

② 发电率是指风电装备平均发电功率与额定发电功率之比。因风速波动，风电装备并不能满负荷运行，故取平均发电率为 70%。

③ 假设齿轮箱润滑油每两年更换一次。调研可知每台齿轮箱需要 2 桶润滑油，每桶为 208L，故假设齿轮箱每年消耗润滑油 208L，润滑油的资源消耗和环境排放采用 GaBi 数据库提供的数据。

表 2-46　齿轮箱失效形式及可回收的零部件

失效零部件名称	失 效 形 式	可回收零部件
输出轴组件	偏载点蚀、剥落、断齿	齿圈，行星轮系组件，前箱体，后箱体
行星轮系组件	轴承损坏，行星轮或齿圈过载断齿	后箱体，输出轴组件，中间轴组件

表 2-47　齿轮箱 20 年寿命终结可回收的材料种类与质量

类型	清 单 名 称	数量	单位	备　　注
产品	2MW 风电齿轮箱废弃	1	台	齿轮箱寿命终结
过程	齿轮箱拆解	1		获取废旧零部件
材料	42CrMoA 材料回收	2714.4	kg	废弃的一级行星轮轴、一级内齿圈、二级大轴材料
材料	20CrMnMo 材料回收	2753.4	kg	废弃的二级大齿轮、三级大齿轮材料
材料	18CrNiMo7-6 材料回收	1754.62	kg	废弃的一级行星轮、一级太阳轮、二级齿轮轴、三级齿轮轴材料
材料	QT400 材料回收	6421.2	kg	废弃的箱体材料
材料	QT700-2A 材料回收	3152	kg	

表 2-48 锻造过程的部分清单数据

类型	清 单 名 称	数量	单位	上游数据来源
产品	20MoCr4 钢坯锻造过程消耗	1	kg	—
消耗	褐煤	0.05	kg	CLCD-China-ECER
消耗	锡矿石	2.147×10^{-7}	kg	CLCD-China-ECER
消耗	镁矿石（碳酸镁）	2.582×10^{-5}	kg	CLCD-China-ECER
消耗	钛矿石	4.644×10^{-8}	kg	Ecoinvent-Public
消耗	硅矿石	9.386×10^{-7}	kg	CLCD-China-ECER
消耗	锌矿石	1.142×15^{-5}	kg	CLCD-China-ECER
消耗	原油	4.359×10^{-5}	t	CLCD-China-ECER
消耗	钛铁矿（钛）	5.485×10^{-8}	kg	CLCD-China-ECER
消耗	废钢料回收	0.155	kg	CLCD-China-ECER
…	…	…	…	…
消耗	镁矿石	8.5×10^{-7}	kg	CLCD-China-ECER
排放	对壬基苯酚（排放到大气）	2.25×10^{-8}	kg	—
排放	苯乙烯（排放到大气）	1.9×10^{-8}	kg	—
排放	戊烷（排放到大气）	1.12×10^{-6}	kg	—
排放	乙酸（排放到大气）	4.64×10^{-7}	kg	—
排放	钒（排放到大气）	6.97×10^{-7}	kg	—
…	…	…	…	…
排放	氢气（排放到大气）	1.75×10^{-6}	kg	—
排放	氟化物（排放到大气）	1.6×10^{-7}	kg	—
排放	水（排放到淡水）	1.573×10^{3}	kg	—
排放	钾（排放到淡水）	8.09×10^{-6}	kg	—
排放	镭-226（排放到淡水）	63.182	Bq	—

仅有产品及其零部件、产品生命周期各阶段的具体过程和环境清单数据还不能进行后续的环境影响评价，还需要建立数据与功能单位、单元过程之间的关联性，其形式如图 2-19 所示。图 2-19 是用 eFootprint 平台构建的齿轮生命周

期过程与资源环境数据关联树的形式。eFootprint 是由亿科环境科技有限公司研发的在线生命周期评价分析软件。基于 eFootprint 可以构建整个风电装备齿轮箱生命周期过程与清单，如图 2-20 所示，并进行环境影响评价。

3. 环境影响评价

按照前面介绍的环境影响评价方法，利用 eFootprint 平台便可以计算齿轮箱及其零部件在其生命周期过程中对 GWP、POFP、AP、FEP、PED 等所关注环境影响类型的贡献，计算结果见表 2-49。

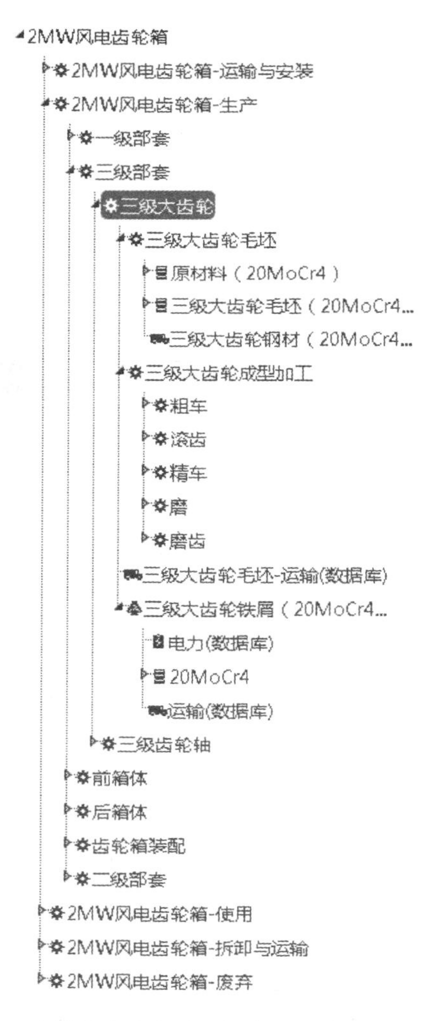

图 2-19　齿轮生命周期过程与资源环境数据关联树的形式

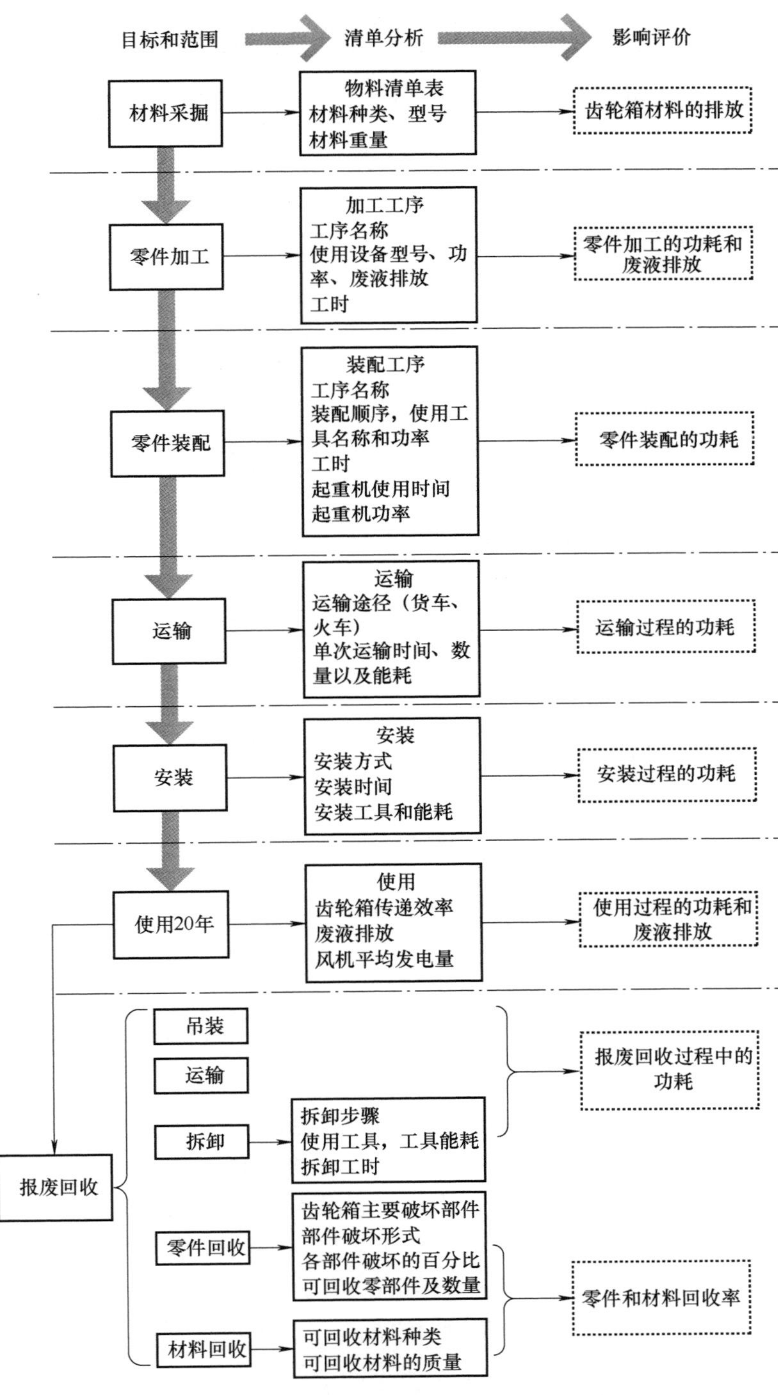

图 2-20　风电装备齿轮箱生命周期过程与清单

表 2-49　2MW 风电齿轮箱过程累积贡献

过程名称	GWP	POFP	AP	FEP	PED
2MW 风电齿轮箱	8.56×10^{5}	9.91×10^{2}	4.33×10^{3}	6.33×10^{5}	4.15×10^{7}
2MW 风电齿轮箱-运输与安装	2.92×10^{3}	1.77	3.96	2.23×10^{3}	9.05×10^{4}
柴油-吊车安装消耗	1.27×10^{3}	7.64	6.18	6.99×10^{2}	7.46×10^{4}
齿轮箱运输	1.65×10^{3}	1.01	3.34	1.53×10^{3}	1.59×10^{4}
2MW 风电齿轮箱-生产	7.93×10^{5}	8.92×10^{2}	3.81×10^{3}	5.75×10^{5}	4.01×10^{7}
一级部套	4.33×10^{5}	4.69×10^{2}	2.06×10^{3}	3.04×10^{5}	2.32×10^{7}
三级部套	6.64×10^{4}	6.63	3.10×10^{2}	4.47×10^{4}	3.77×10^{6}
前箱体	2.15×10^{4}	4.61	1.21×10^{2}	2.29×10^{4}	2.43×10^{5}
后箱体	4.23×10^{4}	9.06	2.39×10^{2}	4.51×10^{4}	4.78×10^{5}
齿轮箱装配	1.31×10^{4}	5.05	6.89	1.21×10^{4}	1.73×10^{5}
二级部套	2.16×10^{5}	2.14×10^{2}	1.01×10^{3}	1.46×10^{5}	1.23×10^{7}
2MW 风电齿轮箱-使用	5.06×10^{4}	9.74	3.27×10^{2}	4.78×10^{4}	1.09×10^{6}
电能-风电	4.79×10^{4}	8.94	3.15×10^{2}	4.64×10^{4}	9.32×10^{5}
润滑油	2.64×10^{3}	7.96	1.18	1.43×10^{3}	1.61×10^{5}
2MW 风电齿轮箱-拆卸与运输	2.90×10^{3}	1.50	3.94	2.21×10^{3}	9.01×10^{4}
齿轮箱运输	1.65×10^{3}	1.01	3.34	1.53×10^{3}	1.59×10^{4}
柴油-起重机拆卸消耗	1.25×10^{3}	4.88	6.01	6.82×10^{2}	7.42×10^{4}
2MW 风电齿轮箱-回收再利用	6.35×10^{3}	−3.06	1.10×10^{2}	6.24×10^{3}	1.02×10^{5}
齿轮箱拆解	1.31×10^{4}	−5.05	6.89	1.21×10^{4}	1.73×10^{5}
QT400-18AL 材料回收	-4.61×10^{3}	6.83	5.19	-3.91×10^{3}	-4.69×10^{4}
42CrMoA 材料回收	-7.40×10^{2}	1.01	−3.68	-6.97×10^{2}	-8.65×10^{3}
20CrMnMo 材料回收	-1.37×10^{3}	1.87	−6.79	-1.29×10^{3}	-1.60×10^{4}

注：由于材料的环境数据有限，将 18CrNiMo7-6 和 20CrMnMo 视为有相同的环境影响，用 20CrMnMo 统一代替；将 QT400-18AL 和 QT700-2A 视为有相同的环境影响，用 QT400-18AL 统一代替。

根据表 2-49 中的环境影响数据，不仅可以获得不同生命周期阶段和不同零部件的环境影响及其占比，还可以分析清单数据单位变化率所引起相应环境影响指标的变化率。不同生命周期阶段各环境影响潜能值的占比与不同零部件在加工阶段的环境影响潜能值的占比分别如图 2-21 和图 2-22 所示。表 2-50 ~ 表 2-54分别为清单数据对各环境影响指标的灵敏度（忽略了灵敏度 $<1\%$ 的清单数据）。灵敏度数据显示：从生命周期的角度看，生产过程是对环境影响指标灵敏度最大的环节，其次是使用阶段；从零部件的角度看，一级行星轮系和三级平行轮系是对环境影响灵敏度最大的部件。

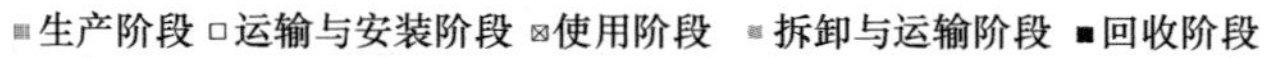

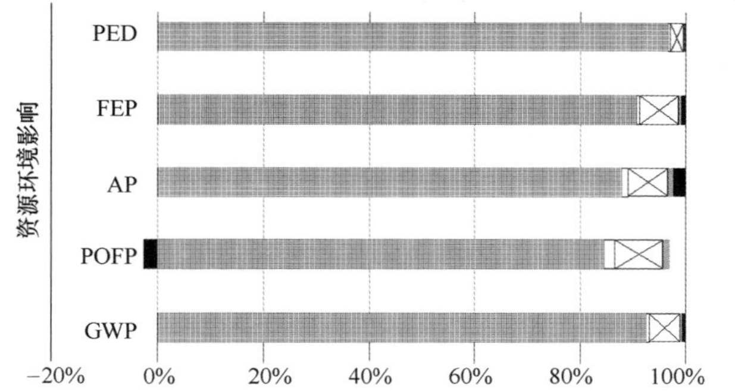

图 2-21 不同生命周期阶段各环境影响潜能值占比

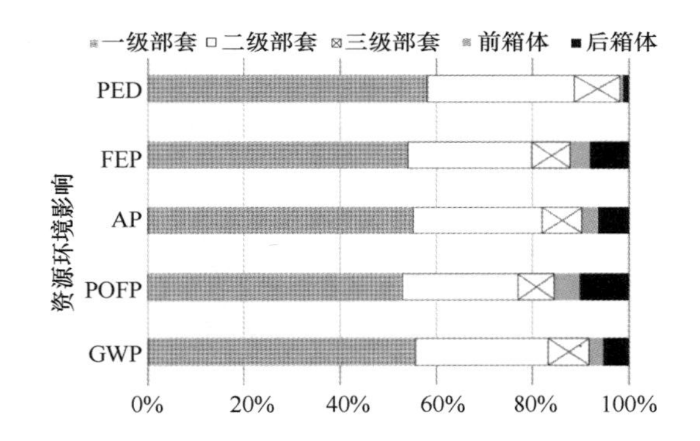

图 2-22 不同零部件在加工阶段的环境影响潜值占比

表 2-50 GWP 的灵敏度分析结果

过　　程	名　　称	GWP
2MW 风电齿轮箱	2MW 风电齿轮箱-生产	92.67%
2MW 风电齿轮箱-生产	一级部套	50.63%
2MW 风电齿轮箱-生产	二级部套	25.30%
二级部套	二级大齿轮	19.30%
二级大齿轮	二级大齿轮毛坯	19.13%
一级部套	一级内齿圈	18.79%
一级内齿圈	一级内齿圈毛坯	18.67%
一级行星轮毛坯（1）	二级大齿轮毛坯锻造过程	18.28%
一级内齿圈毛坯	一级内齿圈毛坯锻造过程	17.84%
一级部套	一级行星轮	16.42%
一级行星轮	一级行星轮毛坯	16.23%

（续）

过　程	名　称	GWP
一级行星轮毛坯	一级行星轮毛坯锻造	15.51%
2MW 风电齿轮箱-生产	三级部套	7.76%
一级部套	一级行星轮轴	6.43%
一级行星轮轴	一级行星轴毛坯	6.42%
一级行星轴毛坯	一级行星轴毛坯锻造过程	6.14%
三级部套	三级大齿轮	6.00%
加工三级大齿轮	三级大齿轮毛坯	5.96%
2MW 风电齿轮箱	2MW 风电齿轮箱-使用	5.91%
三级大齿轮毛坯	三级大齿轮毛坯（20MoCr4）的锻造	5.68%
2MW 风电齿轮箱-使用	电能-风电	5.60%
一级部套	一级太阳轮	5.34%
一级太阳轮	一级太阳轮毛坯	5.30%
一级太阳轮毛坯	一级太阳轮毛坯锻造过程	5.06%
一级太阳轮毛坯锻造过程	20MoCr4 钢坯锻造过程消耗	5.06%
2MW 风电齿轮箱-生产	后箱体	4.94%
后箱体	后箱体毛坯	4.81%
一级行星架	一级行星架毛坯	3.68%
一级部套	一级行星架	3.65%
二级部套	二级齿轮轴	3.01%
二级部套	二级大轴	2.99%
二级大轴	二级大轴毛坯	2.97%
二级齿轮轴毛坯	二级齿轮轴毛坯锻造过程	2.85%
二级大轴毛坯	二级大轴毛坯锻造过程	2.84%
2MW 风电齿轮箱-生产	前箱体	2.51%
后箱体毛坯铸造	后箱体毛坯（Steel Billet）的铸造	2.48%
前箱体	前箱体毛坯	2.46%
后箱体毛坯铸造	原材料（Steel Billet）	2.31%
一级行星架毛坯	一级行星架毛坯锻造过程	2.02%
QT400 材料回收	电力	1.90%
三级部套	三级齿轮轴	1.76%
加工三级齿轮轴	三级齿轮轴毛坯	1.75%
三级齿轮轴毛坯锻造	三级齿轮轴毛坯（20MoCr4）的锻造	1.66%

(续)

过　　程	名　　称	GWP
一级行星架毛坯	QT700-2A	1.65%
2MW 风电齿轮箱-生产	齿轮箱装配	1.53%
2MW 风电齿轮箱-回收	齿轮箱拆解	1.53%
前箱体毛坯铸造	前箱体毛坯（Steel Billet）的铸造	1.27%
前箱体毛坯铸造	原材料（Steel Billet）	1.18%
Steel Billet	Steel Billet 生产	1.18%
20CrMnMo 材料回收	电力	1.15%

表 2-51　POFP 的灵敏度分析结果

过　　程	名　　称	POFP
2MW 风电齿轮箱	2MW 风电齿轮箱-生产	89.97%
2MW 风电齿轮箱-生产	一级部套	47.37%
2MW 风电齿轮箱-生产	二级部套	21.61%
二级大齿轮	二级大齿轮毛坯	16.60%
二级部套	二级大齿轮	16.48%
一级内齿圈	一级内齿圈毛坯	16.20%
一级部套	一级内齿圈	16.07%
二级大齿轮毛坯	二级大齿轮毛坯锻造过程	15.05%
一级内齿圈毛坯	一级内齿圈毛坯锻造过程	14.69%
一级行星轮	一级行星轮毛坯	14.08%
一级部套	一级行星轮	14.00%
一级行星轮毛坯	一级行星轮毛坯锻造	12.77%
2MW 风电齿轮箱	2MW 风电齿轮箱-使用	9.82%
2MW 风电齿轮箱-生产	后箱体	9.15%
后箱体	后箱体毛坯	9.12%
2MW 风电齿轮箱-使用	电能-风电	9.02%
后箱体毛坯铸造	后箱体毛坯（Steel Billet）的铸造	7.60%
一级行星架	一级行星架毛坯	7.26%
一级部套	一级行星架	7.17%
2MW 风电齿轮箱-生产	三级部套	6.69%
一级行星架毛坯	一级行星架毛坯锻造过程	6.19%
一级行星架毛坯锻造过程	QT400-18AL 钢坯锻造消耗	6.19%
一级行星轮轴	一级行星轴毛坯	5.57%

（续）

过　程	名　称	POFP
一级部套	一级行星轮轴	5.52%
加工三级大齿轮	三级大齿轮毛坯	5.19%
三级部套	三级大齿轮	5.17%
一级行星轴毛坯	一级行星轴毛坯锻造过程	5.05%
三级大齿轮毛坯	三级大齿轮毛坯（20MoCr4）的锻造	4.68%
2MW 风电齿轮箱-生产	前箱体	4.65%
前箱体	前箱体毛坯	4.64%
一级部套	一级太阳轮	4.61%
一级太阳轮	一级太阳轮毛坯	4.60%
一级太阳轮毛坯	一级太阳轮毛坯锻造过程	4.17%
前箱体毛坯铸造	前箱体毛坯（Steel Billet）的铸造	3.88%
二级齿轮轴	二级齿轮轴毛坯	2.59%
二级大轴	二级大轴毛坯	2.58%
二级部套	二级齿轮轴	2.57%
二级部套	二级大轴	2.56%
二级齿轮轴毛坯	二级齿轮轴毛坯锻造过程	2.35%
二级大轴毛坯	二级大轴毛坯锻造过程	2.34%
2MW 风电齿轮箱	2MW 风电齿轮箱-运输与安装	1.79%
三级部套	三级齿轮轴	1.52%
加工三级齿轮轴	三级齿轮轴毛坯	1.52%
2MW 风电齿轮箱	2MW 风电齿轮箱-拆卸与运输	1.51%
一级行星轮毛坯	原材料生产 20CrMnMo	1.50%
一级内齿圈毛坯	原材料生产 42CrMoA	1.46%
后箱体毛坯铸造	原材料生产 QT400-AT	1.39%
三级齿轮轴毛坯锻造	三级齿轮轴毛坯（20MoCr4）的锻造	1.37%
一级太阳轮毛坯	原材料生产 18CrNiMo7-6	1.27%
2MW 风电齿轮箱-运输安装	齿轮箱运输	1.02%
2MW 风电齿轮箱-拆卸运输	齿轮箱运输	1.02%

表 2-52　AP 的灵敏度分析结果

过　程	名　称	AP
2MW 风电齿轮箱	2MW 风电齿轮箱-生产	88.07%
2MW 风电齿轮箱-生产	一级部套	47.64%
2MW 风电齿轮箱-生产	二级部套	23.33%

（续）

过　　程	名　　称	AP
二级部套	二级大齿轮	17.80%
二级大齿轮	二级大齿轮毛坯	17.63%
一级部套	一级内齿圈	17.33%
一级内齿圈	一级内齿圈毛坯	17.20%
一级行星轮毛坯（1）	二级大齿轮毛坯锻造过程	16.69%
二级大齿轮毛坯锻造过程	20MoCr4 钢坯锻造过程消耗	16.69%
一级内齿圈毛坯	一级内齿圈毛坯锻造过程	16.28%
一级内齿圈毛坯锻造过程	20MoCr4 钢坯锻造过程消耗	16.28%
一级部套	一级行星轮	15.15%
一级行星轮	一级行星轮毛坯	14.95%
一级行星轮毛坯	一级行星轮毛坯锻造	14.16%
一级行星轮毛坯锻造	20MoCr4 钢坯锻造过程消耗	14.16%
2MW 风电齿轮箱	2MW 风电齿轮箱-使用	7.56%
2MW 风电齿轮箱-使用	电能-风电	7.29%
2MW 风电齿轮箱-生产	三级部套	7.17%
一级行星轮轴	一级行星轴毛坯	5.92%
一级部套	一级行星轮轴	5.92%
一级行星轴毛坯	一级行星轴毛坯锻造过程	5.60%
一级行星轴毛坯锻造过程	20MoCr4 钢坯锻造过程消耗	5.60%
三级部套	三级大齿轮	5.54%
2MW 风电齿轮箱-生产	后箱体	5.53%
加工三级大齿轮	三级大齿轮毛坯	5.50%
三级大齿轮毛坯	三级大齿轮毛坯（20MoCr4）的锻造	5.19%
三级大齿轮毛坯的锻造	20MoCr4 钢坯锻造过程消耗	5.19%
后箱体	后箱体毛坯	5.18%
一级部套	一级太阳轮	4.92%
一级太阳轮	一级太阳轮毛坯	4.88%
一级太阳轮毛坯	一级太阳轮毛坯锻造过程	4.62%
一级太阳轮毛坯锻造过程	20MoCr4 钢坯锻造过程消耗	4.62%
一级部套	一级行星架	4.32%
后箱体毛坯铸造	后箱体毛坯（Steel Billet）的铸造	4.23%
QT400-18AL 钢坯锻造（1）	QT400-18AL 钢坯锻造消耗	4.23%

（续）

过　程	名　称	AP
一级行星架	一级行星架毛坯	4.11%
一级行星架毛坯	一级行星架毛坯锻造过程	3.45%
一级行星架毛坯锻造过程	QT400-18AL 钢坯锻造消耗	3.45%
2MW 风电齿轮箱-生产	前箱体	2.80%
二级部套	二级齿轮轴	2.77%
二级部套	二级大轴	2.76%
二级齿轮轴	二级齿轮轴毛坯	2.75%
二级大轴	二级大轴毛坯	2.73%
前箱体	前箱体毛坯	2.63%
二级齿轮轴毛坯	二级齿轮轴毛坯锻造过程	2.61%
二级齿轮轴毛坯锻造过程	20MoCr4 钢坯锻造过程消耗	2.61%
二级大轴毛坯	二级大轴毛坯锻造过程	2.59%
二级大轴毛坯锻造过程	20MoCr4 钢坯锻造过程消耗	2.59%
2MW 风电齿轮箱	2MW 风电齿轮箱-废弃	2.55%
前箱体毛坯铸造	前箱体毛坯（Steel Billet）的铸造	2.16%
QT400-18AL 钢坯锻造	QT400-18AL 钢坯锻造消耗	2.16%
QT400 材料回收	电力	1.98%
三级部套	三级齿轮轴	1.63%
加工三级齿轮轴	三级齿轮轴毛坯	1.61%
2MW 风电齿轮箱-生产	齿轮箱装配	1.59%
齿轮箱装配	电力	1.59%
2MW 风电齿轮箱-回收	齿轮箱拆解	1.59%
齿轮箱拆解	电能	1.59%
三级齿轮轴毛坯锻造	三级齿轮轴毛坯（20MoCr4）的锻造	1.52%
20MoCr4 钢坯锻造	20MoCr4 钢坯锻造过程消耗	1.52%
20CrMnMo 材料回收	电力	1.20%
2MW 风电齿轮箱-回收	QT400 材料回收	1.20%

表 2-53　FEP 的灵敏度分析结果

过　程	名　称	FEP
2MW 风电齿轮箱	2MW 风电齿轮箱-生产	90.76%
2MW 风电齿轮箱-生产	一级部套	48.04%
2MW 风电齿轮箱-生产	二级部套	23.00%
二级部套	二级大齿轮	17.55%

（续）

过　　程	名　　称	FEP
二级大齿轮	二级大齿轮毛坯	17.34%
一级部套	一级内齿圈	17.07%
一级内齿圈	一级内齿圈毛坯	16.92%
二级大齿轮毛坯	二级大齿轮毛坯锻造过程	16.27%
一级内齿圈毛坯	一级内齿圈毛坯锻造过程	15.88%
一级部套	一级行星轮	14.95%
一级行星轮	一级行星轮毛坯	14.71%
一级行星轮毛坯	一级行星轮毛坯锻造	13.80%
2MW 风电齿轮箱	2MW 风电齿轮箱-使用	7.55%
2MW 风电齿轮箱-使用	电能-风电	7.33%
2MW 风电齿轮箱-生产	后箱体	7.12%
2MW 风电齿轮箱-生产	三级部套	7.06%
后箱体	后箱体毛坯	6.96%
一级部套	一级行星轮轴	5.83%
一级行星轮轴	一级行星轴毛坯	5.82%
一级行星轴毛坯	一级行星轴毛坯锻造过程	5.46%
三级部套	三级大齿轮	5.46%
加工三级大齿轮	三级大齿轮毛坯	5.41%
一级行星架	一级行星架毛坯	5.37%
一级部套	一级行星架	5.34%
三级大齿轮毛坯	三级大齿轮毛坯（20MoCr4）的锻造	5.06%
一级部套	一级太阳轮	4.85%
一级太阳轮	一级太阳轮毛坯	4.80%
一级太阳轮毛坯	一级太阳轮毛坯锻造过程	4.51%
后箱体毛坯铸造	后箱体毛坯（Steel Billet）的铸造	4.08%
2MW 风电齿轮箱-生产	前箱体	3.62%
前箱体	前箱体毛坯	3.55%
一级行星架毛坯	一级行星架毛坯锻造过程	3.32%
后箱体毛坯铸造	原材料（Steel Billet）	2.85%
二级部套	二级齿轮轴	2.73%
二级部套	二级大轴	2.72%
二级齿轮轴	二级齿轮轴毛坯	2.71%

（续）

过　程	名　称	FEP
二级大轴	二级大轴毛坯	2.69%
二级齿轮轴毛坯	二级齿轮轴毛坯锻造过程	2.54%
二级大轴毛坯	二级大轴毛坯锻造过程	2.52%
QT400 材料回收	电力	2.38%
前箱体毛坯铸造	前箱体毛坯（Steel Billet）的铸造	2.09%
一级行星架毛坯	QT700-2A	2.03%
2MW 风电齿轮箱-生产	齿轮箱装配	1.92%
2MW 风电齿轮箱-回收	齿轮箱拆解	1.92%
三级部套	三级齿轮轴	1.61%
加工三级齿轮轴	三级齿轮轴毛坯	1.58%
三级齿轮轴毛坯锻造	三级齿轮轴毛坯（20MoCr4）的锻造	1.48%
前箱体毛坯铸造	原材料（Steel Billet）	1.46%
20CrMnMo 材料回收	电力	1.44%
一级行星轮毛坯	原材料生产 20CrMnMo	1.06%
一级内齿圈毛坯	原材料生产 42CrMoA	1.03%

表 2-54　PED 的灵敏度分析结果

过　程	名　称	PED
2MW 风电齿轮箱	2MW 风电齿轮箱-生产	96.69%
2MW 风电齿轮箱-生产	一级部套	55.85%
2MW 风电齿轮箱-生产	二级部套	29.60%
二级部套	二级大齿轮	22.58%
二级大齿轮	二级大齿轮毛坯	22.53%
一级行星轮毛坯（1）	二级大齿轮毛坯锻造过程	22.30%
二级大齿轮毛坯锻造过程	20MoCr4 钢坯锻造过程消耗	22.30%
一级部套	一级内齿圈	22.02%
一级内齿圈	一级内齿圈毛坯	21.99%
一级内齿圈毛坯	一级内齿圈毛坯锻造过程	21.77%
一级内齿圈毛坯锻造过程	20MoCr4 钢坯锻造过程消耗	21.77%
一级部套	一级行星轮	19.17%
一级行星轮	一级行星轮毛坯	19.12%
一级行星轮毛坯	一级行星轮毛坯锻造	18.92%
一级行星轮毛坯锻造	20MoCr4 钢坯锻造过程消耗	18.92%

（续）

过　程	名　称	PED
2MW 风电齿轮箱-生产	三级部套	9.08%
一级部套	一级行星轮轴	7.57%
一级行星轮轴	一级行星轴毛坯	7.56%
一级行星轴毛坯	一级行星轴毛坯锻造过程	7.49%
一级行星轴毛坯锻造过程	20MoCr4 钢坯锻造过程消耗	7.49%
三级部套	三级大齿轮	7.02%
加工三级大齿轮	三级大齿轮毛坯	7.01%
三级大齿轮毛坯	三级大齿轮毛坯（20MoCr4）的锻造	6.93%
三级大齿轮毛坯（20MoCr4）的锻造	20MoCr4 钢坯锻造过程消耗	6.93%
一级部套	一级太阳轮	6.25%
一级太阳轮	一级太阳轮毛坯	6.24%
一级太阳轮毛坯	一级太阳轮毛坯锻造过程	6.18%
一级太阳轮毛坯锻造过程	20MoCr4 钢坯锻造过程消耗	6.18%
二级部套	二级齿轮轴	3.52%
二级齿轮轴	二级齿轮轴毛坯	3.52%
二级部套	二级大轴	3.50%
二级大轴	二级大轴毛坯	3.50%
二级齿轮轴毛坯	二级齿轮轴毛坯锻造过程	3.48%
二级齿轮轴毛坯锻造过程	20MoCr4 钢坯锻造过程消耗	3.48%
二级大轴毛坯	二级大轴毛坯锻造过程	3.46%
二级大轴毛坯锻造过程	20MoCr4 钢坯锻造过程消耗	3.46%
2MW 风电齿轮箱	2MW 风电齿轮箱-使用	2.63%
2MW 风电齿轮箱-使用	电能-风电	2.24%
三级部套	三级齿轮轴	2.06%
加工三级齿轮轴	三级齿轮轴毛坯	2.05%
三级齿轮轴毛坯锻造	三级齿轮轴毛坯（20MoCr4）的锻造	2.03%
20MoCr4 钢坯锻造	20MoCr4 钢坯锻造过程消耗	2.03%
2MW 风电齿轮箱-生产	后箱体	1.15%
后箱体	后箱体毛坯	1.11%

尽管利用生命周期评价方法计算出了风电齿轮箱的环境影响，但是由于目标、范围、系统边界的确定，数据的不完整性和不确定性，齿轮箱环境影响评价结果的准确性依然是一个问题。不过，基于生命周期评价的结果从设计的角度已经可以进行一些性能和薄弱环节的分析了。下面从可靠性变化的角度加以讨论。

（1）机械产品可靠性的数学描述

失效率、失效率密度和可靠度是可靠性分析中非常重要的几个概念。失效率是指设备在 t 时刻后的单位时间内发生故障的台数与 t 时间内还在工作的设备台数的比值；失效率密度是指单位时间内发生故障的台数与设备总台数的比值；可靠度是设备在规定条件下、规定时间内完成规定功能的概率，它们之间的关系为

$$\begin{aligned} R(t) &= e^{-\int_0^t \lambda(t)\mathrm{d}t} \\ f(t) &= \lambda(t)R(t) \\ F(t) &= 1 - R(t) \end{aligned} \tag{2-9}$$

式中，$R(t)$ 是设备的可靠度；$f(t)$ 是设备的失效率密度；$\lambda(t)$ 是设备的失效率；$F(t)$ 是总体失效率。

为了建立机械系统的可靠性模型，假设 S 表示由 n 个失效单元组成的结构系统，失效单元用 Y_i 表示。设 Y_i 有失效和有效两种状态，用布尔变量 e_i 来表示，则系统 S 的状态可用布尔变量 $S=S(e_1,e_2,e_3,\cdots,e_n)$ 来表示，具体表达式与系统结构有关。对于串联系统，当且仅当所有失效单元均为有效状态时系统才为有效状态，因此 $S=\min(e_1,e_2,e_3,\cdots,e_n)$；对于并联系统，当且仅当所有失效单元均为失效状态时系统才为失效状态，因此 $S=\max(e_1,e_2,e_3,\cdots,e_n)$。对于齿轮箱而言，各个部件之间组成串联失效系统，假设失效单元 Y_i 的基本失效率（基本失效率可以理解为设计时的失效率）为 λ_{ib}，则整个系统的基本失效率为 $\lambda_b=\lambda_{1b}+\lambda_{2b}+\cdots+\lambda_{nb}$，则基本可靠性为

$$R_b = e^{-\int_0^t \lambda_b(t)\mathrm{d}t} \tag{2-10}$$

机械系统在实际生产、装配和使用过程中，存在诸如加工误差、装配误差、随机载荷等因素，会造成失效单元 Y_i 的失效率高于其基本失效率。考虑这些因素对失效单元失效率的影响，用质量系数 π_{iQ}、应用系数 π_{iA} 和环境系数 π_{iE} 来量化这些因素，则失效单元 Y_i 实际失效率 λ_i、整个系统的实际失效率为 λ 和系统的实际可靠性 R 可表示为

$$\begin{aligned} \lambda_i &= \lambda_{ib}\pi_{iQ}\pi_{iE}\pi_{iA} \\ \lambda &= \lambda_1+\lambda_2+\cdots+\lambda_n \\ R &= e^{-\int_0^t \lambda(t)\mathrm{d}t} \end{aligned} \tag{2-11}$$

(2) 齿轮箱平均使用寿命及各零部件的再利用率

基于风场内风电齿轮箱各零部件的失效率可计算齿轮箱的平均使用寿命及零部件的平均再利用数目，从而分析风场内风电齿轮箱对环境影响的整体情况。

假设风场共有风电装备 N_0 台，每台风电装备都有1台齿轮箱，齿轮箱由 n 个部件组成，各个部件之间组成串联的失效系统。齿轮箱失效后生产商通过维修或更换，保持风场内齿轮箱数量始终为 N_0，并且假设再制造零部件和新件性能完全相同，在使用到设计寿命 p 年后齿轮箱报废。这一假设是基于风电装备及其齿轮箱的技术在 p 年后会有较大提升，以及在运行 p 年后风电装备的运行维护成本太高做出的。假设风电装备在运行过程中，齿轮箱的失效及各零部件再制造情况见表2-55，m_i 为在第 i 年内失效的齿轮箱的台数，m_{ij} 为第 i 年内失效的齿轮箱中部件 j 的再利用数目，则部件 j 在 p 年内总共生产的数目为

$$N_j = N_0 + \sum_{k=1}^{p-1} m_k - \sum_{k=1}^{p-1} m_{kj} \tag{2-12}$$

表2-55 风电齿轮箱失效及各零部件再制造情况

使用年限	失效台数	部件1再制造数量	部件2再制造数量	…	部件 n 再制造数量
1年	m_1	m_{11}	m_{12}	…	m_{1n}
2年	m_2	m_{21}	m_{22}	…	m_{2n}
3年	m_3	m_{31}	m_{32}	…	m_{3n}
…	…	…	…	…	…
p 年	N_0	0	0	…	0

由式(2-12)中可知，整个风场可以假设为总共使用了 $N = N_0 + \sum_{k=1}^{p-1} m_k$ 台齿轮箱，由于零部件重复使用的原因，每台风电装备在设计寿命 p 年内使用的齿轮箱台数为

$$n = 1 + \sum_{k=1}^{p-1} \frac{m_k}{N_0} \tag{2-13}$$

每台齿轮箱的平均使用寿命为

$$T_{\text{mean}} = \frac{p}{n} = \frac{p}{1 + \sum_{k=1}^{p-1} \frac{m_k}{N_0}} \tag{2-14}$$

对于每台风电装备，齿轮箱零部件 j 的平均再制造数目为

$$n_{rj} = \sum_{k=1}^{p-1} \frac{m_{kj}}{N_0} \tag{2-15}$$

风电齿轮箱的失效率计算与一般产品失效率的计算略有不同，一般产品在 t 时刻的失效率为

$$\lambda_n(t) = \frac{\Delta n}{N_0 - F(t)} \tag{2-16}$$

式中，Δn 为 t 时刻 Δt 内齿轮箱失效的数目；$F(t)$ 为到 t 时刻为止产品的失效数目；N_0 为产品的总数目。

因为产品使用中能够工作的产品数目在减少；而对于某一风场内的风电齿轮箱，通过更换和维修使得总数保持为 N_0，因此失效率为

$$\lambda(t) = \frac{\Delta n}{N_0} \tag{2-17}$$

由于风场通过更换和维修使得齿轮箱的总数保持为 N_0，当风场运行 1 年后，有 m_1 台新的风电齿轮箱在风场运行；运行 2 年后，有 m_2 台新的风电齿轮箱运行，有一部分风电齿轮箱只是用了 1 年；使用 i 年后，有 m_i 台新的风电齿轮箱运行，有一定数目的风电齿轮箱分别运行了 1 年、2 年……（$i-1$）年。随着风电齿轮箱运行时间的增加，风电齿轮箱的可靠性会降低，因此在维修更换部分风电齿轮箱后，整个风场内的齿轮箱的可靠性相对于不维修更换齿轮箱的情况会有所提高，但是由于包含了不同使用时间的齿轮箱，整个风场内的齿轮箱的可靠性非常难以计算。因此假设维修更换齿轮箱不影响风场内齿轮箱的整体失效率，那么第 i 年失效的风电齿轮箱的台数为

$$m_i = N_0 \lambda(i) \tag{2-18}$$

根据串联失效系统的特性可知 $\lambda(t) = \lambda_1(t) + \lambda_2(t) + \cdots + \lambda_n(t)$，因此在第 i 年，非部件 j 失效造成的齿轮箱系统失效数目 $\overline{m_{ij}}$ 为

$$\overline{m_{ij}} = N_0(\lambda_1(i) + \lambda_2(i) + \cdots + \lambda_{j-1}(i) + \lambda_{j+1}(i) + \cdots + \lambda_n(i)) \tag{2-19}$$

式中，$\lambda_j(i)$ 为零部件 j 第 i 年的失效率；N_0 为风场内风机的总数；$R_j(i)$ 为零部件 j 第 i 年的可靠度。

部件 j 的再制造数目可以看作是 $\overline{m_{ij}}$ 中能够再制造的部件 j 的数目，本案例采用部件 j 第 i 年的可靠度作为比例参数来描述没有失效的部件 j 中能够再利用的部件 j 的数目，因此部件 j 的再制造数目为

$$m_{ij} = \overline{m_{ij}} R_j(i) \tag{2-20}$$

将式（2-18）和式（2-20）代入式（2-14）和式（2-15）就可以求得风电齿轮箱的平均使用寿命和各零部件的平均再制造数目。

基于上述的思路与假设，用积分代替求和，则风电齿轮箱的平均使用寿命为

$$T_{\text{mean}} = \frac{p}{1 + \int_0^p \lambda(t)\,\mathrm{d}t} \tag{2-21}$$

式中，T_{mean}是机械产品全部或某特定区域的平均使用寿命；p为机械产品的设计寿命；$\lambda(t)$为机械产品的可靠性。

各个部件的再制造率的计算公式为

$$\beta_j = \int_0^p (\lambda_1(t) + \lambda_2(t) + \cdots + \lambda_{j-1}(t) + \lambda_{j+1}(t) + \cdots + \lambda_n(t))R_j(t)\,\mathrm{d}t \tag{2-22}$$

式中，$\lambda_i(t)$为零部件i的失效率；$R_i(t)$为零部件i的可靠度；β_i为零部件i的再制造率。

根据平均使用寿命能够计算平均每个功能单元需要消耗的风电齿轮箱数目，再结合各个部件的再制造率计算功能单元消耗的各个部件更加真实的数目。

由于风电齿轮箱低速的一级轮系受重载，高速的三级轮系动态特性相对较差，调研结果显示一级轮系和三级轮系是齿轮箱主要的失效单元。假设一级轮系和三级轮系的失效率满足双参数威布尔分布，即

$$\begin{aligned} R(t) &= \mathrm{e}^{-t^m/t_0} \\ \lambda(t) &= \frac{m}{t_0}t^{m-1} \end{aligned} \tag{2-23}$$

式中，t_0和m为威布尔分布的两个参数；t为时间。

根据调研数据可知在设计时各级轮系运行20年的可靠度为95%，运行4年的可靠度为98.5%；代入式（2-23）后求得$m = 0.75925$，$t_0 = 189.56$，由此可知该型号的风电齿轮箱的各级齿轮轮系的基本失效率分布函数$\lambda_{1\text{b}}(t) = \lambda_{3\text{b}}(t) = 0.004 \times t^{-0.24075}$。

如式（2-11）所示，风电齿轮箱各级轮系的实际失效率还受质量系数、应用系数和环境系数的影响。质量系数主要受材料、加工和装配的影响，应用系数主要考虑齿轮箱在实际运转时的润滑、齿轮箱的对偏等维护的影响，环境系数主要考虑随机风载、温度变化和气候变化等的影响。调研结果反映：三级高速轮系的失效案例数与一级行星轮系的失效案例数的比例约为2∶1。造成这一现象的原因可以从质量系数、应用系数和环境系数三个方面分析。假定一级轮系和三级轮系的材料均相同（齿圈、行星轮轴和行星架的材料除外），由于一级轮系为行星轮系，其加工装配较三级平行轮系复杂，因此可认为$\pi_{1\text{Q}} > \pi_{3\text{Q}}$；对于环境因素，一级行星轮系和三级平行轮系都承受着温度变化、气候变化和随机载荷，不同点在于动态载荷不相同，三级平行轮系转速约为一级行星轮系的100倍，其对载荷变化更加敏感，因此认为$\pi_{1\text{E}} < \pi_{3\text{E}}$；对于应用系数，一级轮系和三级轮系处于相同润滑系统之中，只是三级轮系

的输出轴需要和发电机的输入轴进行对偏，在维护时容易出问题，因此认为三级轮系的应用系数比一级轮系略高。为此，假设一级和三级轮系的失效率影响各系数取值见表 2-56，利用式（2-20）计算风电齿轮箱的平均时间为 16.045 年，利用式（2-22）计算一级轮系的平均再制造率为 0.1511，三级轮系的平均再制造率为 0.0820。

表 2-56　一级和三级轮系的失效率影响各系数的取值

	质量系数	应用系数	环境系数	乘　积
一级轮系	1.2	1.2	1.2	1.728
三级轮系	1.1	2	1.4	3.08

（3）齿轮箱可靠性导致的环境影响分析

基于 2MW 风电齿轮箱的可靠性分析，各级轮系的可靠性为设计时的基本失效率、质量系数、应用系数和环境系数的乘积。2MW 风电齿轮箱的失效单元主要包括一级轮系和三级轮系两个。两个失效单元的失效率对齿轮箱的可靠性有影响，也影响零部件的再利用率。为此，设计四种齿轮箱失效率情景模式。四种情景模式的失效率影响系数大小用 1.3 的指数函数来调整，不同情况下的可靠性参数见表 2-57。据此，便可计算环境影响评价结果，见表 2-58。由表 2-58 可知，风电齿轮箱可靠性降低，其各种环境排放都有不同程度增加。当可靠性从 78% 下降到 49% 时，GWP、POFP、AP、FEP、PED 分别增加了 21.5%、21.1%、21.7%、21.8%、22.4%。显然，可靠性对环境影响具有很大的影响。

表 2-57　不同情况下的可靠性参数

情景模式	$\pi_1$①	$\pi_3$②	R_{20}③	T_{mean}④	$\beta_1$⑤	$\beta_3$⑥
C_1	1.728×1.3	3.08×1.3	0.7257	15.1462	0.1939	0.1041
C_2	1.728×1.3^2	3.08×1.3^2	0.6592	14.1183	0.2479	0.1314
C_3	1.728×1.3^3	3.08×1.3^3	0.5817	12.9737	0.3153	0.1645
C_4	1.728×1.3^4	3.08×1.3^4	0.4944	11.7367	0.3985	0.2037

① π_1：一级轮系失效率影响系数，为质量系数 π_{1Q}、环境系数 π_{1E} 和应用系数 π_{1A}，以及失效率调整系数的乘积。

② π_3：三级轮系失效率影响系数，为质量系数 π_{1Q}、环境系数 π_{1E} 和应用系数 π_{1A}，以及失效率调整系数的乘积。

③ R_{20}：齿轮箱的可靠度。

④ T_{mean}：齿轮箱平均使用寿命（单位为年）。

⑤ β_1：一级轮系的重用率。

⑥ β_3：三级轮系的重用率。

表2-58 可靠性情景环境影响评价结果

情景模式	GWP	POFP	AP	FEP	PED
C_1	8.82×10^5	1.02×10^3	4.45×10^3	6.52×10^5	4.28×10^7
C_2	9.21×10^5	1.07×10^3	4.65×10^3	6.81×10^5	4.47×10^7
C_3	9.73×10^5	1.12×10^3	4.92×10^3	7.20×10^5	4.73×10^7
C_4	1.04×10^6	1.20×10^3	5.27×10^3	7.71×10^5	5.08×10^7

参考文献

[1] 汪永超，张根保，向东，等．绿色产品概念及实施策略［J］．现代机械，1999（1）：5-8.
[2] 向东，张根保，汪永超，等．绿色产品及其寿命周期分析［J］．机械设计与研究．1999（3）：3.
[3] 中国机械工业联合会．绿色设计产品评价技术规范 装载机：T/CMIF 15—2017［S］．北京：中国标准出版社，2017.
[4] 扈学文，赵若楠，拜冰阳，等．我国再生铜冶炼行业现状、技术发展趋势及污染预防对策［J］．矿冶，2016，25（6）：82-86.
[5] 拜冰阳，李艳萍，张昕，等．再生铜行业环境管理问题的若干思考和建议［J］．中国环境管理，2019，11（1）：101-105.
[6] 胡吉成，郛静，许晨阳，等．典型再生铜冶炼厂周边土壤中PCDD/Fs、PCBs和PCNs的污染特征及健康风险评估［J］．环境科学，2021，42（3）：1141-1151.
[7] 埃尔克曼著．工业生态学［M］．徐兴元，译．北京：经济日报出版社，1999.
[8] 周高潮．当前我国纸质快餐盒不能有效占领市场的主要原因及其对策［J］．包装世界，1997（5）：23-24.
[9] 乔学慧．通过"毒苹果"了解职业病［J］．劳动保障世界，2011（7）：39.
[10] 汪劲松，向东，段广洪．产品绿色化工程概论［M］．北京：清华大学出版社，2010.
[11] 联合国开发计划署．2007/2008年人类发展报告：应对气候变化 分化世界中的人类团结［R］．纽约：联合国开发计划署，2007.
[12] 中国循环经济协会．低回收处理率电子产品问题分析与对策研究［R］．北京：中国循环经济协会，2016.
[13] 刘俊晓．电子垃圾拆解区儿童重金属暴露及气质评估［D］．汕头：汕头大学，2009.
[14] 中国家用电器研究院．中国废弃电器电子产品回收处理及综合利用行业白皮书2019［R］．北京：中国家用电器研究院，2020.
[15] 杨海超，马忠玉．国外EPR经验对我国生产者责任延伸制度信用评价建设的启示［J］．再生资源与循环经济，2018，11（11）：11-14.
[16] 于随然，陶璟．产品生命周期设计与评价［M］．北京：科学出版社，2012.

[17] 陈亮，刘玫，黄进. GB/T 24040—2008《环境管理　生命周期评价　原则与框架》国家标准解读 [J]. 标准科学，2009 (2)：76-80.

[18] 山本良一. 环境材料 [M]. 王天民，译. 北京：化学工业出版社，1997.

[19] 童建，郭裕中. 公众健康危险评价 [M]. 北京：原子能出版社，1994.

[20] GOEDKOOP M，SPRIENSMA R. The Eco-indicator 99 a damage oriented method for life cycle impact assessment methodology report [R]. The Netherlands：PRé Consultants B. V.，2001.

[21] TAVNER P J，XIANG J，SPINATO F. Reliability analysis for wind turbines [J]. Wind Energy，2007，10 (1)：1-18.

第 3 章

机电产品绿色设计体系架构

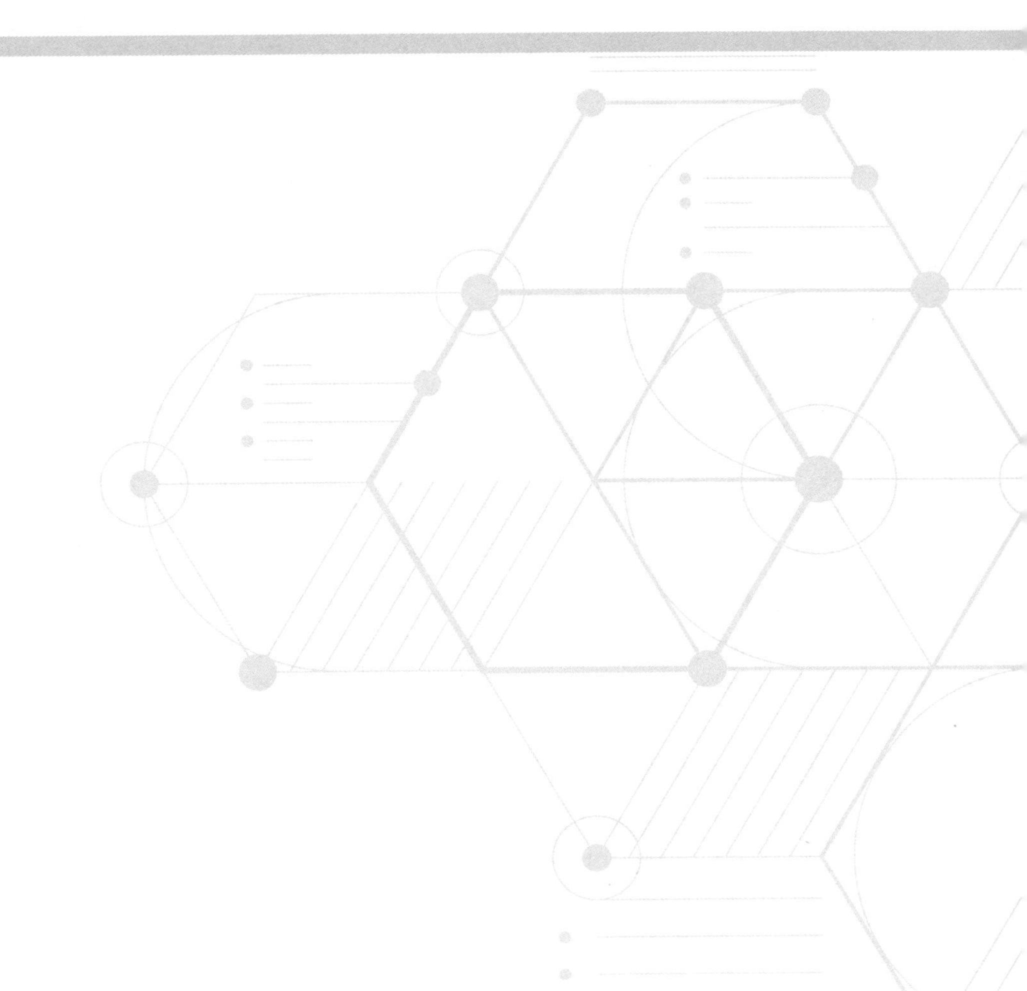

绿色设计，又称面向环境的设计（Design for Environment，DfE）、环境意识的设计（Environmentally Conscious Design，ECD）、生命周期设计（Life Cycle Design，LCD）、生态设计（Eco-Design）、可持续设计（Sustainable Design）等，是指借助产品生命周期中与产品相关的各类信息（技术先进性信息、环境协调性信息、经济合理性信息），利用并行设计等各种先进的理论，使设计出的产品具有先进的技术性、良好的环境协调性以及合理的经济性的一种系统设计方法。设计决定了产品70%～80%的性能，因此影响产品绿色性能的绿色设计也备受工业界、学术界的关注。

3.1 绿色设计的研究动态及应用现状

3.1.1 绿色设计的研究动态

绿色设计起源于社会对资源、环境和安全健康问题的关注。早在20世纪60年代，美国维克多·帕帕奈克（Victor Papanek）在其著作《为真实的世界设计》中就提出在设计中要充分考虑资源与环境。之后全球能源危机，欧美国家又提出了“以自然为本”的设计理念。绿色设计也在不同层面和角度被提出。本书重点从机电产品的角度介绍绿色设计的研究动态。

1. 生态环境材料与绿色设计中的材料选择

生态环境材料，也称绿色材料、环境材料、生态材料，是绿色产品的物质基础。1992年东京大学山本良一教授首次提出了环境材料的概念，随后各国的材料科学工作者开始了相关研究。1998年中国科学技术部、国家“863”计划高技术新材料领域专家委员会、国家自然科学基金委员会等单位联合召开了一次生态环境材料研究战略研讨会，将生态环境材料分为环境协调性材料和环境工程材料。生态环境材料目前已经成为环境和材料两大学科的交叉融合的典范，其相关研究主要集中在材料环境影响评价、治理环境污染的材料与工艺、降低环境负担的材料与工艺，以及环境友好相容的材料产品与工艺等诸多方面。

设计中涉及的材料并非都是生态环境材料，现有的生态环境材料也并不能满足所有产品的需要。因此在材料选择中须综合考虑材料技术、环境、经济性能，这是绿色设计材料选择的重点工作。为此，学者在材料数据库建设、材料选择指标体系和评价方法等方面开展了大量工作。

2. 面向资源/能源高效利用的设计

高资源利用率和高能效一直是机电产品绿色设计，特别是低碳设计关注的焦点。由于资源和能源直接关系经济性能，因此相关的理论研究和应用都有相当长的时间。面向资源高效利用的设计研究主要集中在资源消耗建模与优化、无废工艺、少废工艺设计等方面，尤其在优化下料、近净成形等技术领域更是取得了丰硕成果。面向能效和节能的设计技术在各行各业的成果也很丰富。特别是随着能效标准越来越严格，更细致的设计方法，如轻量化设计、性能匹配、能量流建模等，在工业界得到了广泛应用。

3. 面向环境保护的设计

面向环境保护的设计旨在减少或消除源自产品、组织和区域的污染物质，减少环境负荷。该领域的研究伴随着环境保护事业的产生、发展而深入。面向环境保护的设计主要围绕环境敏感区域和环境敏感物质而展开，其内容涉及有毒有害物质替代、污染物质消解、生态系统保护，并从产品、行业到区域形成了诸多设计规范和标准。

4. 面向安全与健康的设计

面向安全与健康的设计主要是以人的安全和健康为目标。人机工程学在这方面做了大量工作，各行各业的研究成果也很多，主要体现在作业环境分析与设计、产品/设备安全设计和宜人性设计等多个方面。人机工程学是人体科学、技术科学和环境科学之间的有机融合，是人体学科、环境学科不断向工程学科渗透和交叉的产物。

5. 生命周期设计

由于产品的绿色属性必须要从其生命周期的角度去审视，因此20世纪末期，学者阿尔丁（Alting L.）等人提出了生命周期设计的概念。随后学者们以产品的生命周期为主线，围绕资源、能源、环境和安全健康等目标，开展了相应的设计内涵、设计方法的研究，出现了许多面向对象的设计方法。生命周期设计方法多体现为DFX的形式，如面向制造的设计（Design for Manufacturing，DfM）、面向装配的设计（Design for Assembly，DfA）、面向使用的设计（Design for Usage，DfU）、面向运维的设计（Design for Operation and Maintenance，DfO&M）、面向拆卸的设计（Design for Disassembly，DfD）、面向回收的设计（Design for Recycling，DfR）、面向环境的设计（Design for Environment，DfE）、面向资源节省的设计（Design for Resource Savings，DfRS）、面向能源节省的设计（Design for Energy Savings，DfES）等。本书也将主要按照生命阶段为主线来组织各章节。

3.1.2 绿色设计的应用现状

从绿色制造概念提出到现在，绿色设计已经为国内外企业广泛接受。国内外企业，如索尼、夏普、东芝、苹果、惠普、三星、华为、四川长虹、京东方、比亚迪等企业，都非常重视绿色设计的研究与应用，并开展了大量的绿色设计实践，摘录部分内容如下。

1. 国外企业的绿色设计应用情况

（1）索尼

索尼提出了2050年达到“环境零负荷”的目标。索尼在绿色设计方面重点关注节能、资源循环利用、化学物质管理等方面的内容。在节能方面，将优化待机能耗、各模式下的能耗、电源适配器，搭载节能功能等技术手段，应用于产品开发。例如其PlayStation系列产品实现节能28%。在资源循环方面，通过减少材料和零部件数量提高拆解效率，延长使用寿命以减少资源废弃量，使用再生材料以实现资源循环利用。例如索尼在2011年推出再生塑料SORPLAS™(Sustainable Oriented Recycled Plastic)，并应用在音频、摄像等多种产品之中，在获得高品质产品的同时降低了环境负荷；又如FDR-AXP35数码摄像机中再生塑料使用率高达76.3%。在绿色包装开发方面，一方面索尼通过包装的小型化和轻量化，减少资源消耗，同时也因增加了托盘上装载产品的数量而提高了运输效率，减少了运输过程的碳排放，例如，FDR-AXP35数码摄像机包装的小型化，使得托盘的产品装载数量比未小型化前装载产品的数量增加了64%；另一方面，索尼还通过包装标准化，减少运输中的空间浪费，如索尼为Sound Bar家庭影院系统设计了一种L形包装箱，使其能以拼图形式组装，在提高运输效率的同时，减少了运输过程的能耗和温室气体排放等。索尼还从设计源头加强化学品管理，开展信息公开和生命周期评价等业务活动，有效地实现了化学品的减量、替代、管理。

（2）夏普

夏普的主要业务包括消费电子产品、电子元器件、显示元器件、能源解决方案与商务解决方案五项内容。夏普早在1998年12月便将节省能源、节省资源、资源循环利用、选择绿色材料与元器件、电池、说明书、包装等附件的环保性、安全使用和处理处置以及环保性能与信息的可视化等七方面作为其全球设计、生产部门的“绿色产品指导方针”。夏普灵活运用指导方针，从各个方面提高产品的绿色性能。例如，2014年在中国发售的液晶电视LCD-46NX265AHL具有待机能耗低、不使用含卤素元素的阻燃剂、良好拆卸性能等特点；其LC70UD20液晶电视比2013年的LC-70UD1液晶电视的碳排放量减少了14%，耗电量减少了50kW·h/年，质量降低了11kg，包装材料容积减少了32L，有效地降低了环境负荷。又如，南京夏普电子有限公司将运输液晶电视时防止货物散落的缠绕膜换成了可重复使用的打包带，此项措施减少了每年约20t的缠绕膜废弃量。总之，夏普通过提高产品节能性，推进能源解决方案业务、绿色采购，使用节能设备，改善运输手段或装载办法，普及节能产品，废旧产品再制造等方面实现了环境性能的持续改进。

（3）东芝

东芝将环境作为经营的一个首要课题。自1993年度制定第一个环境行动计划以来，活动项目和管理对象范围会每隔数年进行一次调整，在第6次环境行动计划（活动时间：2017—2020年）中，减少CO_2排放量达127万t，控制废弃物量保持在3.7万t。东芝在绿色设计和绿色产品开发方面有丰硕的成果。例如，东芝研发的“纸张重复利用系统Loops”，采用可擦除碳粉作为印刷材料，利用可擦除碳粉在施加一定温度后字迹消失（消色）的特性，实现重复使用纸张的目的。一张纸重复使用5次，其生命周期的碳排放量可削减约52%。Loops LP35/LP45/LP50便是一款集“可擦除印刷”“不可擦除黑粉印刷（普通黑白印刷）”的混合型多功能一体机。又如，东芝还推出了全球首款搭载GaN功率元件的高效率小型LED灯泡，以及通过反射镜减少漏光的LED投光器。LED灯泡采用GaN功率元件，实现了高频化和电路板小型化，使小型LED灯泡内置调光控制程序成为可能，推动了LED灯泡的更新换代。搭载GaN功率元件的LED灯泡与相较于小型氪气灯泡和卤素灯泡电耗约分别减少84%和82%。另外，高功率LED投光器采用独有的反射镜配光设计技术，实现聚集光线和节能的效果。高功率LED投光器（相当于2kW型金属卤化物灯具）与HID投光器相比，电耗减少约55%。另外，东芝推出的Universal Smart X EDGE系列空冷热泵式热源机相较于过去的产品，具有更高的效率，更杰出的制冷综合性能，碳排放量减少约62%。在资源循环利用方面，东芝在多功能一体机和商业空调等产品上扩大了再生塑料使用量，2017年的再生塑料使用量高达851t。

（4）苹果

绿色设计是其实行可持续发展的重要途径之一。在节能方面，苹果在保持优异性能的前提下致力于低能耗设计，自2008年以来其产品平均能耗降幅约为70%。凭借创新的电源设计，iMac Pro在睡眠模式和关机状态下耗电量降低了40%；配备视网膜显示屏的新一代MacBook Air在睡眠模式下需要的电力仅为初代机型的1/3。为了提高资源利用率，苹果联合供应商进行先进工艺设计。例如，iPhone 11 Pro在不锈钢边框采用新型技术，相比传统锻造法，钢材用量减少了30%以上；iPhone 11 Pro和iPhone 11 Pro Max中印制电路板的镀金量减少了27%之多；印制电路板中用到的特定铜合金厚度减少了1/3。为了减少废弃量，苹果致力于产品的长寿命设计、可靠性设计、易维修性设计，通过硬件、软件、服务等方面的良好保障，尽可能延长产品寿命。苹果产品除了选择经久耐用的材料外，还尽可能地应用再生材料。苹果实现了再生铝、再生锡、再生稀土以及再生塑料在产品中的应用。MacBook Air和Mac mini的金属机身100%使用了再生铝合金；iPhone 主板焊料采用100%再生锡；2019 年，苹果发布的产品中就有 100 多种组件采用了再生塑料，并且在总体塑料用量中的平均占比达 46%之多；苹果包装中的木纤维 100%来自循环再生的木纤维。苹果还对每部设备进行碳足迹评估的影响，以期精确管控碳排放。绿色理念始终贯穿苹果公司的业务活动。

（5）惠普

2017 年惠普公司可持续发展报告称可持续发展至少为其增加了 7 亿美元的商业价值。惠普通过改进笔记本计算机的省电模式，使其在使用过程中更节能。通过回收塑料的再生利用，实现在新的惠普原装墨盒上的应用。2017 年惠普在产品中使用的回收塑料数量高达 18 000t，在海地建立了塑料回收供应链，并推行惠普全球客户回收计划，对惠普和三星的旧墨盒和旧硒鼓进行回收，截至 2017 年 10 月分别回收了旧墨盒 1500t，旧硒鼓 14 800t。在绿色包装上，惠普开发秸秆制成的货盘以替代木制货盘，不仅缓解了秸秆焚烧导致的环境问题，而且这些生物质货盘具有防潮、易于组装、可生物降解和重复使用等先进的功能和环境友好性。

2. 国内企业的绿色设计应用情况

相对国外来说，国内企业在绿色设计方面的起步较晚，一开始只是为了应对欧盟 RoHS 指令、WEEE、ErP、REACH 等绿色指令。如今，在越来越严格的低碳、环保等绿色指令，特别是 2020 年欧盟绿色新政的影响下，绿色设计在国内企业中也迅速开展起来了。下面仅以华为和四川长虹为例简单介绍一下国内工业界的相关工作。

（1）华为

华为利用生命周期评价方法对产品的环境影响进行量化，识别产品生命周期的环境性能改进机会，将不同阶段的环境要素融入设计之中，见表 3-1。通过生命周期设计实现产品的绿色属性。以 P20 Pro 手机为例，华为不仅详细评估其碳足迹、水足迹，还对有害物质进行了严格的控制，实现了无溴化阻燃剂、无氯化阻燃剂、无 PVC、不含邻苯二甲酸盐、不含三氧化二锑、不含铍（及其化合物），并将增加产品的可回收性。又如，2017 年华为 7 款服务器、2 款不间断电源（UPS）、荣耀畅玩平板 2、M3 青春版等 6 款平板计算机以及 MateBook 系列 3 款笔记本计算机等多项产品获得了能源之星（ENERGY STAR©）的认证。华为还建立了环境信息报告发布平台，以发布产品的环境信息数据。华为在可持续发展方面的工作得到了业内的肯定与承认，荣获了中国环境标志产品认证、FSC 包装认证、UL 110 手机可持续性标准认证、电子电气产品环保等级标识认证等多项企业资质。

表 3-1 华为面向不同阶段进行设计时考虑的要素

产品生命周期	设计考虑事项
原材料获取阶段	原材料选择上提高可回收材料和二次材料使用比例 产品减量化设计，功能满足前提下减少原材料使用 使用可回收的材料 实现零有害物质 使用生物材料 使用绿色包装材料
生产和运输阶段	可制造性设计 包装尺寸最小化
使用阶段	低功耗设计 产品寿命延长设计 产品模块化与平台化设计，可升级、易维修 外置电源的能效 智能电源管理软件
废弃处理阶段	可回收再利用 易于拆卸，尽量避免永久性连接，高价值模块要实现无损拆解 不同材料易于分离处理

（2）四川长虹

四川长虹是国内较早开展绿色制造的企业。四川长虹将绿色理念融入企业智能发展战略，围绕材料、设计、采购、生产、销售、物流等重点环节，着力攻克一批家电产品关键绿色技术。例如，在绿色材料开发方面，开发无卤阻燃剂的高光泽 ABS 材料和免喷涂仿金属/陶瓷质感工程塑料，并在电冰箱、空调、电视等产品上批量应用。在节能方面，研发电源系统节能优化技术，以降低待机能耗；研究制冷系统、风道系统及其匹配技术，以提升产品能效。在资源循环利用方面，四川长虹基于四川长虹格润环保科技股份有限公司在拆解、资源循环利用上的经验，开展家电产品可拆卸回收设计，以提高其电冰箱、电视机和空调的可再生利用率。2018 年四川长虹 30 余款空调、电冰箱入选国家工信部绿色设计产品名单。2019 年四川长虹入选工信部首批工业产品绿色设计示范企业名单。在绿色技术研发的同时，四川长虹还开展绿色技术和管理的应用、推广和培训服务，逐步形成了面向家电全生命周期的闭环绿色供应链体系，四川长虹也因此入选工信部首批绿色供应链管理示范企业。

3.2 绿色设计及其体系架构思想与方法

3.2.1 设计与绿色设计

设计虽然是一个古老的话题，但可以认为现代设计产生于工业革命之后。

目前普遍认可的设计理论有帕尔（G. Pahl）和贝茨（W. Beitz）提出的综合设计方法学（Comprehensive Design Methodology）。帕尔和贝茨强调设计中的系统性和设计进程的程式化。他们将设计过程分为需求分析、概念设计、具体化设计和详细设计等四个阶段，建立了设计人员在每一设计阶段的工作步骤计划，包括策略、规则、原理，从而形成一个完整的设计过程模型。美国麻省理工学院苏（N. P. Suh）教授在其公理性设计中也对设计过程有所阐述。苏教授认为产品设计过程可分为用户域、功能域、物理域、过程域。这四个域按照顺序可以建立三种映射关系，也对应着设计的三个不同阶段。其中，用户域和功能域之间的映射关系建立就是产品定义阶段；功能域和物理域之间的映射关系建立就是产品设计阶段；物理域和过程域之间的映射关系建立即为工艺设计阶段，如图 3-1 所示。设计就是求解这四个域之间的映射关系。其实，两种设计方法所定义的设计过程只是表达形式不一样，本质是差不多的。

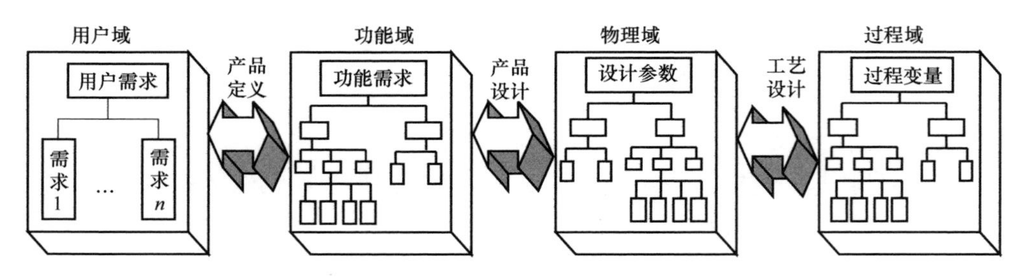

图 3-1　产品设计过程

从设计内容及其涉及的生命周期阶段来看，传统设计主要考虑产品生命周期中的市场分析、产品定义、产品设计、工艺设计、制造、销售以及售后服务等几个阶段，而且设计总体上是以支撑企业的经济可持续发展为主要目的，因此设计内容也就主要考虑产品的功能、质量和成本等基本属性。由于较少或者根本未考虑产品报废后的拆解、重用、再制造、再利用，以及较少关注产品生命周期关于资源、能源、安全与环境等方面问题，因此导致现代社会人类所面临的资源枯竭、环境污染以及各类职业病的发生。这也是绿色设计产生的原因，也是其要解决的问题。

针对传统设计的上述不足，本书将绿色设计定义为：绿色设计是指借助产品生命周期中与产品相关的各类信息（技术先进性信息、环境协调性信息、经济合理性信息），利用并行设计等各种先进的理论，使设计出的产品具有先进的技术性、良好的环境协调性以及合理的经济性的一种系统设计方法。

绿色设计的内涵较传统设计丰富得多，两者的区别见表 3-2，主要表现在如下两方面。

表 3-2　绿色设计和传统设计的区别

对　比	范　围	考虑的因素	对环境影响
传统设计	产品生命周期中某几个阶段	产品的功能、质量和成本	可能造成严重的环境污染
绿色设计	产品生命周期的全过程	环境、经济、技术综合考虑	良好的环境协调性

1）绿色设计将产品的生命周期拓展为从原材料制备到产品报废后的回收处理及再利用，这被形象比喻为从“摇篮”到“坟墓”。20 世纪 80 年代以来，在设计领域内形成了诸如面向制造的设计、面向装配的设计等 DFX 设计方法，但这些设计方法很少考虑产品的安装、运维，至于退役之后的回收处理及再利用就考虑更少了。这也是 20 世纪末学术界、企业界都纷纷将设计范畴扩展到产品的生命周期全过程，并提出生命周期设计的原因。

2）绿色设计将资源、能源、环境与安全性等因素集成到产品的设计活动之中，以获得绿色产品。由于在绿色设计中，原材料制备、产品设计生产、使用维护、回收处理及再利用等生命周期阶段被视为一个有机的整体，因此设计过程中必须运用并行工程的思想和方法，在保证产品的功能、性能和成本等技术经济性能的同时，充分考虑产品生命周期的资源和能源的合理利用、环境污染和安全健康风险防控等问题。

综上所述，利用并行设计的思想，综合考虑产品生命周期中的技术、环境以及经济等因素的影响，是绿色设计实现产品生命周期中“预防为主，治理为辅”的基本思路。从这一点看，绿色设计是从产品角度实现保护环境、保护人体健康和优化利用资源与能源的重要途径。

3.2.2　绿色设计的体系架构

1. 绿色设计原则

根据绿色设计的定义，绿色设计的目标是开发具有技术先进性、环境协调性和经济合理性的绿色产品。绿色产品的这三个属性也是绿色设计的设计原则。

（1）技术先进性原则

绿色设计强调技术先进性，因为技术是经济、可靠地实现产品的各项功能和性能，获得良好的环境协调性的保障。在技术先进性原则中主要强调创新性和精准的需求定位。

1）创新性。技术创新是绿色设计的灵魂。剖析身边富有竞争力的产品，不难发现创新性是构成其竞争力优势的最重要因素。例如苹果的 iPhone 手机，其 2007 年 1 月 9 日诞生，从此便成为智能手机的风向标。iPhone 的诞生让人们知道并使用了App，开发App的企业趋之若鹜。iPhone重新定义了手机，创造了比原来功能机更广的消费群体，创造了新的消费需求。iPhone手机的成功最重要的莫过于设计的创新性。与之类似，绿色设计因资源、能源和环境等迫切问题而出现，面对的是有待解决的技术挑战，因此必然伴随着技术上的创新，要求设计者们要善于思考，大胆创新。

2）精准的需求定位。产品是用来满足需求的。精准的需求定位有利于绿色消费。人的需求通常具有多样性和复杂性，若能通过精准的需求定位满足每个人的个性化需求，可以在一定程度上减少对更多产品的消费。另外，精准的需求定位有利于减少功能冗余。功能储备（冗余功能）在许多产品上都有，其中最典型的是电器电子产品。现在的电器电子产品功能越来越多，越来越复杂。其中的一些功能消费者可能在产品报废后都没有使用过，甚至压根就不知道其存在。过多的功能冗余往往是有害的，它不仅会增加产品的复杂性、故障率，还会消耗更多的资源、能源，也可能产生更多环境影响。

（2）环境协调性原则

环境协调性是绿色设计提出的根源，应遵循如下原则。

1）资源可持续利用原则。

① 设计时应充分考虑资源的再生能力，尽可能选择可再生资源，避免因资源不合理使用而加剧资源稀缺性和资源枯竭危机。对于确因技术水平限制而不能再生的资源应尽可能保证在其废弃后能够自然降解，或便于安全地最终处理，以免增加环境的负担。

② 设计时应尽可能保证资源在产品的整个生命周期中得到最大限度的利用，努力使资源的循环利用和投入比率趋于1，即实现高资源利用率。

2）能源最佳利用原则。

① 在能源选用时，应尽可能选用太阳能、风能等清洁型可再生能源。

② 优化能源结构，尽量减少汽油、煤等不可再生能源的使用。

③ 设计时应尽可能使产品生命周期中能源消耗量最少，使有效能耗与总能耗之比趋于1，以减少能源的浪费。

3）污染极小化原则。在设计时应尽可能消除污染源，将产品生命周期中的环境污染减至极小。在全生命周期中从根本上消除污染源，或实现近零排放是绿色设计的理想目标，有助于彻底抛弃传统“先污染、后治理”的末端治理方式。

4）安全宜人性原则。绿色设计要求产品符合人机工程学、美学等有关原理，以使产品安全可靠、操作性好、舒适宜人，确保产品在其生命周期过程中对人们的身心健康造成伤害最小。

（3）经济合理性原则

1）经济合理性是绿色设计能否走向市场的关键因素。但由于生产者责任延伸制度的推行，绿色设计的经济合理性不再只是生产企业自身的经济效益，还要从可持续发展观点出发，关注整个产品生命周期的经济性，如生命周期成本、生命周期效益等。

2）绿色设计不应片面追求经济效益，还要关注生态效益和社会效益，应以尽量低的成本费用获取尽量大的经济效益、生态效益和社会效益。

2. 绿色设计的体系架构

结合绿色设计的设计过程、设计范围、设计内容和设计原则，可构建机电产品绿色设计体系架构，如图 3-2 所示。由图 3-2 可知，绿色设计包括产品设计过程、产品生命周期和产品信息系统三个维度。由图 3-2 也能看到绿色设计与传统设计的差异。

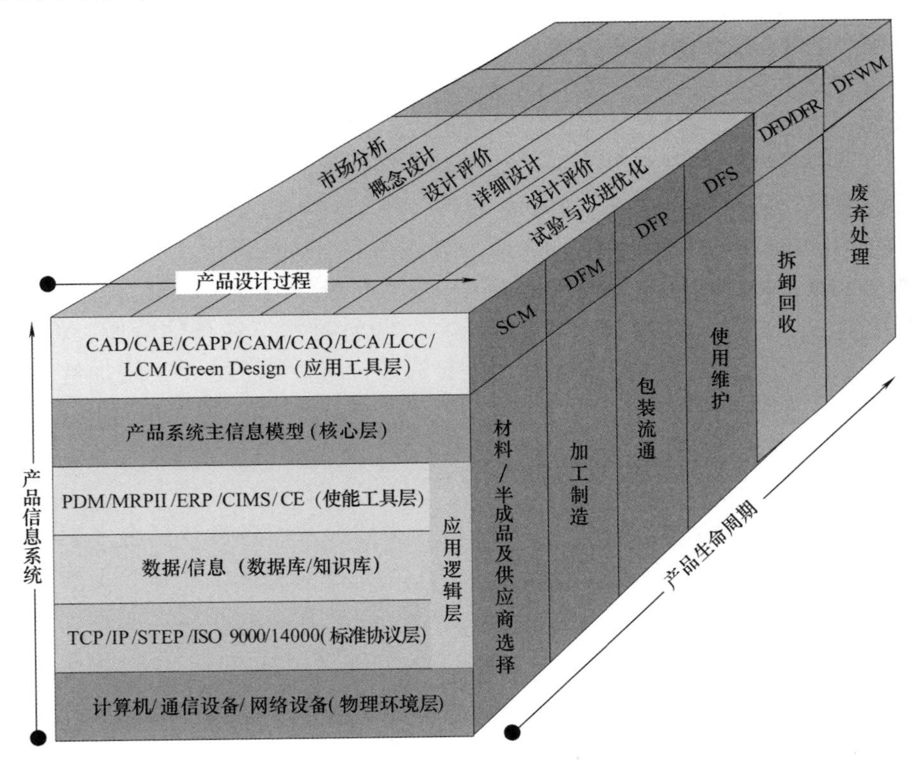

图 3-2　机电产品绿色设计体系架构

从产品生命周期维度来看，绿色设计将设计范围拓展到了传统设计较少关注的产品退役阶段。从人类诞生开始，人类便不断从自然界获取资源制造产品供消费者使用，但如何将承载资源和能源的退役产品进行回收、拆解、重用、再制造、再利用以及安全处理处置，却只有几十年的历史，其中还有许多工作需要去研究。

产品信息系统维度主要包含支撑设计的物理环境层、标准协议层、数据库/知识库、使能工具层、核心层和应用工具层。只是绿色设计在各层都需要丰富与资源、能源、环境和人体健康方面的知识与信息。例如，标准协议层会增加RoHS指令、WEEE、ErP、能源之星、REACH等绿色指令，增加ISO 14040～14049、绿色设计产品评价等标准与技术规范；核心层会增加产品资源、能源、环境、安全与健康的设计信息；应用工具层会增加生命周期评价方法与工具、生命周期成本方法与工具、绿色设计方法与工具。

产品设计过程维度仅仅从过程的角度看似乎并没有什么不同，包含市场分析、概念设计及设计评价、详细设计及设计评价、试验与改进优化等流程。但各流程中的设计内容却因绿色设计增加了不少。例如，市场分析是获取设计需求的环节。影响设计的需求内容包含用户特征、用户需求、技术需求、协作需求、管理需求和环境需求等方方面面。这些不同维度的需求中有相当一部分是相关的，有些甚至是相互冲突的。绿色设计中的环境需求往往就会与产品原有性能之间存在矛盾。以汽车节省燃油为例，轻量化是重要的技术手段，但轻量化却会对汽车的被动安全性、振动、噪声等性能产生影响。同样的，绿色设计将产品的生命周期延伸至其退役之后，则势必增加易拆解性、易再制造性、易再利用性等新的设计需求。市场分析的内容较传统设计明显增加，就必然要求在概念设计、详细设计阶段创新设计方法、设计准则，在评估阶段，将资源、能源、环境和安全健康方面指标融入原有的评价指标体系之中，增加针对环境影响的生命周期评价方法。

3.2.3 绿色设计的设计思想与方法

技术、环境和经济三方面的设计需求，必然导致绿色设计具有多学科融合和多种设计方法集成的特点，在设计思想上也就需要系统论和并行工程等理论的支持。

1. 系统论的设计思想

系统论研究的系统、要素、环境三者的相互关系和变动的规律性，从而实现优化系统的目的。从科学工具的角度来看系统论，系统论又是具有哲学价值的方法论，其研究的是如何认识和创造事物。系统论虽然并非是一种设计方法，但它却是绿色设计的最基本的设计思想。原因如下：

首先，这是由绿色设计活动本身的范围决定的。绿色设计是将需求转化为有形（或无形）的产品、创造财富的过程，设计活动中必然涉及人、财、物、组织、技术、方法等方方面面的要素，涉及机械、电子、材料、信息、计算机、环境科学、自动化、经济、管理等学科的理论和方法，因此只有从系统的角度把控设计活动，才能实现设计活动总体优化。简单地说就是绿色设计是一个复杂的系统工程，设计活动不能随心所欲，受到来自各方面的约束，必须运用系统工程的原理和方法来规划和组织设计活动。

其次，更加丰富的绿色设计目标也要求运用系统论的思想。绿色设计在原来只强调技术经济性能的传统设计基础上，增加了有关环境协调性的内容，这些设计目标不仅多具有相关性，而且部分目标和设计要素甚至存在矛盾和冲突。为了避免因片面追求某一目标，或者解决设计要素中的冲突，也要求从整体的、综合的角度来分析问题，以期在技术与艺术、功能与形式、环境与经济、环境与社会等联系中寻求一种平衡和优化。

最后，系统论是驱动海量生命周期信息在设计中得以正确应用的方法论。绿色设计所需信息涉及产品整个生命周期过程中的各种市场、技术、环境、经济以及法律法规等内容。由于跨越整个生命周期，不仅信息量大，而且信息跨越的时间长、空间广，关联性复杂，因此应用系统论将有助于分析信息的影响范围、影响方式和影响程度，识别设计中的主要矛盾和次要矛盾，做到有的放矢。例如轿车能耗，只有在系统分析轿车生命周期能耗之后，如图3-3所示，才能准确地确定其能耗主要集中在使用阶段，才能针对发动机采用稀混合气、直接喷射、可变气缸、空载速度控制、降低摩擦损失、减小功率损耗等设计技术，提高发动机燃油效率。

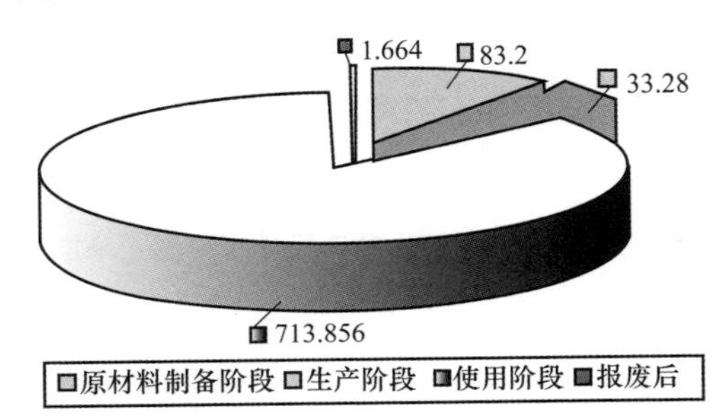

图3-3　轿车全生命周期能源消耗饼图（单位为Btu㊀，英制热量单位）

2. 并行工程

并行工程是集成地、并行地设计产品及其相关过程的系统方法。并行工程要求设计人员在一开始就考虑产品从概念形成到报废的整个生命周期中各类设计要素，包括质量、成本、环境、进度计划和用户要求。可见，并行工程本身就与绿色设计特征吻合。

㊀ 1Btu = 1055.0558526J。

由于并行工程始终站在产品生命周期全过程来整体规划和开展设计活动，因此有利于打破传统组织架构产生的部门分割，有利于参与者形成协同效应，有利于重构产品开发过程，也有利于多学科知识融合与多种设计方法集成。而在设计初期就考虑产品生命周期各环节的设计要素，也有助于将资源、能源、环境以及安全健康等绿色需求与功能、性能、工艺以及经济性能有机集成起来，从全生命周期的角度实现绿色产品。以轿车有害气体排放为例，由图 3-4 可知，轿车在使用阶段有害气体排放最多。为了减少有害气体排放对环境和生命健康的危害，则可在设计时就尽可能针对使用阶段排放采取措施，如采用以三元催化转化器为代表的催化转化装置、微粒捕集系统、燃油蒸发控制装置等机外净化措施，或者设计新的发动机结构保证燃油的完全燃烧，从根本上减少有害气体排放。总之，绿色设计必然是并行工程思想的应用。

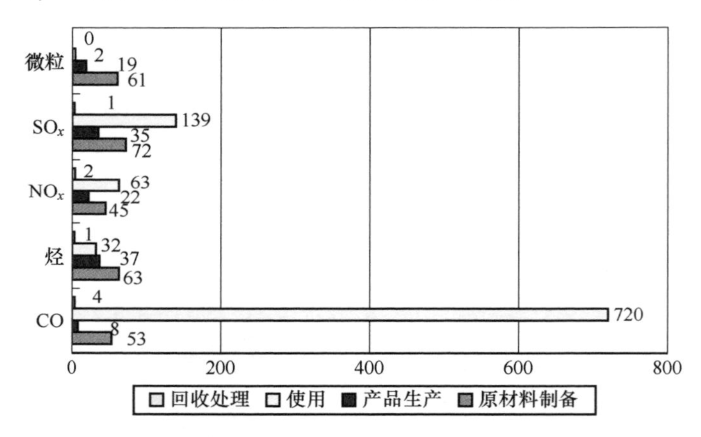

图 3-4　轿车全生命周期有害气体排放条形图（单位为 lb[⊖]）

3. 绿色设计方法

要实现绿色产品的开发，仅仅依靠系统论、并行工程等设计思想和方法论显然是不够的。要真正落实到具体产品，需要具体的绿色设计方法，图 3-5 ~ 图 3-7 分别从绿色设计方法与可靠性、绿色属性评估与检测、基础数据库与绿色工业软件三方面列举了一些相关的方法和工具。

需要说明的是，此处将绿色设计分为以能源、资源、环境、安全与健康为目标的设计和生命周期工程设计两个维度，并将可靠性纳入绿色设计的范畴。这是因为当把产品的整个生命周期纳入设计范畴，则可靠性对资源消耗、能源消耗以及排放都有显著影响。在绿色属性评价方面把评估和检测综合考虑，这

⊖ 1lb = 0.45359237kg。

绿色设计方法与可靠性
以能源、资源、环境、安全与健康为目标的设计
面向能源的设计
新能源驱动
物场理论
轻量化设计
高能效部件设计
系统节能设计
低能耗工艺设计
能源回收系统设计
…
面向资源的设计
新材料替代
物场理论
高资源利用率设计
结构轻量化设计
资源减量化
无废少废工艺设计
资源可回收性设计
…
面向环境与安全的设计
有害物质替代
低碳设计
有害物质减量化
污染减排设计
高空间集成度设计
宜人性设计
安全性设计
…
可靠性及其环境评估
风险因素识别
风险评估
可靠性分配
可靠性设计
寿命设计
故障与失效机理
失效环境影响评估
…
生命周期工程设计
DFX
面向制造的设计
面向装配的设计
面向使用维护的设计
面向拆卸的设计
面向再制造的设计
面向回收再利用的设计
…
并行设计/集成设计/知识图谱及设计知识的快速构建算法

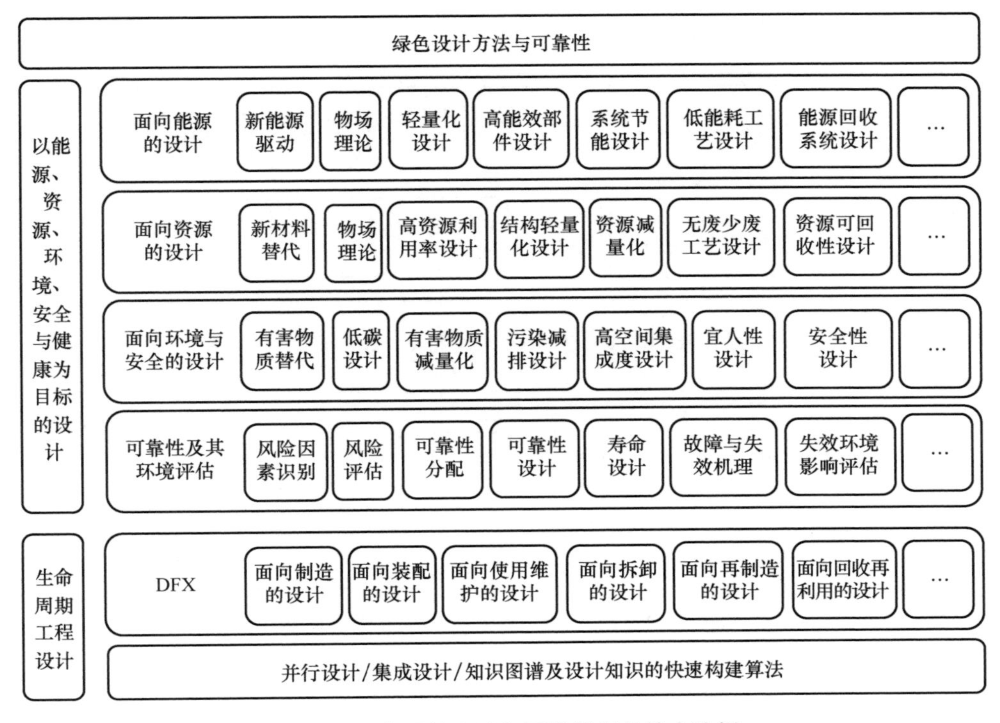

图 3-5　绿色设计方法与可靠性相关的方法例

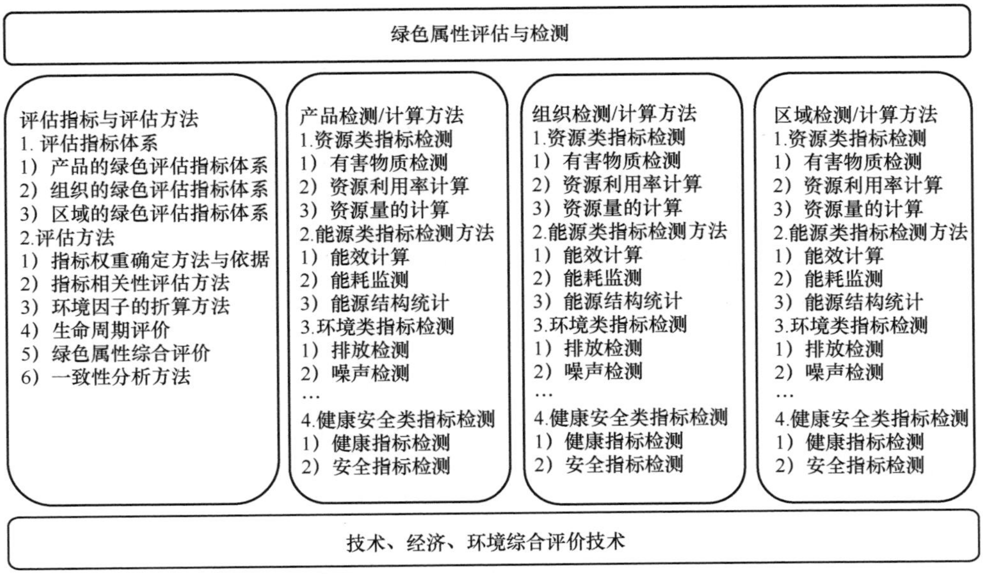

绿色属性评估与检测
评估指标与评估方法
1. 评估指标体系
1）产品的绿色评估指标体系
2）组织的绿色评估指标体系
3）区域的绿色评估指标体系
2.评估方法
1）指标权重确定方法与依据
2）指标相关性评估方法
3）环境因子的折算方法
4）生命周期评价
5）绿色属性综合评价
6）一致性分析方法
产品检测/计算方法
1.资源类指标检测
1）有害物质检测
2）资源利用率计算
3）资源量的计算
2.能源类指标检测方法
1）能效计算
2）能耗监测
3）能源结构统计
3.环境类指标检测
1）排放检测
2）噪声检测
…
4.健康安全类指标检测
1）健康指标检测
2）安全指标检测
组织检测/计算方法
1.资源类指标检测
1）有害物质检测
2）资源利用率计算
3）资源量的计算
2.能源类指标检测方法
1）能效计算
2）能耗监测
3）能源结构统计
3.环境类指标检测
1）排放检测
2）噪声检测
…
4.健康安全类指标检测
1）健康指标检测
2）安全指标检测
区域检测/计算方法
1.资源类指标检测
1）有害物质检测
2）资源利用率计算
3）资源量的计算
2.能源类指标检测方法
1）能效计算
2）能耗监测
3）能源结构统计
3.环境类指标检测
1）排放检测
2）噪声检测
…
4.健康安全类指标检测
1）健康指标检测
2）安全指标检测
技术、经济、环境综合评价技术

图 3-6　绿色属性评估与检测相关的方法例

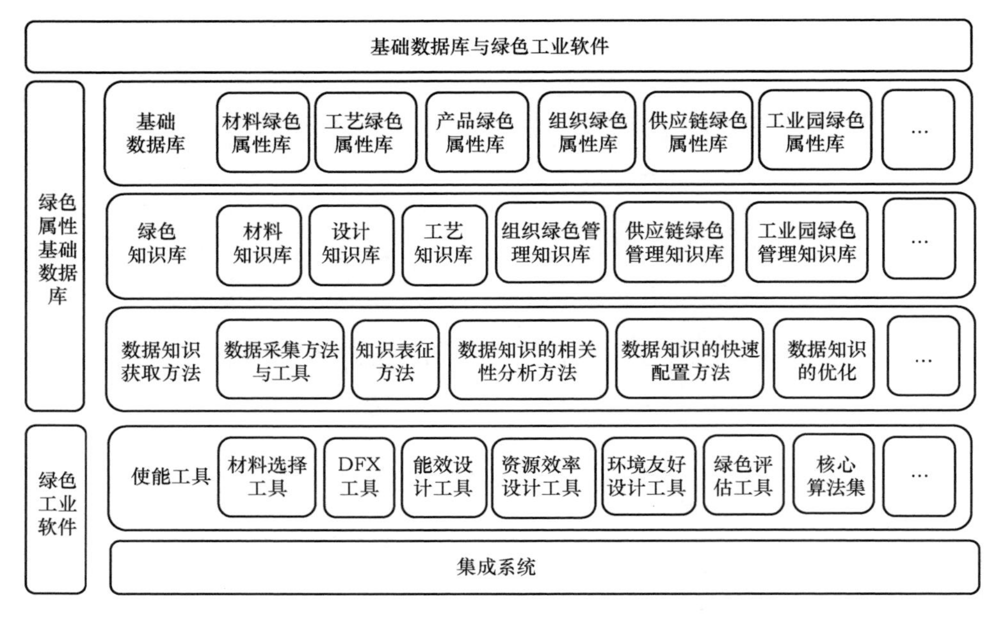

图 3-7　基础数据库与绿色工业软件工具例

是因为评估的基础是检测，所以图中把检测分为产品、组织和区域三个层次，以获取不同范围的数据支撑评估。在基础数据库和绿色工业软件工具方面，无论设计、可靠性还是评估，在国内都缺少数据和软件工具的支撑，还需要做的工作也很多。

参考文献

[1] 高洋．基于多目标决策的绿色产品设计方案生成方法研究［D］．合肥：合肥工业大学，2008.

[2] 山本良一．环境材料［M］．王天民，译．北京：化学工业出版社，1997.

[3] 万杰，袁潇娴，吴功德，等．2019 年环境材料热点回眸［J］．科技导报，2020，38（1）：93-107.

[4] 杨伟楠，王书墨．环境材料的概念、特点与评判依据初探［J］．世界环境，2019（2）：58-60.

[5] 刘爽，梁瀚颖，刘雪松，等．2020 年环境材料与技术热点回眸［J］．科技导报，2021，39（1）：174-184.

[6] 刘芳，宁王越，孙瑞侠．材料数据库的现状与发展趋势［J］．科技创新导报，2018，15（34）：149-151.

[7] 吴思远，王宇琦，肖睿娟，等．电池材料数据库的发展与应用［J］．物理学报．2020，69（22）：9-16.

[8] 尹海清，刘国权，姜雪，等．中国材料数据库与公共服务平台建设 [J]．科技导报，2015，33（10）：50-59.
[9] 郭启雯，才鸿年，王富耻，等．材料数据库系统在选材评价中的综合应用研究 [J]．材料工程，2012（1）：1-4.
[10] 吴彤彤，吴金卓，王卉，等．缓冲包装材料经济性与环境影响评价研究进展 [J]．包装工程，2021，42（9）：17-24.
[11] 郭安福，唐娟，徐婕，等．基于全生命周期理论的生物质包装材料环境友好性模型与评价 [J]．化工新型材料，2017，45（7）：138-140.
[12] 叶勇松，黄璇璇，郭双全，等．航空发动机碳化硅基复合材料环境性能评价研究进展 [J]．航空维修与工程，2016（8）：32-35.
[13] 甄凤，蒋红妍．基于泛环境函数法的材料绿色度评价 [J]．水利与建筑工程学报，2008，6（3）：119-120.
[14] 曹标，郑建国．环境协调材料 LCA 评价方法简介 [J]．科学技术与工程，2006，6（13）：1869-1871.
[15] 刘天星，胡聃．北京住宅建设的环境影响：1949～2003 年 从生命周期角度评价建筑材料的环境影响 [J]．中国科学院研究生院学报，2006，23（2）：231-241.
[16] 狄向华，聂祚仁，王志宏，等．材料环境协调性评价的标准流程方法研究 [J]．材料导报，2002，16（3）：62-64.
[17] 左铁镛，聂祚仁，狄向华，等．中国材料环境协调性评价研究进展 [J]．材料导报，2001，15（6）：1-3.
[18] 向东，张根保，汪永超，等．材料绿色特性的寿命循环评价研究 [J]．机械工程材料，1999（2）：5-8.
[19] 第一机械工业部新技术宣传推广所．机械制造业生产节约汇编 [M]．北京：机械工业出版社，1958.
[20] 顾海澄，何家文．节约金属材料手册 [M]．北京：机械工业出版社，1995.
[21] 陈燕，蒋志一，胡小春，等．基于分段排样的铁芯迭片混合下料优化算法 [J]．锻压技术，2021，46（2）：34-39.
[22] 张胜芝，卞延庆．客车板材下料排版工艺优化与实践 [J]．客车技术与研究，2020，42（5）：46-48.
[23] 黎凤洁，崔耀东，陈秋莲．面向可加工性的卷材优化下料方法 [J]．锻压技术，2020，45（2）：67-72.
[24] 康新梅．钣金工下料节约材料的途径 [J]．化工设计通讯，2019，45（7）：130.
[25] 江亚，江志刚，张华，等．面向绿色制造的少切削液加工工艺参数优化 [J]．机械设计与制造，2016（9）：127-130.
[26] 陈刚，路新，章林，等．钛及钛合金粉末制备与近净成形研究进展 [J]．材料科学与工艺，2020，28（3）：98-108.
[27] 李月樵，朱建胜，李凝，等．铝合金轮毂近净成形技术工艺研究进展 [J]．铸造技术．2020，41（11）：1095-1098.
[28] 尚峰，乔斌，贺毅强，等．氧化铝陶瓷基复合材料的近净成形制备技术研究现状 [J]．

热加工工艺，2017，46（10）：35-37.
[29] 单忠德，张帅，顾兆现．砂型数字化柔性挤压近净成形化算法研究［J］．机械工程学报，2016，52（13）：149-155.
[30] 夏春林，魏志坚，叶俊青，等．近净成形技术在航空锻件中的应用［J］．新技术新工艺，2014（3）：27-29.
[31] 汪永超，张根保，向东，等．面向节省资源设计［J］．机械与电子，1999（4）：28-31.
[32] 孙恩召．企业节约能源技术［M］．北京：国防工业出版社，1984.
[33] 胡正旗．机械工厂节能设计及使用手册［M］．北京：机械工业出版社，1992.
[34] 刘飞，徐宗俊，但斌，等．机械加工系统能量特性及其应用［M］．北京：机械工业出版社，1995.
[35] 实用节能机器全书编辑委员会．实用节能全书［M］．郭晓光，刘光仁，沈金星，等译．北京：化学工业出版社，1987.
[36] 冯彬彬，袁全，胡旭辉，等．大长径比固体火箭发动机壳体轻量化设计［J］．复合材料科学与工程，2021（5）：43-48.
[37] 吴峰，曾晖，陈强，等．大型浮选机槽体轻量化设计研究［J］．有色金属（选矿部分），2021（3）：126-130.
[38] 智广信，邵宏运，瞿荣泽．船舶轻量化设计方法综述［J］．青岛远洋船员职业学院学报，2020，41（2）：43-46.
[39] 韩启龙．汽车结构设计轻量化设计方法综述［J］．汽车与驾驶维修（维修版），2017（9）：97.
[40] 刘厚林．城轨车辆轻量化设计发展方向研究［J］．机械设计，2018，35（10）：105-109.
[41] 武士祺，向东，王翔，等．开放式架构产品的稳健性能匹配设计方法［J］．机械设计与制造，2020（8）：3-6.
[42] 游孟醒，刘学平，向东，等．基于因果模型的耗能机电产品性能匹配方法研究［J］．机电产品开发与创新，2019，32（2）：1-4.
[43] 邓瀚晖，潘晓勇，向东，等．面向性能设计的耗能机电产品能量流研究［J］．机械设计与制造，2018（9）：1-4.
[44] 高浪．基于能量流的耗能机电产品性能匹配方法研究［D］．北京：清华大学．2015.
[45] FIKSEL J. Design for enviroment：creating eco-efficient product and processes［M］．New York：McGraw-Hill，1996.
[46] 吴茜．对环境敏感区域建设项目环境保护设计的探讨［J］．水利水电技术（中英文）．2021，52（S1）：263-265.
[47] 王建伟．环境保护措施在煤矿设计中的应用［J］．资源节约与环保，2019（6）：4-5.
[48] 周理．有色金属建设工程总图设计中的生态环境保护［J］．有色金属工程，2012，2（4）：46-49.
[49] 张传秀，倪晓峰．热镀锌板（卷）工程设计中的环境保护问题［J］．冶金动力，2004（5）：54-57.
[50] 杨涛林，余博．铸造车间设计中的环境保护措施［J］．铸造设备与工艺，2014（2）：27-29.

[51] 李爱梅．电镀锡板工程设计中的环境保护问题［J］．冶金动力，2016（6）：4-7.

[52] 曹祥哲．人机工程学［M］．北京：清华大学出版社，2018.

[53] 丁玉兰．人机工程学［M］．5版．北京：北京理工大学出版社，2017.

[54] 苟锐．设计中的人机工程学［M］．北京：机械工业出版社，2020.

[55] ALTING L. Life circle design［J］．Concurrent engineering，1991（6）：19-27.

[56] ALTING L. Life-cycle design of products：a new opportunity for manufacturing enterprises［J］．Concurrent engineering，1991（9）：8.

[57] 汪劲松，段广洪，李方义，等．基于产品生命周期的绿色制造技术研究现状与展望［J］．计算机集成制造系统-CIMS，1999，5（4）：1～8.

[58] 胡军军．机电产品生命周期设计理论和方法的研究：研究方法、产品模型、回收理论及应用［D］武汉：华中理工大学，1999.

[59] 李方义．机电产品绿色设计若干关键技术的研究［D］．北京：清华大学，2002.

[60] UDAY R PARIKH U R. Life cycle accounting：towards life cycle design［J］．International Journal of LCA，2002，7（3）：183.

[61] 冯志君，周德俭．基于全生命周期评价的复杂机电产品设计管理系统［J］．机械设计与研究，2016，32（3）：81-84.

[62] 王天宇，张运芝，杨迪．浅谈DFM面向制造的设计开发应用［J］．科学中国人，2017（7X）：206.

[63] JAISWAL S A，DARIUS G S. An over-view of the applications of DFA（design for assembly）techniques on automobile components for reducing assembly time and cost［J］．IOP Conference Series：Materials Science and Engineering，2021，1123（1）：012003.

[64] PAKRAVAN M H，MACCARTY N A. Design for clean technology adoption：integration of usage context，user behavior，and technology performance in design［J］．Journal of Mechanical Design，2020，142（9）：1-37.

[65] JOVANE F，ALTING L，ARMOLLOTTA A，et al. A key issue in product life cycle：disassembly［J］．CIRP Annals，1993，42（2）：651-658.

[66] KUO T C，ZHANG H C，HUANG H S. Disassembly analysis for electromechanical products：a graph-based heuristic approach［J］．International Journal of Production Research，2000，38（5）：993-1007.

[67] WANG W J，TIAN G D，ZHANG T Z，et al. Scheme selection of design for disassembly（DFD）based on sustainability：A novel hybrid of interval 2-tuple linguistic intuitionistic fuzzy numbers and regret theory［J］．Journal of Cleaner Production，2021，285：124724.

[68] YODA K，IRIE H，KINOSHITA Y，et al. Remanufacturing option selection with disassembly for recovery rate and profit：special issue on design and manufacturing for environmental sustainability［J］．International Journal of Automation Technology，2020，14（6）：930-942.

[69] AMBROSINI A. Design for recycling：The circular economy starts here［J］．MRS Bulletin，2020，45（12）：989.

[70] 王淑旺．基于回收元的回收设计方法研究［D］．合肥：合肥工业大学，2004.

[71] NAVIN CHANDRA D. Design for environmentability［C］//Proceedings of the design theory

and methodology Conference. Miami：ASME，1993.

[72] GIBBONS H J. Green Products by Design-Choice for a Cleaner Environment [C]. Washington：Congress of the United States Office of Technology Assessment，1993.

[73] MIZUKI C，SANDBORN P. A，PITTS G. Design for Environment - A Survey of Current Practices and tools [C]. 1996 IEEE International Sysposium on Electronics and the Environment，1996.

[74] 曾勇，张执南. 面向环境的设计：一个创新设计的理论与方法 [J]. 上海交通大学学报，2019，53（7）：881-883.

[75] 索尼（中国）有限公司. 索尼环保设计基准 [EB/OL]. [2021-11-17]. https：//www. sony. com. cn/zh-cn/cms/csr/hjzr/lscp/hbcp. html.

[76] 索尼（中国）有限公司. 索尼典型绿色产品 [EB/OL]. [2021-11-17]. https：//www. sony. com. cn/zh-cn/cms/csr/hjzr/lscp/dxdlscp. html.

[77] 夏普商贸（中国）有限公司. 夏普 2015 年可持续发展报告 [R/OL]. [2021-11-17]. https：//global sharp/corporate/eco/report/backnumber/pdf/esr2015c. pdf.

[78] 东芝（中国）有限公司. 东芝 2018 环境报告书 [R/OL]. [2021-11-17]. http：//www. toshiba. com. cn/download/2018hjbgs. pdf.

[79] Apple（中国）有限责任公司. Apple2019 环境责任进展报告 [R/OL]. [2021-11-17]. https：//www. apple. com. cn/environment/pdf/Apple_Environmental_Responsibility_Report _2019. pdf.

[80] Apple（中国）有限责任公司. Apple iPhone Xs 环境报告 [R/OL]. [2021-11-17]. https：//www. apple. com/environment/pdf/products/iphone/iPhone_XS_PER_sept2018. pdf.

[81] 惠普贸易（上海）有限公司. 惠普 2017 年可持续发展报告 [R/OL]. [2021-11-17]. http：//h20195. www2. hp. com/v2/GetDocument. aspx？docname = c05968415.

[82] 华为投资控股有限公司. 华为 2017 年可持续发展报告 [R/OL]. [2021-11-17]. https：//www-file. huawei. com/-/media/corporate/pdf/sustainability/2017-huawei-sustainability-report-cn. pdf？la = zh.

[83] 华为投资控股有限公司. 产品环境信息 [EB/OL]. [2021-11-17]. https：//consumer. huawei. com/en/support/product-environmental-information.

[84] 华为投资控股有限公司. 2019 年可持续发展报告 [EB/OL]. [2021-11-17]. https：//www-file. huawei. com/-/media/corp2020/pdf/sustainability/2019-sustainability-report-cn-v3. pdf.

[85] 工业和信息化部办公厅关于公布工业产品绿色设计示范企业名单（第一批）的通知 [EB/OL]. [2021-11-17]. http：//www. gov. cn/xinwen/2019-11/25/content_5455456. htm.

[86] PAHL G，BEITZ W. Engineering design：a systematic approach [M]. London：Springer-Verlag，1996.

[87] SUH N P. 公理设计：发展与应用 [M]. 谢友柏，袁小阳，徐华，等译. 北京：机械工业出版社，2004.

[88] HAN W J. Life cycle assessment applications to automobile [C]. Proceedings of the International Symposium On Sustainable Manufacturing，1999.

第4章

生命周期设计关键技术

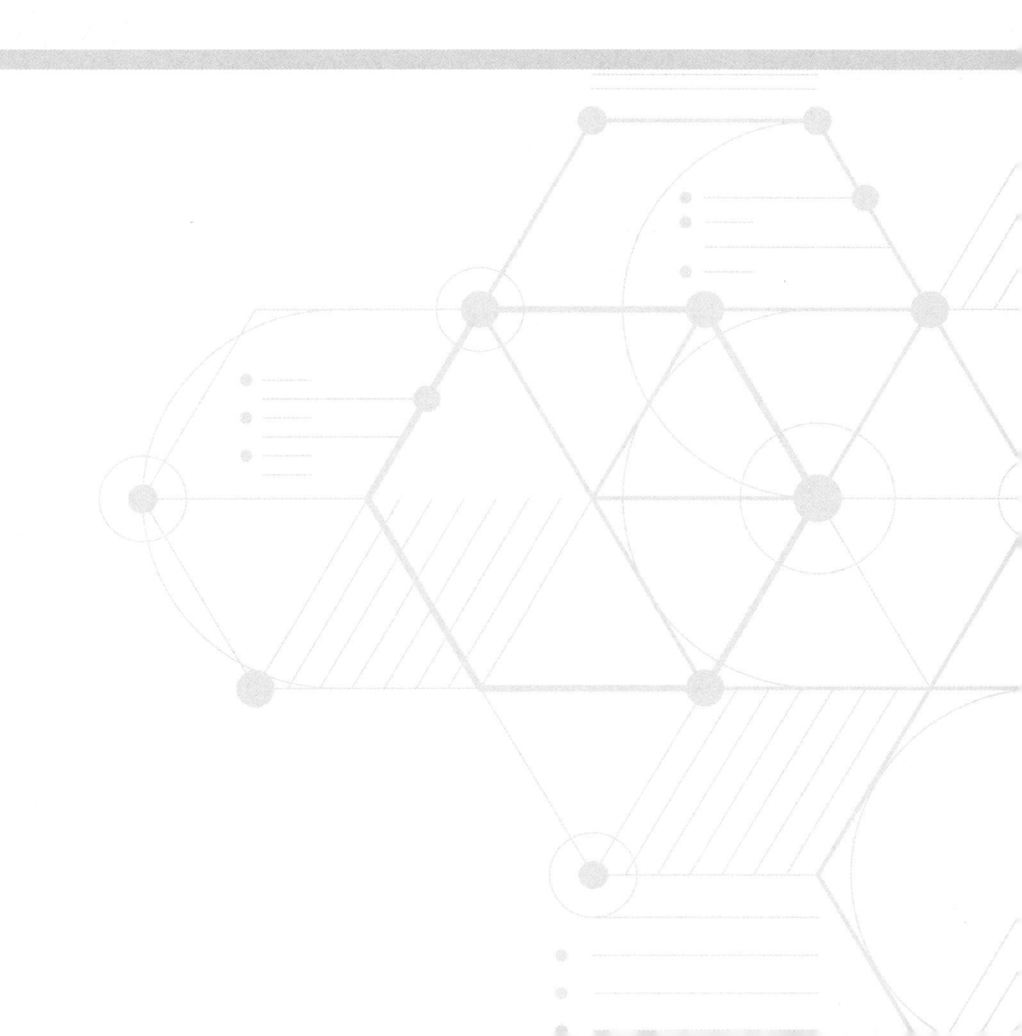

4.1 绿色设计中的材料选择及绿色材料

材料是承载产品功能性能的物质基础，在很大程度上决定了产品的绿色性能，故材料选择以及绿色材料开发是产品设计中的重要一环，受到世界各国，特别是工业国家的普遍关注。

4.1.1 材料选择原则与过程

1. 材料选择原则

材料选择的合理性在很大程度上影响着产品的功能性能以及产品整个生命周期各环节的业务活动。遗憾的是，传统设计方法中的材料选择主要考虑材料性能与零件设计功能的适应性。然而，在成千上万种工程材料中，有许多是有毒有害的、不可再生的、高碳排放的。这些材料的使用必然会给环境和人体健康造成损害。随着人们环境意识的逐步增强和国家环境政策越来越严格，产品环境协调性要求越来越高：产品不仅应满足功能、性能以及经济性要求，还应能有效地保护环境、保护人体健康。因此，绿色设计的材料选择原则应包括材料的技术性、环境协调性以及经济性。

（1）材料的技术性原则

材料的技术性是指材料的技术参数，如材料的力学性能（强度、延展性、硬度、耐磨性等）、物理性能（密度、导热性、导电性、导磁性等）、化学性能（抗氧化性、耐蚀性等）等。选择材料时应根据产品功能、性能以及工作环境等要求从适用性和工艺性等方面综合考虑。

1）适用性准则。适用性就是要求所选择的材料必须满足产品功能性能、服役工况的要求，因此适用性是材料选择的必要条件。通常适用性会考虑如下因素：

① 根据工作载荷的大小和性质，应力的大小、性质及其分布状况来选材。这主要是从强度的角度选材。例如，脆性材料原则上只适用于制造在静载荷下工作的零件，若要承受冲击载荷，则应选择塑性材料。当然，后续的生产工艺，如热处理工艺，是可以提高和改善金属材料的使用性能的，因此在选材的时候也应兼顾生产工艺。

② 根据零件的工作环境选材。材料选择应考虑零件工作时所处的环境特点、工况条件，如腐蚀环境、湿热环境、高原环境、低温环境等。例如：

a. 对于接触腐蚀介质的零件，其材料应有良好的防锈和耐腐蚀的能力，如选用铜合金、不锈钢等材料。

b. 对于在特定环境温度下工作的零件，一方面要考虑相互配合的零件材料的热膨胀系数，若相差太大，就会因温度变化时产生过大的热应力，或者造成配合松动；另一方面也要考虑材料力学性能随温度变化的情况，如对于高温状态下工作的零件，材料除了满足静强度要求外，还应该具有足够高的蠕变极限和持久强度，且能抗高温氧化。

c. 对于易磨损零件的工作表面，为了增强耐磨性，延长零件寿命，须提高其表面硬度，为此可选择适于表面处理的渗碳钢、渗氮钢、淬火钢等材料。

③ 根据零件的尺寸选材。零件的尺寸大小与材料品种及毛坯制取方法有关，如选用铸造材料制造毛坯时，一般可以不受尺寸的限制；而用锻造材料制造毛坯时，则必须注意锻压设备的生产能力。此外，零件尺寸的大小还与材料的强重比有关，应尽可能选择强重比大的材料，以便减小零件的尺寸，这也是轻量化的一种手段。

④ 根据零件结构的复杂程度选择材料。零件结构的复杂程度不同会带来制造工艺的繁简，因此也就对材料提出了不同的要求，如结构复杂的零件宜选用铸造毛坯，或用板材冲压出元件后再经焊接而成，或采用工程塑料成型。结构简单的零件可选用锻件或棒料。

2）工艺性准则。材料的工艺性通常会影响后续的制造难度和制造成本。在单件和小批量生产中，材料加工工艺性的影响还不突出，但是在大批量生产中，为了达到最佳的经济规模要求，材料的工艺性就成了重要的选材准则。通常的工艺性有：

① 铸造性能。铸造性包括流动性、收缩性、偏析倾向以及产生热裂、缩孔、气孔的倾向等。金属材料的铸造性能差异很大，如铸铁比锻钢的铸造性能好。

② 压力加工性能。压力加工性能包括冷锻、热锻、轧、辗、冷挤压和冷拔性能等，一般来说，低碳钢的压力加工性能比高碳钢的好，碳素钢比合金钢好。

③ 焊接性。材料具有良好的焊接性，才能获得不低于相连材料本身强度及韧性的接头性能。焊接材料的工艺性是指材料的焊接性及焊缝产生裂纹的倾向性等。在工程应用中，可通过控制成分的碳当量或焊接裂缝敏感性来保证钢材的焊接性。

④ 可加工性。一般用切削抗力大小、零件表面粗糙度、材料硬度以及刀具磨损程度等来衡量其优劣。对于需要大量切削的结构零件应尽可能采用易切削钢。

⑤ 热处理工艺性。热处理工艺性包括淬硬性、淬透性、淬火变形开裂倾向、过热敏感性、回火稳定性、氧化脱碳倾向等，是选择合金钢时不可忽视的重要工艺性能。

⑥ 材料相容性。复合材料的增强纤维与基体之间必须具有良好的相容性，通常用两者的表面张力来衡量。对于使用胶黏剂的材料，也要考虑两者的相容

性。在工程上有时采用涂过渡层来弥补相容性不足。

(2) 材料的环境协调性原则

材料的环境协调性是指材料在其生命周期内节省能源、节省资源、保护环境、保护劳动者的程度，因此应遵循下列环境协调性选材准则：

1) 材料的最佳利用准则。

① 提高材料利用率。材料利用率的提高，不仅有助于减少材料浪费，解决资源枯竭问题，而且还有助于减少各种污染排放，改善环境影响。

② 尽量选择绿色低碳材料，使材料整个生命周期对环境的影响最小。

③ 尽量使用循环利用材料，使材料循环利用与投入比率趋于1。产品报废后资源的有效回收利用对解决目前所面临的资源枯竭问题是非常重要的。

2) 能源的最佳利用准则。

① 在材料生产中应尽可能采用清洁能源，如太阳能、风能、水能、地热能等，以保证材料低碳。

② 在产品的生命周期中，选择有助于减少能源消耗的材料，如家电产品外观材料选择高亮光ABS材料，通过注塑直接达到外观要求，从而减少喷涂工艺及其消耗的能源。

3) 污染最小原则，即材料生命周期过程中产出的环境污染最小。选择材料时必须考虑其对水体、大气、土壤等环境的影响。严重的环境污染会给自然界造成巨大的损害。

4) 健康损害最小原则，即材料生命周期过程中对人体健康的损害最小。材料选择必须考虑材料的辐射强度、腐蚀性、毒性等。

(3) 材料的经济性原则

材料的经济性原则并不是指优先选用价格便宜的材料，而是要综合考虑材料对产品制造、使用、维修乃至报废后的回收处理成本等的影响，以达到最佳技术经济效益，材料的经济性原则主要表现为以下两方面。

1) 材料的成本效益分析。在绿色设计中，产品的成本应该由材料生命周期成本来表示，影响材料成本的主要因素包括：

① 材料自身的相对价格。如果价格低廉的材料能满足使用要求时，就不应选择价格高的材料。这对于大批量制造的零件尤为重要。

② 材料的加工费用。例如制造某些箱体类零件，虽然铸铁比钢板价格便宜，但在批量小时，选用钢板焊接反而成本更低，因为其可以省掉铸模的生产费用。

③ 材料的利用率。例如采用无切削和少切削毛坯（如精铸、精锻、冷拉毛坯等），可以提高材料的利用率。此外，在结构设计时也应设法提高材料的利用率。

④ 采用组合结构。例如火车车轮是在一般材料的轮芯外部热套上一个硬度高、耐磨损的轮箍，这种选材原则方法常叫局部品质原则。

⑤ 节约稀有材料。例如用铝青铜代替锡青铜制造轴瓦，用锰硼系合金钢替代铬镍系合金钢等。

⑥ 材料的循环利用成本。材料的循环利用的成本往往低于原生材料，在材料性能保证的情况下应尽可能选用循环利用的材料。

2）材料的供应状况。

① 选材时还应考虑当时当地材料的供应情况。

② 对于有供应风险的材料，选材时应进行风险评估。

③ 为了简化供应和贮存的材料品种，应尽可能地减少同一部机器上使用的材料品种。

2. 材料选择流程

根据上面的选材原则，可以得到产品绿色设计的材料选择流程，如图4-1所示。材料选择主要包括下面6个步骤。

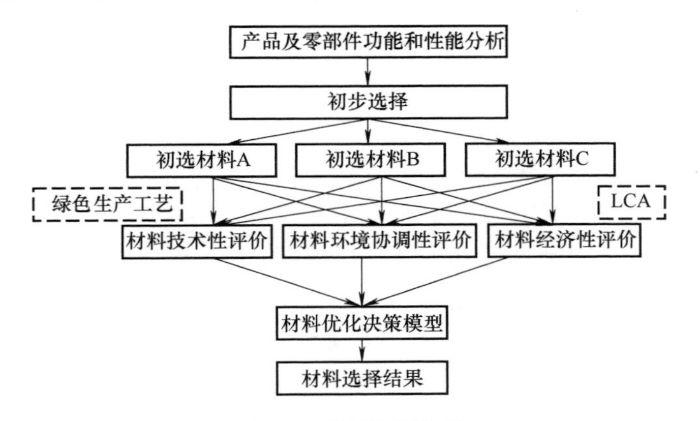

图4-1 材料选择流程

（1）产品及零部件功能和性能分析

用户购买产品，重点关注的是产品的功能和性能，因此所选择的材料必须能够胜任产品功能性能的要求。这就是说选择材料前首先要分析和定义所要设计产品的功能和性能，并初步确定其实现方法。功能分析通常包括功能定义和功能整理，功能定义是指通过限定功能的内容，使该产品或零部件区别于其他事物。由于定义的功能可能较多，而且功能彼此之间并不独立，为了把这种内在联系表现出来就必须使其系统化。这种将各部分功能按一定逻辑关系排列起来使之系统化的工作就叫功能整理。有关功能性能分析的方法可以参考相关文献。基于产品及零部件功能性能的定义，便可进行材料的初步选择了。

（2）初步选择

初步选择就是在对产品及零部件功能性能分析的基础上，通过初步工程计算与经验判断的方法，实现材料的初选。举个简单的例子，确定传动轴的直径，一开始设计时往往并不知道支反力的作用点，也就不能确定弯矩的大小和分布情况，因而也就无法按照轴所受的实际载荷来确定其直径。这时，通常先根据轴所传递的转矩，按扭转强度来初步估算轴的直径和选择材料，其方法如下：

1）传动轴受到转矩作用时，其强度条件为

$$\tau_T=\frac{T}{W_T}\approx\frac{9550000\dfrac{P}{n}}{0.2d^3}\leqslant[\tau]_T$$

式中，τ_T为扭转切应力，MPa；T 为轴传递的转矩，N · mm；W_T为轴的抗扭截面模量，mm^3；n 为轴的转速，r/min；P 为轴传递的功率，kW；d 为计算截面处轴的直径，mm；$[\tau]_T$为许用扭转切应力，MPa。

2）计算其切应力，然后与备选材料的最大许用切应力进行比较，并根据经验选择出一些合适的材料。在此基础上便可进行材料的技术性、环境协调性以及经济性分析与评价，以获得最优材料。

（3）材料技术性评价

材料技术性评价是实现绿色产品功能和性能的保证，是材料选择时应考虑的主要因素。它主要包括材料的强度（抗拉强度、弯曲强度、剪切强度等）、材料的疲劳特性、材料的刚度、材料的稳定性、抗冲击性、材料的工艺性能（焊接性、可加工性、铸造性能、压力加工性能等）、耐蚀性、导电性等。由于材料功能和性能方面的各项指标（如材料的物理力学性能）往往都不是一个固定值，而是在一定范围内随机波动的，因此多采用可靠度、期望值以及置信度等统计指标来衡量材料选择的可靠性，目前已经有许多专著对材料可靠性设计进行了详细阐述，这里就不赘述。

（4）材料环境协调性评价

材料环境协调性是产品重要的绿色属性，对其评价可采用生命周期评价方法。关于生命周期评价的基本原理和方法在第 2 章已经进行了详细介绍，此处只针对材料生命周期评价强调两点。

1）因产品及其零部件的功能和性能不同，在进行材料环境协调性评价要注意选择合理的功能单位，因为这是获取正确评价结果的基础。

2）关于产品退役后，材料循环利用的环境影响评价，这是一个值得仔细分析的难题。因为当前市场上的再生材料往往不是全部使用回收所得材料，这里存在一个数据分配方法的问题。合理的数据分配方法对于再生材料的环境影响有较大的敏感性。

（5）材料经济性评价

材料的经济性在一定程度上决定了产品的经济性，对材料进行经济性评价

时，必须从生命周期的角度出发进行成本分析，其生命周期成本模型为

$$\text{MLCC} = \text{CE} + \text{CT} + \text{CM} + \text{CU} + \text{CR} \tag{4-1}$$

式中，MLCC 为材料的生命循环成本；CE 为在材料制备阶段的成本；CT 为材料在运输阶段的成本；CM 为材料在产品制造阶段的成本；CU 为材料在产品使用阶段的成本；CR 为材料在产品回收阶段的成本。

当从经济性角度进行备选材料比选时，其判别准则为：MLCC 最小的材料为最优。

（6）材料优化决策模型

影响材料选择的因素主要有材料的技术性、环境协调性和经济性，这些因素之间是相互影响、相互联系、相互制约的，因此在材料选择时要综合考虑。实际选材时，通常以经济性为目标，以技术性和环境协调性为约束，可以建立材料选择的优化模型框架：

$$\min \text{MLCC} = \text{CE} + \text{CT} + \text{CM} + \text{CU} + \text{CR} \tag{4-2}$$

$$\text{s. t.}: T_i(t_1, t_2, \cdots, t_i, \cdots) \leqslant T_g(t_1, t_2, \cdots, t_i, \cdots)$$

$$E_a(e_1, e_2, \cdots, e_i, \cdots) \leqslant E_g(e_1, e_2, \cdots, e_i, \cdots)$$

式中，$T_i(t_1, t_2, \cdots, t_i, \cdots)$为材料的技术性指标函数；$T_g(t_1, t_2, \cdots, t_i, \cdots)$为材料的技术性指标函数的目标值；$t_i$为材料选择的第 i 项技术指标；$E_a(e_1, e_2, \cdots, e_i, \cdots)$为材料的环境协调性指标函数；$E_g(e_1, e_2, \cdots, e_i, \cdots)$为材料的环境协调性指标函数的目标值；$e_i$为材料选择的第 i 项环境协调性指标。

必须指出，上述框架模型比较全面地反映了材料选择中有关技术性、环境协调性、经济性等各方面的决策因素，但将其应用于具体材料选择时，须根据具体情况确定方程中的各种指标变量。

4.1.2 材料数据库与材料选择专家系统

1. 材料数据库

前面只是从材料选择原则和流程角度进行了方法介绍，但实际材料选择必须有一个数据量丰富的材料数据库做支撑。作为材料开发与选择的基础，材料数据库一直受到美国、欧洲、日本等发达国家和地区的重视。这些国家和地区在 20 世纪 70 年代中期便先后开展了材料数据库的建设工作。

美国国家标准局拥有数十个数据库，其中与材料相关的数据库占比较大，如力学性能数据库，金属弹性性能数据中心，晶体结构库，材料腐蚀数据中心，材料摩擦、磨损数据库，免费材料信息资源数据库。美国材料信息学会（ASM International）、NASA 格林研究中心寿命预测部门和 Granta Design 公司等联合建立的材料数据管理联盟（MDMC），为了维护材料数据的高质量（包括可靠性、权威性等）、可跟踪性、完整性和安全性，保证高质量的数据共享，开发了

Granta MI 软件平台。美国国防部国防技术信息中心也建设了包括先进材料及制备技术的 10 余个国家级数据系统。美国庞大的材料工业数据管理和应用体系，为美国材料工业和制造业保持其世界领先的竞争力发挥了重要作用。美国的 Granta MI 软件平台最初起源于英国剑桥大学的阿什比（Michael F. Ashby）教授和赛邦（David Cebon）博士共同开发的材料工程软件 Granta。阿什比教授还发明设计了 Ashby 图表，并应用于其选材软件工具 CES Selector 中，后来 Granta 获得了美国材料信息学会的投资，这才有了 Granta MI 企业级材料信息管理系统。除此之外，欧洲开发建成了无机晶体结构库（ICSD），成为国际上开展第一性原理计算的支撑数据库，另外还有欧洲热化学数据库，荷兰 PETTER 欧洲研究中心的高温材料数据库（HT-DB）等，瑞士的 Total Materia 材料性能数据库。英国有色金属数据中心、国家物理实验室等 19 个单位也建有各自的材料性能数据库。在日本，其国家材料科学研究所（NIMS）建立的“材料数据平台”包括材料基本特性数据库、聚合物数据库、金属与合金数据库、超导体数据库等多个高质量数据库。另外日本金属研究所、日本金属学会等机构也建有金属材料和复合材料力学性能数据库。

国际上的部分数据库目前已经实现了部分全球共享。例如，美国金属学会与英国金属学会合作开发了金属数据文档库，美国、英国、法国、德国、意大利、加拿大、日本等 7 国联合开发数据库计划（VAMAS）等。美国国家标准与技术研究院（NIST）围绕着材料数据，研发模拟和试验数据的表达与交互作用、计算模型与数据质量评估的标准及工具，提出按照宏观、微观、原子、电子 4 个尺度对数据进行了分类，并与 ASM International 联合创建金属结构材料开放数据库，包含第一性原理计算、物相、量化表征、过程数据以及材料服役等数据。

在国内，材料数据库的研究可追溯到 1977 年 11 月第 1 次全国数据库学术会议。1986 年中国首次派团参加了第 10 届国际科技数据委员会（CODATA）国际学术会议，同年 10 月在北京召开了第 1 次全国材料数据库会议，并在 CODATA 中国全国委员会的领导下，成立了材料数据组，之后研发了一系列不同类别的材料数据库。2001 年底国家启动了科学数据共享工程，逐步建立不同领域的国家级数据共享网。材料领域的数据共享网站有两个，即国家材料环境腐蚀平台和国家材料科学数据共享网，均依托北京科技大学建设。其中国家材料环境腐蚀平台积累了材料腐蚀数据 40 多万个，建立材料环境腐蚀数据库子库 20 个，数据已在天宫一号、天宫二号、大飞机工程等国家重大工程中获得应用。国家材料科学数据共享网的数据已建成材料基础、金属材料、高分子材料、复合材料、无机非金属材料、生物医用材料、能源材料、信息材料、天然材料等材料的数据子库。建成了跨部门、跨地区、异构分布、有序共享的材料科学数据体系。2008 年国家发展与改革委员会还批复组建了国家材料服役安全科学中心，材料服役行为数据采集、管理和应用是建设的重要内容。中国科学院在国家信息化建设专项“数据应用环境建设与服务”项目的支持下，也建立了包括化合物活性数据库、纳米数据库、物性及热化学数据库、纯化合物相变数据库、非电解质体系汽液相平衡数据库、共混聚合物相容性数据库、聚变材料数据库、储氢材料数据库、光学材料库、镀膜材料及膜系数据库、光学晶体数据库、古陶瓷数据库等在内的材料数据库。另外，中国在航空航天、武器装备等专门领域也建设了材料数据库。

相对于材料技术性能数据，材料环境数据的获取和数据库的建设起步相对较晚。目前国内外从事生命周期评价工作的机构和公司正在建立和丰富相关的环境数据库。著名的 LCA 软件 Sima pro，包含有欧美日国家和地区所建立诸多生命周期清单数据库，如 Agri-footprint、AGRIBALYSE、DATASMART LCI package、ecoinvent（included by default，optional on request）、Environmental Footprint database、ESU world food LCA database、European and Danish Input/Output database、EXIOBASE、IDEA Japanese Inventory database、Industry data library（PlasticsEurope，ERASM，World Steel）、Quantis World Food LCA Database、Social hotspots database、US Life Cycle Inventory database、WEEE LCI database 等；GaBi 软件的专业数据库和扩展数据库共有 4000 多条 LCI 数据。其中专业数据库包括各行业常用数据 900 余条，扩展数据库包含了有机物、无机物、能源、钢铁、铝、有色金属、贵金属、塑料、涂料、寿命终止、制造业、电子、可再生材料、建筑材料、纺织数据库、美国 LCA 数据库等 16 个模块。国内有四川大学开发的 LCA 基础数据库（CLCD）、中科院生态环境研究中心开发的 CAS RCEES 数据库、北京工业大学开发的材料清单数据库、中国汽车技术研究中心开发的车用材料基础数据库（AMASS）和中国汽车材料数据管理系统（CAMDS）、同济大学开发的中国汽车替代燃料生命周期数据库、宝钢开发的产品 LCA 数据库等。

综上所述，尽管关于材料数据库受到全球普遍重视，但仍然以材料技术性和经济性数据为主，而材料环境协调性数据相对较少，数据质量也参差不齐，也难以与技术性、经济性较好的综合。相信未来一个基于材料生命周期的，融合技术、经济和环境性能数据的材料绿色属性数据库会逐渐完善，尽管这还有大量的基础性工作要做。

2. 基于材料数据库的材料选择

材料数据库为材料选择提供了一个数据基础，然而材料选择是对材料及形成构件或零部件的过程，以及该构件或零部件对产品的功能与效益进行的识别和评估，其中除了涉及材料自身的技术性能、环境性能和经济性能，还涉及材料从制备、产品使用以及材料回收处理再利用整个生命周期的影响等诸多因素，因此在众多的材料中选出适合的材料是一个相当复杂的过程，需要许多诸如零部件选材案例库、零部件服役行为知识、材料选择的专家知识和经验等做辅助支撑。也就是说，材料数据库除了包含材料的基础性能数据，还包括应用案例库和专家知识库等模块。

基于材料数据库的材料选择依然是基于图 4-1 所示的流程进行的。只是因为数据库丰富的材料数据、应用案例、知识经验，配合数据库强大的存贮能力、检索能力和计算能力，可以使得材料选择更加高效、准确。基于材料数据库的材料选择系统框架如图 4-2 所示。

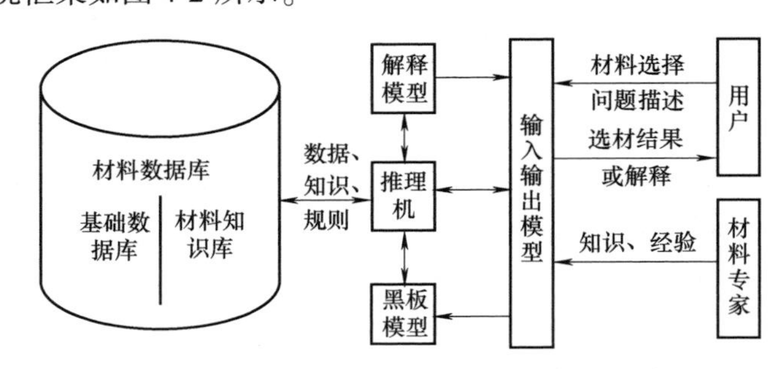

图 4-2　基于材料数据库的材料选择系统框架

实际选材工作中，用户根据工程应用的要求，对材料选择问题进行描述，确定必要、关键的材料常规性能与使用性能。所谓常规性能是指在常温常压下的材料本征性能；使用性能是指与使用环境密切相关的服役性能，如高温、盐雾、高速冲击、湿热等环境下材料的承载或功能特性。然后利用材料基础数据库和材料知识库强大的检索功能筛选出满足关键常规性能和使用性能条件的待评价材料集。待评价材料集中的材料尽管能够满足性能要求，但是否满足经济性、供应保障性、环境协调性则需要构建评价指标集进行综合评价。筛选和评价的工作在选材系统中可以由推理机来完成。

推理机是材料选择系统开发的核心，其功能是按照规则将材料基础数据库、知识库中的信息与材料选择问题建立起关系。即根据用户对选材问题的描述，推理机加载知识库，匹配相关的规则和事实，将中间结果输入黑板模型和知识库中。例如，需要建立分析、评价模型时，推理机调用相关的计算模型进行初步分析，并将结果输入中间数据库中。需要协调案例知识时，调用相关的案例知识，存于黑板中，供推理机使用。推理机中的方法和规则，目前的研究有很多，如类比法、Ashby 图表、层次分析法、模糊综合评价法等，基于这些选材规则和方法，推理机便可推荐出材料的种类（钢、铝合金或钛合金）、品种和牌号等，同时给出此零部件在不同使用环境下，需要考虑材料的相关性能。

为了提高选材结果的可信度，材料选择系统一般还会有解释模型。通过显示问题求解的推理过程路径、数据库中知识、案例的运用状况，对用户提问、推理路径给出必要的、清晰的解释。

基于材料数据库的材料选择已经在航天航空、汽车等产品开发中得到应用。然而，无论选材系统中的推理机还是解释模型，都需要材料数据库中的知识、案例和数据，而这些数据、知识的获取、抽取、表征、融合与加工方法，是材料选择专家系统的关键之所在。计算机领域和材料领域的专家用知识图谱的方法构建这些知识之间的关系。这可能是未来材料数据库更加智能、高效的关键。

4.1.3 绿色材料简介

前面主要讨论的是在绿色产品设计中材料选择的一些原则和方法，但真正要设计出绿色产品，还应加强绿色材料的研发工作。目前，绿色材料的研究和开发已成为全球材料科学工作者关注的热点。经过30多年的发展，已取得了一定的成绩。

1. 材料的轻量化研究

材料轻量化是提高产品能效的重要途径。以汽车为例，其燃油经济性和车体质量之间强相关，统计显示，车体质量降低10%，汽车油耗也降低约10%。采用轻量化的材料是减小车体质量的重要途径之一。目前材料轻量化的研究主要集中在如下几个方面。

1）开发高强度的钢材。在相同的使用条件下，提高钢材强度可有效减小产品及其零部件的质量。欧美日等发达国家和地区从20世纪70年代便开始开发和采用高强度钢材，如添加P元素的钢、复合钢板、热涂时发生时效硬化的BH钢、高残留奥氏体钢以及无间隙原子（IF）钢（通过添加Nb和Ti固定C和N）等。

2）开发高性能低成本的铝合金材料。铝合金密度小，强度较高。以车身面板为例，现在采用的钢制面板厚度为0.7mm，若改为铝合金面板，则厚度必须增加到1.0mm。不过，虽然铝合金的弹性模量为钢的1/3，但是铝合金的密度只有钢的约1/2，因此用铝合金代替钢仍可以使车体面板质量减少约50%。目前，材料工作者在熔化精炼再生材料的提纯技术、易再生循环利用的铝合金、低成本形变铝合金技术等方面的研发已取得了一些重大进展。

2. 材料的长寿命设计

材料的长寿命设计可有效地延长产品的服役期，从而降低投入到建设和制造过程中能源和资源的数量，减轻环境负荷。目前相关研究主要集中在以下几个方面。

1）金属材料。对金属材料而言，就是尽可能确保材料特性保持长期稳定。

2）陶瓷材料。陶瓷材料是地球表面含量丰富的硅、铝、镁等元素的氧化物、碳化物、氮化物。与金属材料、高分子材料相比，陶瓷材料的化学性质稳定，即使在高温和腐蚀极限环境中也可以保证零部件的长寿命。通常认为陶瓷的寿命受抗氧化性、晶界滑移和气孔以及断裂韧性等因素的影响。

3）陶瓷涂层。陶瓷材料成本高、脆性大、延展性差、力学性能分散性大，作为结构部件材料常不能同时满足力学性能和耐热性能两方面的要求。因此开发在力学性能优良的金属材料表面涂覆一层耐热性能和耐蚀性能优异的陶瓷材料的陶瓷涂层技术，是低成本获得零部件长寿命的有效方法。陶瓷涂层技术已在制造业中得到了一定的应用。锅炉传热管陶瓷涂层就是一个很好的例子。

3. 可降解高分子材料

理想的可降解高分子材料是一种具有优良的使用性能、废弃后可被环境微生物完全分解、最终被无机化而成为自然界中碳元素循环的一个组成部分的高分子材料。常用的合成可降解高分子材料的方法有以下几种。

1）利用微生物合成的可降解高分子材料。由于微生物产生的共聚聚酯（生物聚酯）易被栖生在陆地、海洋、江河以及污泥等各种环境中的微生物分解，通过改变共聚聚酯的共聚成分，便可制成从类似晶体一样坚硬的塑料到富有弹性的橡胶等一系列材料，呈现出各种各样的特性。现在英国 ICI 综合化学公司已利用名为 Alcaligences eutrophus 的微生物，将葡萄糖和丙酸发酵合成为共聚聚酯，并已上市出售。华南理工大学利用多种微生物对荷叶中的纤维素、木质素等进行定向降解，制备出具有超高比表面积（$2290m^2/g$）的多级孔碳材料，结果显示微生物定向降解制备的多级孔碳材料具有优异的甲苯吸附性能（最大吸附量为 446 mg/g）。

2）利用植物合成的可降解高分子材料。植物合成的生物降解高分子材料就是通过操作植物的遗传因子，部分控制淀粉高分子链的支化度，从而制造出以廉价的淀粉为主的生物降解塑料。美国的瓦那兰巴特制药公司一直在推进药用淀粉胶囊的应用研究并取得了成功。在此基础上，他们还用淀粉和生物降解高分子的混合物开发出了热塑性生物降解塑料；意大利蒙特爱迪生集团的诺瓦蒙特公司用淀粉和变性聚乙烯醇的混合物开发了名为“Mater-Bi”的生物降解塑料，并投入市场；日本工业技术院四国工业技术研究所成功地开发出了纤维素、脱乙酰多糖天然高分子的复合生物降解塑料。

3）化学合成的可降解高分子材料。大部分化学合成高分子材料不能被微生物分解，但研究表明，某些水溶性高分子材料（如聚乙烯醇、聚乙二醇等）和某些脂肪聚酯［如聚己内酰胺（PCL）等］可被微生物分解。上海昭和高分子公司开发的 Bionol（商品名）高分子材料，熔点为 80～1208℃，制成薄膜的强度与聚对苯甲酸乙二酯（PET）相当。不过，当前可降解塑料的全球市场占比只有约 1%，而全球年产量 6500 万 t 的热固性聚合物却因具有较高的交联度难以被降解和回收利用。为此，学界提出采用玻璃陶瓷转变、强酸溶解和催化分解等策略来提高热固性聚合物的降解回收性能。2020 年 7 月，美国麻省理工学院以聚双环戊二烯（pDCPD）为例，展示了“添加共聚单体获得可降解热固性聚合物”这一策略的可行性。然而，关于热固性聚合物降解的相关技术在材料力学性能稳定性、降解剂的环保性和聚合物单体回收效率等方面均有待提高。

4. 环境治理材料

环境治理材料主要是针对三废等具体环境问题展开的。例如针对废塑料，日本京都工艺纤维大学发现了能够将聚对苯二甲酸乙二醇酯（PET）分解为单体的 Ideonella sakaiensis 细菌；法国图卢兹大学利用酶工程改进叶枝堆肥角质酶（Leaf-branch Compost Cutinase，LCC），在 10h 内可实现约 90% 的 PET 解聚，从 1000kg 的 PET 废料中生产出 863kg 的对苯二甲酸。提纯后可重新用于 PET 的合成，实现了 PET 的循环利用。针对汽车尾气，美国福特汽车公司采用空间隔离原子层溶液沉积（SALD）技术制得的 Ti/Zr 改性 Rh 催化剂，对 CO、HC 和 NO 的转化温度比商用三效催化剂（TWC）分别降低了 80℃、150℃和 125℃。韩国科学技术院采用“Ce^{3+} 及 Al^{3+} 位点捕捉”策略合成的全分散金属态 Pt、Pd 和 Rh 原子集合的新型催化材料，生产工艺简单，在低温条件下表现出较高的三效催化活性，且能够在高温长时间反应后保持结构和性能稳定，具有极强的应用潜力。针对 CO_2 捕获，开发用于 CO_2 吸附分离技术的多孔材料。美国加州大学伯克利分校采用四胺官能化的 MOF 材料 Mg_2（dobpdc）在模拟真实烟气环境下（100℃，2.6% 水气）表现出 90% 的高 CO_2 捕获率和极高的结构稳定性。在 CO_2 转化为高值化学品利用方面，研究者在 CO_2 电/热/光催化还原材料的研发方面做了大量工作。电催化还原材料，如 CoPc/CNT 复合材料、NaA 晶态分子筛膜材料、复合脱合金 Cu-Al 催化剂等；热催化还原材料，如用于甲烷 CO_2 重整的 MgO 单晶边缘负载 Ni-Mo 纳米催化剂；光催化还原材料，如类囊体膜/酶微反应器光反应体系、TiO_2 修饰 MOF 材料等。

以上只是绿色材料的一些介绍，绿色材料作为绿色设计与制造的基础，已经在环境治理、清洁生产等方面取得了重要突破。

4.2 面向清洁生产的设计

生产是设计物化的过程，必然与资源和能源消耗以及污染物排放直接相关。因此，在生产工艺和生产系统设计中应充分考虑产品生产阶段的环境保护、资源与能源优化利用，这是绿色设计的重要内容。

4.2.1 发现绿色需求的清洁生产审计

清洁生产审计就是企业按清洁生产的要求，通过分析和评估现有产品生产工艺系统，找出其中的薄弱环节及原因，并制定可行改造方案的过程。其具体步骤包括筹划和组织、预评估、评估、方案的产生和筛选、可行性分析、方案实施和持续清洁生产等。下面只对与绿色需求相关的步骤介绍。

1. 预评估

（1）目的

调查、分析企业管理、生产运行和废物产生与排放等情况，发现问题，确定审计重点，形成清洁生产的近期和中远期目标。

（2）主要工作内容

1）企业现状调研与现场考察。调查企业管理、生产、环境保护的现状，收集、查阅与被审计企业和被审计生产工艺系统相关的档案、运行记录和报表等资料。主要包括的资料有：

① 生产工艺系统基本情况，包括所审计生产工艺系统的历程、产品类型、规模、职工数量、车间构成和产量产值等。

② 生产工艺资料，主要包括生产工艺流程（详尽的工艺流程图及说明）、车间或工序段构成、基本技术原理和工艺资料等；应至少包括车间平面布置图、管线布置图、工艺设备等图样资料，工艺规程、设备技术规范、与环境保护和安全有关的工艺设计数据、物料能源平衡的设计数据等工艺资料，操作规程、手册和说明，系统运行维护记录等。

③ 相关制造资源、能源和产品资料，包括原辅材料和能源消耗统计表、消耗定额，原辅材料、设备等进厂检验记录，产品检验及产量报表，残次品记录等资料。

④ 废物及环境数据资料，主要包括排污申报登记表、污染物排放清单，年度或季度污染物排放报告，环境影响报告书，废水、废渣、废气监测分析报告，废物管理、处理费用，排污费用，环境保护设施运行和维护费用，劳动保护及安全事故处理费用等。

⑤ 国内外同类系统资料，主要包括国内外同类系统资源消耗、能源消耗、环境保护情况、健康安全情况等资料，并尽可能与本系统列表比较，以便为后续方案制定提供参考。

⑥ 其他资料，包括生产系统和车间成本费用分析报告及有关财务报表、生产进度表等。

2）评估产污排污状况，确定审计重点。与国内外同类企业的产污、排污情况做对比，进行污染产生原因的初步分析，确定污染严重的环节或部位、资源能源消耗大的环节或部位以及公众关注的环节或问题。

3）设置清洁生产目标。制定近期目标和中远期目标，近期目标一般指到审计完成时，中远期目标则为 2～3 年。目标应定量化、可操作，具有激励作用。

4）提出和实施无/低费用方案。无/低费用方案是指无须投资或投资很少、容易在短期内见效益的清洁生产措施。方案主要涉及原辅材料及能源、技术工艺、过程控制、设备、产品、管理、废物、员工及激励机制等8个方面。

2. 评估

（1）目的

通过物料和能源平衡计算，找出物料、能源的流失环节，以及废物产生原因。

（2）主要工作内容

1）收集整理有关工艺的基础资料，并现场核查。

2）编制工艺流程图。结合企业特点及生产工艺情况，编制工艺流程图、功能说明表和重点工艺设备布置图。

3）实测输入/输出物流。这项工作分两个步骤：

① 制定现场调查、测试计划与要求，并做好相应准备工作。主要包括：

a. 确定调查、监测项目，应尽可能对被审计生产工艺系统的全部输入、输出物料流、能量流等进行实测，包括原辅材料、能源、产品、中间产品及废弃物等。物料流中组分的测定应根据实际工艺情况而定，有些应该测量（如电镀液中的Cu、Cr等离子含量），而有些则不一定都测（如炼油过程中各类烃的含量）。监测的原则是确保监测所获得的数据满足系统和各个工序段的物流平衡和能量平衡。

b. 设置监测点，应以满足分析需要为原则。在布点时应特别注意：物耗、能耗大的生产单元或工序段，污染物产生量和排放量大的环节，污染物毒性大、难处理的环节，生产率低或易引起生产波动的环节，易产生废次品的环节，危害人体健康的环节，生产工艺落后的环节，事故多发的环节，维修多的设备，贵重物料和耗资高的环节。

c. 确定测试时间和周期，应按正常一个生产周期（即一次配料，由投入到产品产出）进行逐个工序的实测和调查，而且尽可能多测试几个周期，以确保数据准确可靠。输入、输出的实测应注意同步性，即在同一生产周期内完成相应的输入、输出物流及能量流的实测。

② 输入、输出实测及数据记录，实测时应注意：输入、输出测量必须在同一个正常的生产周期内进行，按工艺流程逐一测试各工序段或各生产单元，测量时要注意数据单位的统一，测量对象包括物料、中间产品、副产品、最终产品、污染物及能量等，记录、整理测试数据应力求数据全面、翔实、规范。输入、输出数据主要包括：

a. 输入的物料和能源数据，包括生产周期内生产系统和各生产单元中投入的物料和能源种类、耗量、价格等数据，其测试和记录的格式示例见表4-1。

表 4-1 生产系统（生产单元）物料、能源输入示例

内容	物料					能源				
	原料 1	原料 2	辅料 1	辅料 2	…	水	电	天然气	煤	…
名称										
来源										
生产周期耗量										
小时耗量										
价格										
运输方式										
存储方式										
有无毒性										
可再生程度										
备注										

注：可再生程度指的是资源和能源的自然可再生能力。

b. 物料及产品输出数据，包括生产系统和各生产单元的产品、中间产品和副产品数据（注：输出的废物应另表专记，因为它是审计的主要目标之一），数据的记录格式示例见表 4-2。

表 4-2 生产系统（生产单元）输出物料一览

项目	产品 1	…	副产品 1	…	中间产品 1	…	其他
产品代码							
产量							
消耗							
包装方式							
运输方式							
包装物回收量							
贮存方式							
不合格产品率							
废次品量							

c. 环境数据，可按污染物的形式分别记录，如废水包括水质、水量、主要污染物、排放口、排放方式、排放去向、处理设施、费用等，废气包括排放点、排放量、污染物浓度、处理装置、费用等，其他废物（废液、废渣、污泥等）的来源、数量、组成、排放方式、贮存时间、贮存方式和处置方式及费用，噪声、振动以及电磁波等对环境的影响。其中噪声、振动以及电磁波等的数据记

录相对单纯，只要记录来源、强度、分布以及现有防治方法和效果等数据即可。而废水、废渣、废气的测试数据比较复杂，需要分别记录。“三废”的记录通常先有一个总体的记录，见表4-3。然后，分别监测和记录废弃物的来源和去向、污染物浓度和排放量。表4-4为废水排放检测数据示例。需要监测的污染物应包括两类，一是有排放标准的污染物，二是虽尚无排放标准但危害性大的污染物，如卤代烃等有机物。另外，原生产工艺系统设计时一般都考虑了“三废”的场外处理问题，这些数据对后续制定清洁生产改进方案有较大影响，可参考表4-5所示格式记录。

表4-3 废弃物数据记录

项目	废气	废水	废渣	废品	其他
污染物代码					
单位产品产量					
生产周期总量					
有害物质成分					
有害物质浓度					
生产周期有害物质排放量					
有害物质去向					
处理处置方法					
处理处置费用					

表4-4 废水排放检测数据示例

废水来源	废水量	污染物1		污染物2		…	排放去向	
		浓度	排放量	浓度	排放量	…		
来源一						…		
来源二						…		
…						…		

表4-5 场外废物处理记录

处理单元	废液			废渣			污泥			其他
	处理量	处理前成分和浓度	处理后成分和浓度	处理量	处理前成分和浓度	处理后成分和浓度	处理量	处理前成分和浓度	处理后成分和浓度	
处理单元一										
处理单元二										
…										

d. 劳动保护数据，包括调查所获得已发生的事故数据和现场测试所发现的安全隐患数据。记录时可参考表4-6和表4-7所示的格式。

表4-6 已发生安全事故数据记录

项目	安全事故模式	安全事故频率	安全事故危害状况	安全事故危险等级	事故原因	造成的经济损失	安全事故预防方法
事故一							
事故二							
…							

表4-7 安全隐患数据记录

项目	隐患模式	发生可能性	危害状况	危险等级	原因	发生条件	解决方法
隐患一							
隐患二							
…							

e. 资源能源回收处理与循环利用数据，回收处理及循环利用的对象通常是生产过程中的废水、废气和固废。例如添加剂和催化剂循环利用于下一次生产中，废蒸汽用于预热燃料、取暖或作为动力，冷却水循环使用，边角料用于小零件生产或卖给回收商等。资源能源回收处理或循环利用数据可参考表4-8所示的格式记录。

表4-8 生产系统（生产单元）回收处理或循环利用一览

生产系统或生产单元	物料			能源		
	物料1	物料2	…	水	电	…
回收或循环方式						
数量						
效益						
备注						

4）建立物料和能量平衡。正确的物料和能量平衡分析是清洁生产审计成功与否的关键。整个过程可分为如下几步：

① 针对生产系统或生产单元（工序段），判断原辅材料、能源、中间产品、副产品、循环利用物质、废物等物料和能源是输入还是输出，将其标注在类似图4-3所示的输入输出图上，然后确定各物料、能源的输入、输出的实测数据，并标注在对应的物流和能源上。对于那些无法实测的数据，可采用理论计算数据或通过历史资料推断获得。

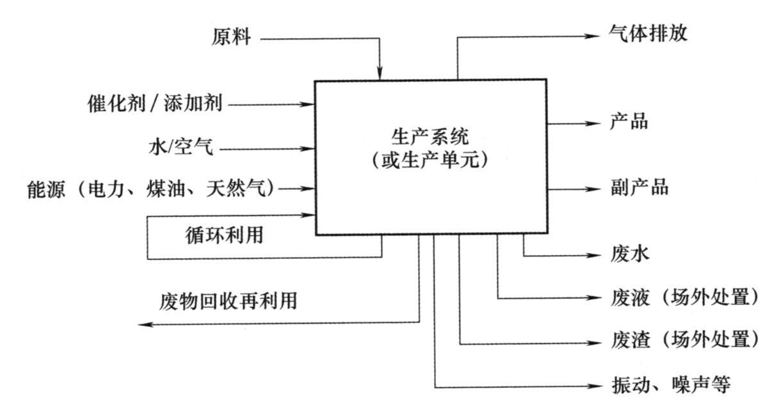

图4-3 生产系统或生产单元输入和输出物料、能源标注示意图

② 物料平衡和能源平衡计算，即对标注的数据进行计算，看整个系统或生产单元输入与输出的物料和能源是否平衡。如果不平衡，应分析不平衡原因，并进行修正，直到平衡为止（通常输入总量及主要组分和输出总量及主要成分之间的误差应小于5%）。根据平衡情况，便可以判断物料、能量的损失和去向。

5）分析物料和能量损失的原因。分析物料和能量损失及其对环境造成污染的原因，可以从如下几个方面着手：

① 原辅料和能源。因原辅料和能源自身造成浪费和环境污染的因素主要有：原辅料不纯和（或）未净化，原辅料贮存、发放、运输损失，原辅料投入量和（或）配比不合理，原辅料和能源超定额消耗，有毒有害原辅料的使用，未利用清洁型能源等。

② 技术工艺。因技术工艺导致资源能源浪费和环境污染的因素主要有高能耗和高物耗工艺、技术工艺落后、原料和能源转换率低、设备布置不合理造成运输线路过长、工艺条件要求过严、使用有毒有害物料等。

③ 设备。因设备造成资源能源浪费和环境污染的因素主要有设备破旧和漏损、设备自动化控制不合理、设备配置不合理、主体设备和通用设施不匹配、设备维护保养差、设备不能满足工艺要求等。

④ 生产过程控制。因生产过程中控制不当导致资源能源浪费和环境污染的因素主要有：计量、检测、分析仪表不齐全或测量精度不达标，工艺参数（如温度、压力、流量、浓度等）未有效控制，过程控制水平不能满足技术工艺要求等。

⑤ 产品。此处的产品包括成品、中间产品、副产品和循环利用物，其造成资源能源浪费和环境污染的因素主要有产品贮存和搬运中的破损和漏失、产品未采用可回收包装等。

⑥ 废弃物。主要考虑是否对可利用的废物进行了循环利用、废弃物的化学状态是否有利于后续处理、单位产品废弃物产生量是否太高等。

⑦ 管理。因生产管理不当造成资源能源浪费和环境污染的因素主要有清洁生产管理条例、操作规程等不全或未能得到有效执行等。

⑧ 员工。员工方面的问题可能有员工素质不能满足清洁生产的需要，缺乏优秀管理人员、专业技术人员和熟练操作人员，以及员工缺乏积极性和主动性等。

6）提出和实施无/低费用清洁生产方案。

3. 方案的产生和筛选

（1）目的

筛选和形成清洁生产方案。

（2）主要工作内容

1）产生方案。清洁生产改造方案应遵循“预防为主、治理为辅”的环境保护原则，面向查找出的问题和原因有针对性的制定。其制定形式可以是发动员工，也可以是吸收国内外同行业的先进技术和组织有关专家开展技术咨询。方案具体包括原辅材料和能源的清洁性替代、技术工艺改造、设备维护和更新、生产过程的优化控制、废弃物回收利用和循环使用、加强管理、员工素质和积极性的提高等方面。

2）筛选方案。根据技术、环境、经济和实施难易程度将方案分为可行的无/低费用方案、初步可行的中/高费用方案和不可行方案三类。可行的无/低费用方案立即实施，不可行方案暂时搁置或否定，对于初步可行的中/高费用方案进行评估和筛选排序。

3）细化方案。对筛选后的可行方案开展工艺流程详图、主要设备清单、方案费用和效益估算等工程化分析。

4）实施并核定无/低费用方案的实施效果，包括投资和运行费用、经济和环境效益。

4. 可行性分析

（1）目的

对筛选出的中/高费用清洁生产方案进行评估，以确定可行的清洁生产方案。

（2）主要工作内容

1）进行市场调查和预测，确定技术途径。

2）进行技术可行性分析。技术可行性分析就是确定方案所采用的技术的先进性、适用性和可实施性。技术可行性分析主要内容包括：与国家、行业有关政策是否相符合；与国内外同行业对比技术的先进性；技术上的安全性和可靠性；技术的成熟程度；对产品质量、生产能力的影响；新设备和原材料的改变与现有工艺流程匹配度；对生产管理的影响；对员工数量和素质的影响等。

3）进行环境可行性分析。评价方案实施后，生产系统的资源能源利用状况，以及对环境和人体健康的影响，并判定是否达到既定的指标要求。环境可行性分析主要内容包括：污染转移和二次污染；能源结构变化情况；生产系统的安全性和宜人性；污染物排放量、成分及其对环境影响的变化；未列入国家或地方环境法规的污染物的变化情况等。

4）进行经济性可行性分析。经济性可行性分析主要采用现金流量分析和财务效益分析等方法评价方案的盈利能力，从技术可行和环境可行的方案中选出投入少、效益佳的方案。

5）推荐可实施方案。

综上所述，清洁生产审计通过对审查系统的全面排查，找出其中的问题。这些问题显然就是工艺系统设计和改造的绿色需求。

4.2.2 面向清洁生产的设计准则与方法

生产是一个复杂的系统。面向清洁生产的设计通常是一个复杂的系统设计，涉及材料、产品、工艺、装备、工装、生产线等生产活动的方方面面。不过，归纳起来一般会遵循以下准则和方法。这些准则和方法的具体内容因行业不同差别较大，只能举例说明。

（1）资源能源的合理利用

资源能源的合理利用不仅可以直接降低生产成本，还可以减少废物产生和排放。

1）常规能源的清洁利用。以提供生产动力的燃煤锅炉为例，锅炉燃煤会产生 SO_2、NO_x、N_2O、CO、CO_2 等大气污染物。为了实现燃煤的清洁利用，则需要对燃煤锅炉进行系统改进或者重新设计，例如：

① 可以采用原辅料替代方案，选硫含量低于0.8%，水分、灰分、挥发性、结焦性、发热量合适的煤种；或选用洁净煤，添加固硫剂、助燃剂等。

② 可以改进锅炉的检测、监控和调节能力，控制燃烧过程。

③ 可以进行分层燃烧技术、负压燃烧等新的工艺设计，提高燃煤效率。

④ 可以设计烟气脱硫脱硝系统，甚至还可以细化到脱硫脱硝的催化材料研究。

⑤ 可以为锅炉设计 CO_2 捕获设施等。

由此可见，实现常规能源的清洁利用是一个综合考虑材料、工艺、装备的系统设计。

2）可再生能源和新能源的利用。例如采用蕴藏丰富的太阳能、风能、优质清洁的氢能等，但对于一个生产系统来说，这也不是简单的使用问题，而是一个涉及光伏、风能、氢能、电能以及储能等技术和装备融合的多能源体系设计问题。

3）尽量少用或不用有毒有害的原材料。例如，欧盟《关于在电子电气设备中限制使用某些有害物质指令》，即 RoHS 指令，规定从 2006 年 7 月 1 日起，在新投放欧盟市场的电子电气设备产品中，限制使用铅、汞、镉、六价铬、多溴联苯（PBB）和多溴二苯醚（PBDE）等六种有害物质。该指令导致了电器电子产品从材料、工艺到装备的整个生产系统重新设计。这一点在 4.2.3 节中会用电子组装无铅化的案例专门阐述，此处只是以日本佳能公司为例，罗列了其在产品设计中的一些做法：停止使用多溴苯酚（Polybrominated Biphenyl）、采用无铅的镜头、无铅的焊料，如图 4-4 所示；在复印机和打印机上采用了无六价铬的钢板和螺钉，如图 4-5 所示。

a) 无铅和无多溴苯酚的电路板

b) 无铅镜头

图 4-4　元器件无铅化

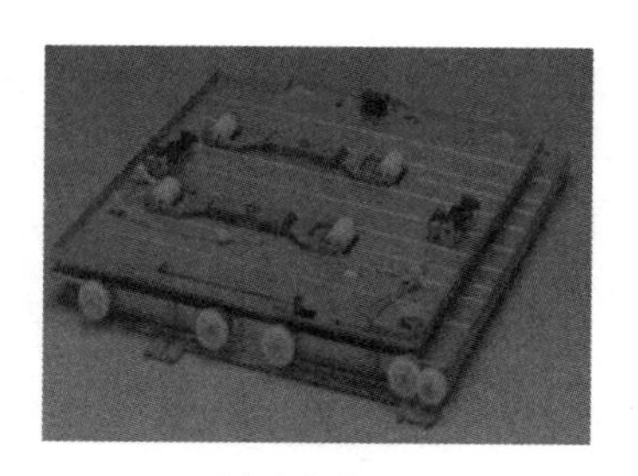

a) 不含六价铬的钢板

b) 含六价铬的螺钉（左）和不含六价铬的螺钉（右）

图 4-5　不含六价铬的机电产品零部件

4）原材料的综合利用。例如，为了提高原材料的综合利用效率，苹果公司开展了循环供应链建设工作：使用负责任采购的循环利用和可再生材料；尽可能提高材料利用率，减少材料用量；尽可能延长产品使用寿命；从退役的产品中收集、循环利用废弃的原材料。苹果公司在循环利用方面优先考虑铝、钴、铜、玻璃、金、锂、纸、塑料、稀土元素、钢、钽、锡、钨、锌共14种材料。然而，这些工作的开展都是以材料设计、工艺设计、结构设计、装备设计为基础的。

（2）选择和开发适合的工艺和设备

生产工艺和设备在很大程度上决定着污染排放和废物产生，因此适合的生产工艺和设备对于清洁生产很重要。主要的方法有：

1）合理选择生产工艺。以零件的成型加工为例，零件成型工艺方法可分为材料去除法、材料变形法和材料添加法三种。

① 材料去除法，该方法是通过去除毛坯上的多余材料来保证零件的形状和精度的，如常用的车、铣、刨、磨等机械加工方法。因此不可避免地会产生一定的边角料或废料（切屑），材料的消耗大。通常在切削加工中，一般材料利用率仅为65%~70%，而在车削加工中，有时材料利用率仅为60%。

② 材料变形法，该方法通过对原材料施加能量使之变形，形成产品，典型的工艺方法如锻压、冲压等。材料变形法的材料利用率虽然较材料去除法高，但也不可避免地会产生一定的废料，如在冲压加工中，会产生边角料，材料利用率约为80%，最高可达90%左右；在冷挤压中，材料利用率为80%以上，高时可达93%。

③ 材料添加法，该方法是通过材料添加方式实现零件成型的，如铸造、注塑和快速成型制造等。相比之下，材料添加法中材料的利用率就高很多了。例如某些快速成型制造工艺的材料利用率极高，几乎接近100%，见表4-9。

表4-9 主要快速成型制造工艺的材料利用率

成型方式	材料利用率	成型方式	材料利用率
立体光固化成型（SLA）	接近100%	选择性激光烧结（SLS）	接近100%
分层实体制造（LOM）	85%以上	熔积成型（FDM）	接近100%

但这三种加工方法，不能只看材料利用率，还应结合加工质量、效率和能源消耗等指标综合评价，选择和开发适合的生产工艺和设备。

2）开发利用清洁的生产工艺及工艺组合。这条准则有两层含义：一是结合实际的工艺需求，开发利用清洁的生产工艺，如用于燃煤发电脱硫脱硝的高效催化技术、用于低碳排放清洁制氢技术、用于碳捕获的CCS技术、用于零件表层磨损的等离子体喷涂技术等；二是采用不同生产工艺的组合，如化工-冶金流程、化工-动力流程、动力-工艺流程等以减少污染的排放和实现废物的重用。

3）在原有工艺基础上，改进生产工艺。例如，优化温度、流量、压力、停留时间、搅拌强度、必要的预处理等工艺参数；或改变原材料配方，采用精料、替代原料以及对原料进行预处理等。

4）采用高效设备，减少污染排放。以喷涂为例，喷涂过程会排放多种有害物质，释放刺激性气味，损害人体健康。全封闭的自动化涂装生产线可以将喷涂过程中形成的漆雾在高温下裂解为无害的气体，减少污染物排放。

5）配备自动控制装置，实现过程的优化控制。通过自动控制装置实现对生产过程中的关键参数进行实时控制，可以有效避免浪费，减少废品率。这也是近年来车间制造执行系统（MES）在制造企业兴起的重要原因。

6）改善设备布局和管线布置。设备布局和管线布置的设计与优化，不仅有助于提高操作的安全性和舒适性，还可以提高生产效率。例如，“多品种、小批量”是当前和未来生产组织的发展趋势。为应对“多品种、小批量”导致的生产不均衡、在制品运输作业量增大等问题，传统生产车间的“机群式”设备布局方式，即把功能相同的机器设备集中布置，如车床群、铣床群、磨床群、钻床群等，就不能胜任生产要求了。因为“机群式”布局的不足是零件制品流经的路线长、在制品量多、流动速度慢且不便于小批量运输。如果采用丰田公司生产方式中的“U”形单元式布置方式，即按零件的加工工艺要求，把功能不同的机器设备集中布置在一起组成一个一个小的加工单元，便可以简化物流路线、加快物流速度、减少工序之间不必要的在制品储量、减少运输成本。

（3）组织厂内物料循环

例如将流失的物料回收后作为原料返回原生产流程中；将生产过程产生的废物适当处理后作为原材料或原材料的替代物返回原生产流程中；将生产过程产生的废物适当处理后作为原材料应用于本厂其他生产过程中。不过，要真正实现厂内物质循环，也须在原材料、工艺、设备方面进行相应的适应性设计。

（4）改进产品体系

产品是企业效益的载体。在传统生产中，产品多是以经济性为原则组织设计、采购、工艺和设备选择等生产活动的，这也是产品在生产制造、使用维护以及报废后回收处理过程造成环境影响的关键因素。因此必须从设计的角度构建基于生命周期的绿色产品体系，如产品应节约原材料和能源，少用昂贵或稀缺的原材料，采用再生资源作原材料，在使用中和使用后不损害人体健康和生态环境，采用合理的包装，具有合理的功能和使用寿命，废弃后易于回收、重用、循环利用、处理处置等。

（5）设计必要的末端处理设施

清洁生产往往不能完全消除污染，也就少不了末端治理。但此时的末端治理目标不仅是达标排放，还有一个功能是实现集中处理前的预处理。例如清污分流，减少处理量，便于组织物料再循环；采用脱水、压缩、包装、焚烧等措施实现污染物的减量化处理；按集中处理的收纳要求进行厂内预处理。

4.2.3 清洁生产需求下的绿色设计案例——电子组装无铅化

铅被美国环境保护署（EPA）列入了前17种对人体和环境危害最大的化学物质，并已经成为全球制造业环境治理关注的焦点。无铅化已经成为全球机电行业的发展趋势。

1. 无铅化进程

美国于20世纪90年代初率先提出无铅化的要求，并制定了一个限制产品中铅含量的标准。但因当时无铅的焊料、工艺和装备不成熟，且实现无铅化会大幅提升生产商的制造成本，故该标准未能在议会表决中通过。之后，美国国家制造科学中心（NCMS）、美国电子机器制造者协会（NEMI），英国贸易与工业部（DTI），欧洲共同体、日本焊接工程协会（JWES）、日本电子学和信息技术工业协会（JEITA）、日本电子工业发展协会（JEIDA）、日本新能源和工业技术发展组织（NEDO）等机构先后提出了相应的无铅化研究计划，如用无铅焊料改进电子组装的设计寿命和环境协调性制造计划、改善组装工艺环境协调性的互联材料研究计划等。欧洲、美国、日本电子电器产品生产商加入了相关研究，并在2002年之前基本掌握了无铅化技术，见表4-10。2003年2月，欧洲议会及理事会通过“关于在电子电气设备中限制使用某些有害物质指令”（RoHS指令）发布，将机电产品无铅化要求推向了全球，因为指令明确要求其所有成员国必须在2004年8月13日以前，将此指导法令纳入其法律条文中。

表4-10 日本、美国、欧洲几大电子电器公司的无铅化进程

公司名称	使用范围	期限	备注
松下	小型MD	1998年10月	回流焊：Sn-Ag-Bi-In 熔焊：Sn-Cu（Ni）
	摄像机	1999年年末	
	盒式录音机	2000年1月	
	全部产品	2002年年末	
NEC	1997年基础上减50%	2001年3月	部分产品Sn-Ag-Cu为主
	全部产品	2002年12月	
日立	VCR，冷藏箱部分	1999年10月	国内生产减50% 国外生产和购入的除外
	1997年基础上减50%	2000年3月	
	公司内部	2000年3月	
	日立集团	2004年3月	
索尼	VCR	2001年3月	Sn-2.5Ag-1Bi-0.5Cu；Sn-Ag-Cu
	全部产品	2001年	熔焊；同时采用无卤化基板

（续）

公司名称	使用范围	期限	备注
东芝	手机	2000 年	
三菱	50%	2004 年	四种家用产品
	全部产品	2005 年	
英特尔	全部产品	2006 年	
爱立信	手机	2001 年年末	以 Sn-3.5Ag-0.5Cu 焊料为主
	新产品的 80% 实现无铅化，与此同时采用无卤化基板	2002 年	
飞利浦	灯具用基板	1999 年 12 月	熔焊：Sn-1Ag-5Bi
摩托罗拉	通信产品 5% 以上无铅化	2003 年	以 Sn-Ag-Cu 焊料为主
	全部产品	2010 年	
夏普	洗衣机、打印机、空调机、空气清洁机	2001 年年末	以 Sn-Ag-Cu 焊料为主
富士通	全部 LSI 实现无铅化	2000 年 10 月	以 Sn-Ag-Cu 焊料为主
	PWB 中的 50% 实现无铅化	2001 年 12 月	
	笔记本计算机、手机等	2001 年 12 月	
	全部停产含铅产品的生产	2002 年 12 月	
先锋	等离子电视（PDP）、DVD、汽车立体声音响	2000 年至今	流焊：Sn-Cu，Sn-Ag-Cu-Bi
	全部停止含铅产品的生产	2003 年 6 月	
日产汽车	无键输入系统（Keyless-Entry-System）	2000 年 8 月	流焊：Sn-Ag-Cu 系
福特（伟世通）	汽车防盗系统用信号收发模块	2000 年 12 月	未发表

2003 年 12 月，欧洲委员会发布了一份明确 RoHS 指令的 6 种有害物质最大浓度值（MCV）的决议草案，规定：“均质材料中按重量计算铅、汞、六价铬、多溴联苯（PBB）和多溴二苯醚（PBDE）的最大浓度值不得超过 0.1%，镉的最大浓度值不得超过 0.01%。其中，均质材料是指无法机械地分为更单纯材料的单元。”RoHS 指令在不断更新，2015 年，RoHS2.0 修订指令又将 DEHP、BBP、DBP、DIBP 等 4 种有毒有害物质纳入管控范围。这样在电器电子产品中限制的有毒有害物质增加至 10 种。铅作为 6 种有害物质之一受到普遍关注。

在欧盟 RoHS 指令出台前，国外产业界和研究机构在无铅化技术方面已经开展了多年的研究，并形成了相应的专利保护。图 4-6 是截止到 2002 年世界范围内无铅相关专利的所属国家或地区分布。其中中国大陆在无铅化方面的专利只有 5 项，只占世界总数的不到 2%，远远低于日本、美国和欧洲等强国。即便是到指令出台的 2003 年 8 月，中国大陆无铅化专利的数量虽增加至 35 项，如图 4-7 所示，但其中日本申请的专利占 18 项、韩国申请的专利占 4 项、美国申请的专利有 2 项、新加坡申请的专利有 1 项、中国大陆机构和个人申请的专利只有 10 项。

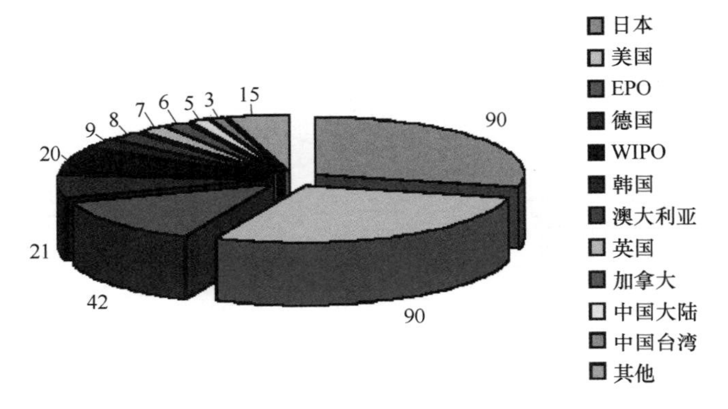

图 4-6 截止到 2002 年世界范围内无铅相关专利的所属国家或地区分布（单位：项）

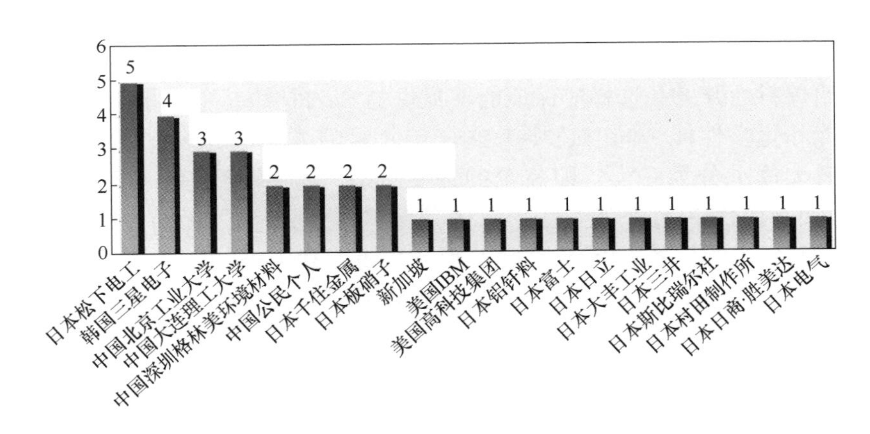

图 4-7 在中国大陆申请无铅专利的申请人所属国家

注：包括申请公开和已获授权的，截止到 2003 年 8 月

2. 无铅化技术体系

在机电产品中，铅主要分布在带元器件的电路板上。为了保证焊接的可靠性，印制电路板（PCB）的焊盘上喷有一层锡铅焊料，芯片等元器件的引脚也镀有一层锡铅焊料，元器件和电路板的连接材料就是锡铅焊料。锡铅焊料是一种锡铅共晶合金。常用的锡铅焊料如 Sn63Pb37 和 Sn60Pb40，其含铅占比分别为 37% 和 40% 。

既然铅分布在焊料、电路板和元器件上，那么无铅化必然也和这三者紧密相关。首先必须有被工业界认可的、可靠的无铅焊料，然后是与之相适应的设备及工艺，最后还得有与无铅化相关的标准和评估手段做支撑。显然，无铅化是一个复杂的技术体系构建过程，应包括如图4-8所示内容。在无铅化技术体系之中，关注最多的是无铅焊料、元器件、设备/焊接技术、成本、可靠性、标准等相关问题。

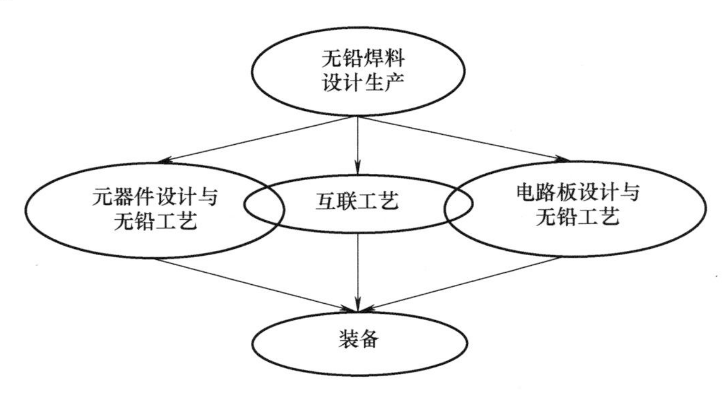

图4-8　无铅化技术体系

（1）无铅焊料

无铅焊料的开发和选择应保证能够提供与Sn/Pb共晶合金相似的力学性能、物理性能和化学性能，同时还要考虑合金元素的成本和原料来源的充足程度。无铅焊料大体上分为三类，即高温的锡—银系、锡—铜系等，中温的锡—锌系等，以及低温的锡—铋系等。表4-11和表4-12分别列出了无铅焊料的种类、性能特征及其组成等。各种无铅焊料主要是在锡元素中添加银、铜、铋、锌等各种第二金属元素而组成的合金，并通过微量添加第三、第四种金属元素来调整无铅焊料的熔点和力学物理性能等。材料的组分变了，自然其材料的制造工艺和装备也就需要重新开发。

表4-11　无铅焊料的种类及其性能特征

主体元素	第二元素	添加元素	优　点	缺　点
Sn	Ag，Cu	Bi，Cu，In，Ni等	热疲劳性能优良，接合强度强，熔融温度宽度狭窄，蠕变特性大	熔点比较高、价格高，特别是Sn-Ag系
	Zn	Bi，In等	熔点与Sn-Pb相近，熔融温度宽度狭窄，比较便宜，接合强度强	浸润性差，会产生电腐蚀
	Bi	Ag，Cu等	熔点较低	熔融温度范围宽，硬度高，连接强度、热疲劳性能低下

表 4-12　各主要电子设备公司已使用的无铅焊料的组成

无铅焊料组成	熔焊系	回流焊系	已实用化	无铅焊料组成	熔焊系	回流焊系	已实用化
Sn-0. 7Cu-0. 3Ag	√			Sn-2Ag-4Bi-0. 5Cu-0. 1Ge		√	
Sn-0. 75Cu（微量添加 Ni）	√		√	Sn-3. 5Ag-5Bi-0. 7Cu		√	
Sn-3. 5Ag-0. 75Cu	√		√	Sn-3. 5Ag-6Bi		√	
Sn-3Ag-0. 5Cu	√	√	√	Sn-57Bi-1Ag		√	√
Sn-3Ag-2. 5Bi-2. 5In		√	√	Sn-8Zn-3Bi		√	√
Sn-2Ag-3Bi-0. 75Cu		√					

（2）无铅化对元器件设计和制造工艺的影响

元器件因焊盘、引脚含铅需要无铅化，这必然导致元器件设计、制造工艺与装备的改变。常用的锡-银系和锡-铜系无铅焊料熔点比锡-铅焊料的熔点 183℃高出 30℃左右。焊料熔化与焊接的加热过程必然损坏元器件的性能。因此对元器件的材料和结构设计提出了更高的要求。例如，无铅电路板在结构设计时要求：电路拐角和结构变化时尽可能采用圆弧过渡（见图 4-9）、原件焊盘与阻焊层之间的设计采用方形设计（见图 4-10）、线宽密度分布均匀等。

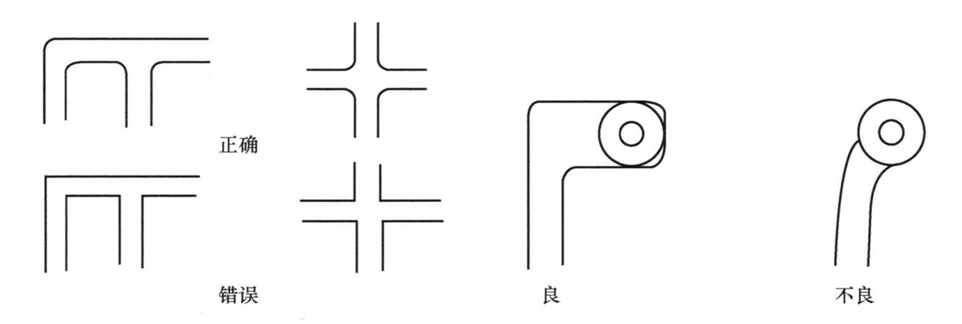

图 4-9　圆弧过渡　　图 4-10　焊盘与阻焊层的方形设计

无铅化不仅给电路板结构设计带来新的改变，也改变了焊盘制造工艺。传统喷锡铅焊料的喷锡工艺，被有机保焊膜（OSP）、沉银工艺、沉锡工艺和无铅喷锡所替代。但这些替代工艺各有各的优劣。例如，有机保焊膜（OSP）是通过化学的方法，在电路板焊盘表面形成一层厚 0. 2 ~ 0. 5μm 的有机保护膜，防止铜表面氧化，实现助焊功能。OSP 工艺对各种焊料均能兼容，且成本低，但只能承受二次高温的冲击。沉银工艺是在电路板焊盘表面沉积一层薄薄的银。沉银工艺焊接性好，但会出现侧蚀、露铜、离子污染、微空洞和银面氧化等缺陷。沉锡工艺和无铅喷锡工艺也有不足。特别是在替代初期，这些替代工艺的不良率远高于传统喷锡工艺。因此不得不针对具体质量问题进行工艺优化。下面以沉银工艺的侧蚀缺陷为例进行介绍。

侧蚀缺陷，也称贾凡尼效应（Galvanic Effect），是沉银工艺中较严重、较难解决的工艺问题。在沉银工艺替代初期，因侧蚀缺陷造成的不良率高达10%以上。图4-11所示为正常沉银表面、轻微侧蚀和严重侧蚀的形态。为了解决侧蚀缺陷的问题，通过对电路板制造工艺的盘查，确定了引起侧蚀缺陷可能性较大的沉铜工序、图形电镀工序、阻焊工序、沉银工序四个工序环节，并筛选出导致缺陷的可能因素，见表4-13。在此基础上分别对四道工序及其可能因素进行全因素试验和正交试验，进行影响因素对侧蚀缺陷的敏感性排序，最后，通过采取更换原材料、工艺参数优化等方法减小。下面以与侧蚀缺陷直接相关的沉银工序对工艺参数优化进行简单介绍。

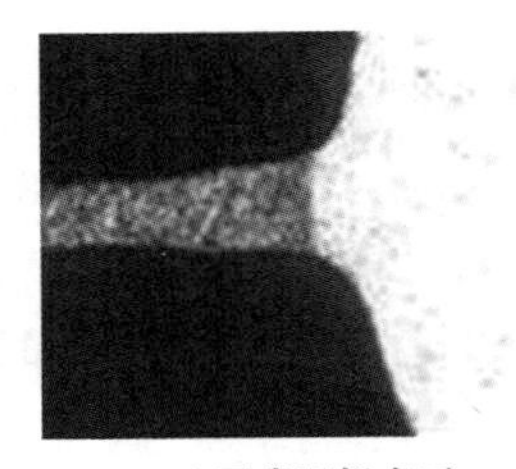

a) 正常沉银表面

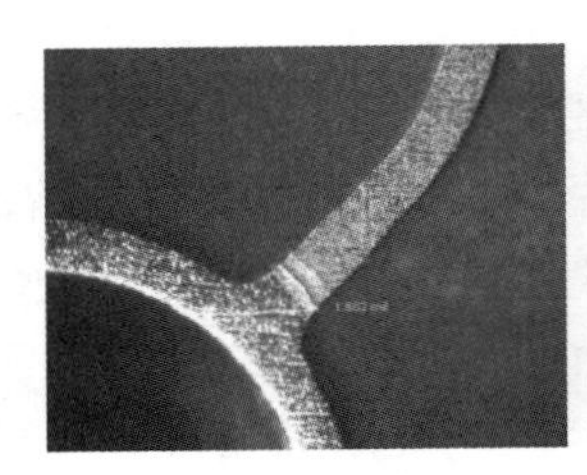

b) 轻微侧蚀

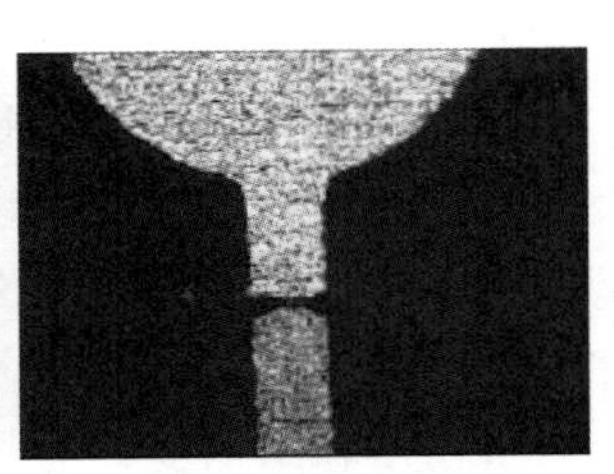

c) 严重侧蚀

图4-11　沉银表面及侧蚀缺陷

表4-13　引起沉银侧蚀缺陷的关键环节和可能因素

工序	沉铜工序			图形电镀工序							阻焊工序									沉银工序						
因素	温度	铜离子浓度	pH值	沉铜药水	温度	铜离子浓度	H_2SO_4浓度	铜球	光剂	电流	电镀时间	前处理方式	油墨种类	网纱型号	覆墨压力	预烤时间	预烤温度	显影时间	显影温度	微蚀速率	银离子浓度	沉银缸液体温度	循环流量	溶液pH值	沉银药水种类	铜离子浓度

1）针对沉银工序中引起侧蚀缺陷的可控工艺参数设计正交试验，见表4-14。

表4-14　沉银工序正交试验设计

试验因素	试验水平		
	1	2	3
银离子浓度A/（g/L）	0.8g/L	1.2g/L	1.6g/L
温度B/℃	37℃	42℃	50℃
微蚀速率C/（μm/min）	20μm/min	40μm/min	60μm/min
循环流量D	最小	中等	最大

2）通过试验，确定工艺参数对侧蚀缺陷的影响程度。正交试验结果显示：

① 在试验范围内，侧蚀的严重程度和银离子浓度、温度、微蚀速率成单调增加的关系。

② 在试验范围内，温度对侧蚀情况影响最为显著，其次是微蚀速率；银离子浓度和循环流量本身对侧蚀情况影响不显著。

③ 银离子浓度和微蚀速率两个因素和循环流量存在着交互影响，这两种交互影响对侧蚀情况均有显著影响，尤以前者为甚。

3）根据试验结果的因素影响排序，确定工艺参数控制方案。试验表明当工艺参数为A1B1C1D1（即银离子浓度为0.8g/L、温度为37℃、微蚀速率为20μm/min、循环流量最小）时，侧蚀最为轻微，为试验中的最优方案。工艺参数为A2B1C1D3（即银离子浓度为1.2g/L、温度为37℃、微蚀速率为20μm/min、循环流量最大）时，沉银质量也相当好，为次优方案。由于次优方案中循环流量最大，意味着生产效率高，因此，在实际生产中选择了次优方案。

4）基于次优方案进行工艺参数控制，并结合沉铜工序、图形电镀工序和阻焊工序的控制参数，进一步增删影响侧蚀缺陷的因素，最终将因侧蚀缺陷带来的电路板不良率从13%降至了0.1%。

（3）无铅化对互联工艺与设备的影响

常用的高温系无铅焊料的熔点普遍比Pb/Sn共晶焊料的熔点高30℃以上，由此造成了如图4-12所示的无铅焊接参数操作空间变窄的问题，因此传统的波峰焊、回流焊等互联工艺及其设备都必须进行无铅化优化和再设计，以实现在不降低生产效率的前提下，保证电路板组织的可靠性。

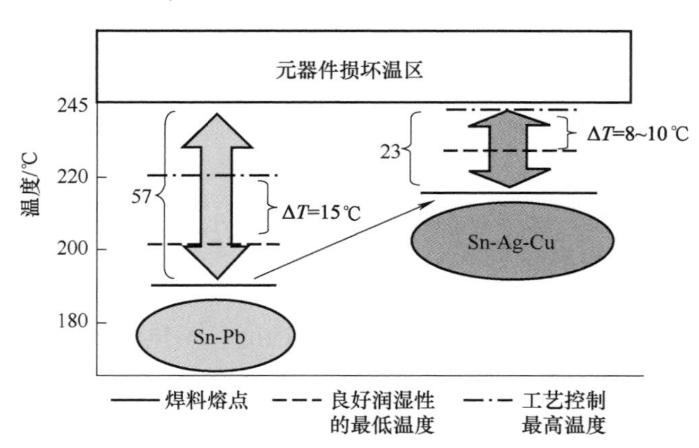

图4-12 锡铅焊料与无铅焊料焊接温度与工艺窗口（ΔT）

1）无铅回流焊设备。由于无铅焊料的熔点偏高，焊件在通过回流焊机的整个过程中，对其表面温度变化的控制比传统的要求更高。因此，无铅回流焊工艺优化和设备再设计主要是加长预热温区的长度和提高加热控制精度。如图 4-13 所示，无铅回流焊设备通常设计 8 个温区（加温区 4 个、回流区 2 个、冷却区 2 个）。为了改善焊料的流动性和润湿性能，在焊接过程中需要氮气保护系统，即设计有无铅充氮炉。氮气是循环利用的，其中含有焊接中产生的助焊剂挥发物。这些物质进入冷却区后，便冷凝在冷却模块上，慢慢堵塞冷却模块，从而降低冷却效率。因此，为了减少维护停机时间，无铅充氮炉必须具备助焊剂收集和分离系统。

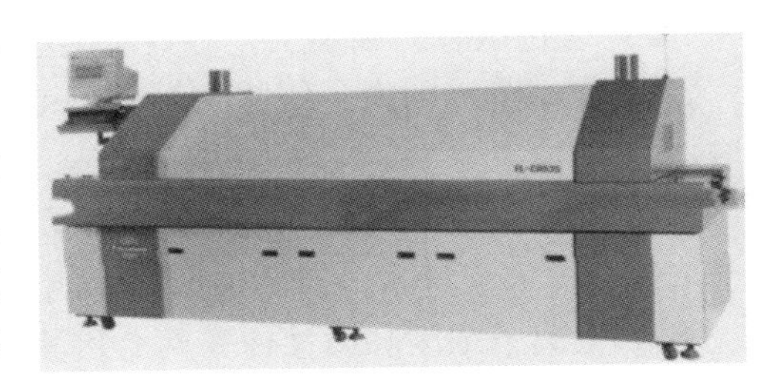

图 4-13　无铅回流焊设备

2）无铅波峰焊设备。无铅波峰焊工艺过程包括助焊剂涂覆模块、预热模块、波峰焊模块、冷却系统、轨道传输系统和氮气保护系统。

① 助焊剂涂覆模块。为了避免传统助焊剂焊接后须采用 CFC 氟氯烃产品、1，1，1-三氯乙烷等消耗臭氧层物质（ODS）清洗剂，无铅波峰焊一般采用免清洗助焊剂，其固体含量较低，约为 2%，这就对助焊剂涂覆模块提出了更高的要求。目前助焊剂的涂覆方法主要有发泡法和喷雾法两种。发泡法是借助浸在助焊剂液体中的鼓风机，喷出低压清洁的空气发泡，并沿着烟囱型的喷管吹向表面，通过喷嘴使焊接面接触泡沫，形成均匀的助焊剂层。喷雾法则是利用喷雾装置将焊剂雾化后喷到电路板上，预热后进行波峰焊。影响助焊剂喷涂质量的参数有电路板传送速度、空气压力、喷嘴摆速和助焊剂浓度。通过优化调整这些参数可将涂层厚度控制在 1～10μm 之间。由于免清洗助焊剂活性较低，焊接时需要均匀涂覆，而且涂覆的助焊剂的量要求适中。当助焊剂的涂覆量过大时，会造成电路板焊后残留物过多，对电路板有一定腐蚀；当助焊剂涂覆量不足或涂覆不均匀时，则又可能造成漏焊、虚焊或连焊。

② 预热模块。预热电路板在覆助焊剂之后，目的在于：提升焊接表面温度，加快助焊剂表面的反应速度和焊接速度；减少波峰对元器件的热冲击，避免损坏元器件；加快 PCB 上挥发性物质的蒸发速度，避免挥发物在波峰上出现，引起焊锡飞溅和 PCB 上的锡球。控制预热温度梯度、预热温度和预热时间对于实现良好的焊接接头是很重要的。目前最常用的波峰焊预热方法有强制热风对流、电热板对流、电热棒加热及红外线加热等。为了使无铅焊料达到所需的浸润温度需要更长的预热区。波峰焊设备上的预热长度由产量和传送带速度来决定。

③ 波峰焊模块。波峰焊的焊接机理是借助动力泵，将焊料槽内熔融的焊料形成特定形状的焊料波，插装元器件的电路板按照某一特定的角度以及一定的浸入深度穿过焊料波峰，实现焊点焊接。波峰焊模块正是承担这一关键功能，

因此受无铅化的影响也最大。

a. 无铅焊料的氧化性问题。同 Sn-Pb 合金焊料相比，高 Sn 含量的无铅焊料在高温焊接中更容易氧化，从而在锡炉液面形成氧化物残渣（SnO_2），影响焊接质量。典型的锡渣结构是在90%的可用焊料外包裹着10%的氧化物。为了防止无铅焊料的氧化，波峰焊机主要采用改进锡炉喷口，增加氮气保护的设计。当 N_2 保护中 O_2 的体积含量在 50×10^{-6} 或以下时，无铅焊料基本上不产生氧化。N_2 流量为 $16m^3/h$ 是降低 O_2 含量的临界值。

b. 锡炉的腐蚀性问题。无铅焊料中的 Sn 含量大幅提高（多在95%以上），焊接温度也比 Sn-Pb 焊料高 30～50℃，因而锡炉和喷口更易腐蚀。传统锡炉一般采用 SUS304 和 SUS316 型不锈钢。试验表明，不锈钢材料在高温条件下 6 个月就被高 Sn 无铅焊料明显腐蚀。最容易受到腐蚀的是与流动焊料接触的部位，如泵的叶轮、输送管和喷口。为了防止高 Sn 无铅焊料对波峰焊设备的腐蚀作用，提高设备的使用寿命，无铅波峰焊设备的关键部件多采用表 4-15 所列的材料。

表 4-15　无铅波峰焊设备关键部件的材料选择

部件名称	所选材料
锡炉里面的叶轮、输送管和喷口	钛及钛合金结构、表面渗氮不锈钢、表面陶瓷喷涂不锈钢
锡炉	钛及钛合金结构、铸铁、表面渗氮不锈钢、表面陶瓷喷涂不锈钢

c. 锡炉温度。波峰焊锡炉的温度直接影响焊接质量。温度偏低，焊锡波峰流动性变差，表面张力大，易造成虚焊和拉尖等焊接缺陷。若温度偏高，既可能造成元器件因高温而损坏，也会加速无铅焊料的表面氧化。焊接温度并不等于锡炉温度。在线测试显示：一般焊接温度要比锡炉温度低5℃左右。试验研究表明，对于多数无铅焊料合金，最适当的锡炉温度为271℃，ALPHA 公司推荐的锡炉温度见表 4-16。此时，Sn-Ag、Sn-Cu、Sn-Ag-Cu 合金存在最小的润湿时间和最大的润湿力。

表 4-16　ALPHA 公司推荐的锡炉温度

所用无铅焊料	锡炉温度/℃	所用无铅焊料	锡炉温度/℃
Sn99.3-Cu0.7（Sn-Cu）	276	Sn96.5-Ag3.5（Sn-Ag）	270
Sn96.5-Ag3.0-Cu0.5（SAC305）	270	Sn63-Ag37（Sn-Pb）	260
Sn95.5-Ag4.0-Cu0.5（SAC405）	276		

d. 波峰高度。适当的波峰高度可以保证电路板有良好的压锡深度，使焊点

能充分与焊锡接触。平稳的波峰可以保证电路板得到均匀的焊接。波峰高度通常控制在电路板厚度的1/2～2/3，此时焊点的外观和可靠性达到最好。

e. 浸锡时间。被焊表面浸入和退出熔化焊料波峰的速度，对润湿质量、焊点的均匀性和厚度影响很大。当电路板浸入波峰时，焊料被吸收到焊盘通孔内；当电路板离开波峰时，则焊料由液相变为固相。通常锡炉温度在250～260℃时，焊接温度约为245℃，焊接时间为3～5s。也就是说，电路板某一引线脚与波峰的接触时间为3～5s。不过，室内温度、助焊剂性能和焊料温度不同，浸锡时间也会有所不同。

④ 冷却系统。通孔电路板采用无铅波峰焊接时常发生剥离缺陷，究其原因在于焊料合金冷却速率与电路板冷却速率存在差异。解决方法是在波峰焊出口处设计合适的冷却系统。因为冷却速率超过6℃/s，所以设备冷却系统要采用冷源方式，大多数为冷水机或冷风机。冷却速度对焊点可靠性的影响主要有：

a. 影响焊点的晶粒度。在低于合金熔点时，液相的自由能高于固相的自由能。液相与固相间的自由能差是结晶的驱动力。液体金属的冷却速度越大，结晶的过冷度越大，自由能差越大，结晶倾向就越大，形核数目也就越多，晶粒也越细小。晶粒大小直接影响合金的性能。一般晶粒越细小，金属的强度越高，塑性和韧性也越好。

b. 影响界面金属间化合物的形态和厚度。焊接时，焊料与母材之间相互溶解、扩散和化学反应，使得焊接接头的成分和组织与焊料原始成分和组织差别很大。提高焊点的可靠性就需要控制界面区形成的固溶体或金属间化合物（IMC）的厚度。对于波峰焊工艺，快速冷却可以降低电路板金属原子Cu的扩散能力、抑制Cu_3Sn生成及IMC层厚度。

c. 影响低熔点共晶的偏析。由于无铅焊料成分的不同，焊点冷却时合金内部，尤其是固相内部的原子扩散不均匀，会使先结晶与后结晶相的溶质含量不同，形成枝晶偏析，导致焊接缺陷。

⑤ 轨道传输系统。传输带是一条安放在滚轴上的金属传送带，它支撑PCB移动着通过波峰焊接区域。传输带的速度和倾角需要根据焊料的特性进行控制。一般轨道传输速度控制在1.2～1.4m/min，倾角控制在5～7℃，生产效率和焊接效果较适合实际生产。

⑥ 氮气保护系统。氮气保护在前面已经提到了。这里只再强调一下其重要性。试验研究表明：无铅焊接总缺陷率随着O_2含量的增加而增加。在空气中比在10×10^{-6} O_2浓度下进行无铅焊接的总缺陷率高4倍。另外，N_2保护还可以使助焊剂的用量降低60%。

机电产品无铅化的案例，充分展现了绿色设计不只是一个理念，也不只是一项设计理论和方法，而是一个实实在在的多学科交叉的复杂技术体系变革的问题。

4.3 绿色包装设计

包装是人们生活和贸易往来不可缺少的重要部分。丰富多彩的包装产品不仅繁荣市场、美化生活，还推动相关工业的发展。伴随着包装工业的迅猛发展，来自包装材料、包装生产过程和包装废弃物的污染，掀起了一场轰轰烈烈的绿色包装运动，并席卷全球。

4.3.1 包装与绿色包装的概念

GB/T 4122.1—2008《包装术语 第1部分：基础》定义包装为："为在流通过程中保护产品，方便储运，促进销售，按一定技术方法而采用的容器、材料及辅助物等的总体名称。也指为了达到上述目的而采用容器、材料、辅助物的过程中施加一定技术方法等的操作活动。"由定义可知，包装包含两层含义：一个是指包装商品的所用的容器、材料及辅助物；另一个是指包装商品时的包装方法和包装技术等操作活动。

包装的种类繁多，按照使用环境和用途，可将包装分为销售包装、工业包装和军用包装三类。概括起来，包装的主要功能可分为保护功能、盛装与划分功能、信息传达功能、促销增值功能。而正是在包装功能的实现、使用和终结过程中，越来越多的污染问题暴露在人们面前，绿色包装应时而生。也就是在现有包装功能性能要求的基础上增加了环境协调性能。包装的环境协调性概括起来有：

1）包装减量化，即在包装基本功能的条件下，应适度包装、减少用量。包装减量化被列为发展无害包装的首选措施。

2）包装应易于重复利用，即保证包装使用后的基本功能不受破坏，尽可能重复使用。

3）包装废弃物应易于回收再生，即应尽可能通过再生、焚烧、堆肥等措施，提高包装物的再生率、能量回收率等。

4）包装废弃物应可降解，即强调包装材料应该是易降解的。生物降解材料和光降解材料是当前包装材料发展的一个重点。

5）包装应在其生命周期中对人和环境无毒无害，即包装不应包含卤素、重金属等有毒有害物质，或将含量控制在标准允许范围之内。

综上所述，绿色包装就是在其生命周期内，既能经济地满足功能性能要求，又不会造成人和环境损害的容器、材料及辅助物等的总体名称。

4.3.2 包装设计概要

1. 包装设计的任务

包装设计的基本任务就是科学、经济和有效地完成商品包装容器的造型、结构和装潢设计。包装功能决定了其设计内容的独特性。根据被包装物的性质、特点的不同，包装设计的侧重点也就不同，大致可分为两大类。

1）根据被包装商品的需求，采用合理的材料和结构，实现包装的保护功能和盛装功能。

① 缓冲包装设计：对玻璃制品、陶瓷制品、电子仪器等质脆或易损的商品，包装设计时应重点考虑流通中对各种振动和冲击的防护。

② 生物包装设计：对于新鲜果蔬等商品，设计的重点在于控制氧气变化和热量增减等生物状态变量，以实现果蔬的保鲜。

③ 化学包装设计：对于药品、化妆品及化工产品，设计时应重点考虑包装材料和商品的相容性，包装容器要求防化学反应、遮光、隔氧、密闭等性能。

④ 生化包装设计：对于肉食、副食和糕点等食品及某些药品，设计时应重点考虑控制其氧化、还原和细菌感染，防腐烂、变质和生霉。

⑤ 物理型包装设计：对于干果、干燥食品以及五金等商品，包装主要考虑控制水分、气体等的变化影响。

⑥ 力学包装设计：对于大型机电产品等体积与质量大的商品，设计时应考虑包装的承载和包装容器结构的合理性。

2）根据商品的价值或特征，以艺术手段对包装进行美化装饰。

① 造型设计：依据造型设计的形式法则（如对称、平衡、协调、统一和节律等）对包装容器的外部形态进行美化。

② 装饰设计：对包装容器进行表面处理（如磨砂、纹理、底纹装饰图案等）或进行附件装饰（如彩带、吊牌和挂签等），获得不同的视觉效果。

③ 装潢设计：包括包装表面构图、色彩、图像和文字等的设计，以获得强烈的艺术效果。

2. 包装设计的流程

包装除了与被包装的商品有关，还与包装生命周期过程中涉及的生产商、分销商、运输部门、用户等利益群体有关。各利益群体对包装的要求或关注点是不同的，见表4-17。为了满足不同的需求，包装设计一般分为三个阶段，即策划阶段、创意阶段和执行阶段。策划阶段的任务是沟通商业信息、进行资料收集分析、研究设计的限制条件，确定设计目标。创意阶段是依据策划得出的策略与方针，进行视觉化的表达。执行阶段是进行批量制造与生产等工艺程序的活动。包装设计具体流程如下。

表4-17　各利益群体对包装的要求或关注点

对包装的要求或关注点	生产者	厂家	运输部门	仓储	销售	消费者
包装成本	√	√			√	√
材料性质						

（续）

对包装的要求或关注点	生产者	厂家	运输部门	仓储	销售	消费者
相关的物理、力学和化学性能	√	√	√	√	√	√
相关的产品质量保存	√	√	√	√	√	√
自动化	√					
印刷性	√					
传递信息					√	√
堆码性			√	√	√	
外观吸引力					√	√
易操作			√	√	√	√
货物按包装方式编码	√	√	√	√	√	
包装环境协调性	√	√	√	√	√	√

（1）市场调查和产品分析

市场调研和产品分析是制定正确的包装设计策略的基础。通常调查分析工作包括：

1）了解被包装产品，如产品形态、特点、消费对象、消费方式和目前的包装形式等。

2）了解产品生产企业的相关信息，如企业性质、规模、设计风格要求与期望等。

3）了解行业相关禁忌与特殊要求以及同类产品的包装现状和优缺点等。

4）分析产品的消费群、消费行为和消费区域等。

5）进行商情调查，了解产品特性、厂商形象、市场现状、消费开发预算、销售策略和售价定位等。

6）收集相关的设计素材和参考资料，研究产品包装发展动态与趋势。

7）界定包装的约束条件，拟订包装设计的工作方式、计划及进度。

（2）设计策略的制定

在市场调查和产品分析基础上制定包装设计策略，主要包括形象战略、促销战略和绿色战略等。

1）形象战略。包装设计的形象战略离不开成功的广告理论的引导。

① AIDMA 理论。其中 A 代表 Attention（关注），即使产品包装在视觉大背景中醒目突出；I 代表 Interest（兴趣），即在视线引起注意后，是否真正具有引发兴趣的可能，以及感受力如何；D 代表 Desire（愿望），即对产品产生需求的欲望；M 代表 Memory（记忆），即对产品及形象产生深刻的印象；A 代表 Action（行动），感受需求的结果，行动起来。顾客很容易把对包装的印象转移为对产

品的印象，因此，包装吸引顾客的注意乃至发生兴趣或购买意味着产品成功的第一步。

② 广告螺旋理论。商品在市场上存在着竞争，有一个从产生、成长、成熟、衰落到死亡的过程。当品牌进入成熟期至衰落期时，就要考虑进行品牌和形象的更新。经调查，包装上标有“新（new）”的产品更受关注。因此，在包装设计时要配合广告的螺旋理论，不断推陈出新。

③ 定位理论。要求包装设计者首先考虑商品的性质、消费群的特殊要求等因素，确定包装的信息表达重点和倾向，然后以这些特征来细化和塑造品牌形象。包装作为产品信息的载体，包装设计的定位在很大程度上决定了包装的成败。包装定位设计通常包括品牌定位、产品定位和消费者定位。

④ 独特卖点理论。强调找出此品牌产品与其他产品之间的差异性和独有特性，也称“卖点”。例如在英国、法国、日本和中国香港等国家和地区较为风行的产品品牌“无印良品”，英文直译为“没有品牌的商品”，此品牌主导下的产品，无论产品设计还是包装设计都强调简洁的设计风格和利于环保的简朴风格。与众不同的包装直接印证着包装的独特卖点理论。

2）促销策略。除了制定包装的形象策略，突出包装的个性，增强消费者对包装的认同感以外，利用包装结构的展示功能吸引顾客的注意，确定顾客的购买信心，或在包装上以“附送赠品”“相同价格，更多容量”“加量不加价”等字样来招揽顾客，从而间接增加产品销量。包装的促销策略是产品促销的有力手段，这一点在竞争激烈的消费品市场尤为重要。

3）绿色战略。随着人们环境意识的逐步提高，“绿色经济”“绿色产品”逐步成为消费的主流。据调查，80% 的德国人、66% 的英国人都愿意为绿色产品支付更多的钱。绿色包装也就成为包装工程中的一个重要卖点。如图 4-14 所示的“自然”公司的礼品包装，采用环保油墨把美好的大自然印在外包装上，给人简朴、回归自然的感觉。本书也将主要从绿色性探讨包装的设计问题。

（3）包装设计方案的形成

基于设计策略，就可以尝试从创造性的角度以多种表达方式对包装的结构、样式、装潢等进行设计，并进行方案优选。

图 4-14 “自然”公司的礼品包装

1）包装式样设计。

① 确定设计目标和设计方案。通过价值分析等方法获取产品包装设计的目标和可能的设计方案，并进行比较选择。

② 绘制式样。绘制立体透视图、彩色效果图，按比例绘制结构装配图。

③ 编制设计说明书。

2）包装结构设计要求与方案设计。

① 包装结构设计要素。包括：包装的保护性能，如防水、防潮、防振、防锈、防霉、防尘、防蛀、保鲜、卫生等；包装的流通特征，如环境条件、循环次数、循环周期等；包装有效期；包装回收使用次数；陈列方式，如叠码、悬挂、展开等。

② 包装结构方案设计。包括：根据容器类型，确定包装结构的组成部分及相互位置关系和连接方式；确定各组成部分的结构特点和特殊要求，如携带方式、开启方式、展示要求、安全防盗、防伪措施等；考虑与容器造型和包装装潢整体协调。

3）包装装潢设计基本要求。

① 确定产品特性，如级别、档次、价值、包装整体结构造型的特点等。

② 包装应真实、准确、鲜明地传递产品信息和企业形象。

③ 货架效应，装潢部分的造型应产生强烈的货架效应。

④ 图形色彩，应考虑到不同消费者对图形色彩、商品名称等的好恶和禁忌情况。

4）包装容器的造型设计。

① 确定容器类型。

② 确定内装物的类别，如形态、规格、档次和容量等。

③ 确定包装物的类别，如单件包装、多件包装、配套包装和系列包装等，应优先选用标准容器。

④ 确定容器主要用途，如保护包装、装饰包装、集合包装等。

5）容器材料的供应情况，如纸、塑料、玻璃、金属及包装辅助材料的供应情况。

6）设计评价。评价和判定设计方案的优劣，确定设计方案的技术先进性、经济合理性和环境协调性，具体评价内容如下：

① 技术方面的评价，即保证在技术上实现包装的功能和性能，常用的评价验证方法有三种。一是样品验证，试制样品，通过实际使用试验和（或）测试，证明包装功能的可靠性和合理性。样品的装潢工艺一般采用绘画、摄影、喷绘等方法表现。要求样品的装潢效果与投产后的正式产品一样逼真。二是模型验证，把设计方案做成模型，在模拟条件下进行试验，取得必要的初步技术评价资料。三是理论验证，对设计方案中的技术参数进行理论计算，获取进行比较的技术评价资料。

② 经济方面的评价，即进行设计方案的成本效益分析。

③ 环境方面的评价，即评价所设计的包装在其生命周期中可能造成的环境

影响。

7）方案修订。根据样品试验、使用、测试以及市场反馈等环节暴露出来的问题，对包装的容器结构、信息表达进行合理修订，确保质量。

（4）设计定稿

通过可行性论证、检测和修订以后的设计方案就基本定稿了。在设计定稿阶段，设计者还需要做些生产准备工作，如设计归档、专利申请、制作印刷制版稿等。

新包装上市后，还应该收集消费者意见，以为后续改进提供依据。这样就完成了包装设计的全部程序。

4.3.3　包装绿色设计准则

包装设计的内容非常丰富。本书主要探讨包装绿色设计的一些常用准则。

1. 包装材料选择

（1）包装材料

商品包装离不开包装材料。在包装设计中合理选用材料，可以起到节约资源和能源、减少污染和保护人体健康的作用。金属、玻璃、纸材、塑料和木材是现代包装的五大材料支柱，分别具有不同的包装性能。

1）金属。常用的金属包装材料有钢和铝材，其形式多为薄板和金属箔。目前主要用于运输包装，如集装箱、铁桶等和饮料食品包装，如图 4-15 所示。金属包装材料的性能主要表现为：

图 4-15　金属罐的包装

① 强度硬度高，不易破碎或损坏。

② 不透气、防潮、防光、能有效地保护内装物品，可用于食品中长期保存。

③ 易再生利用。

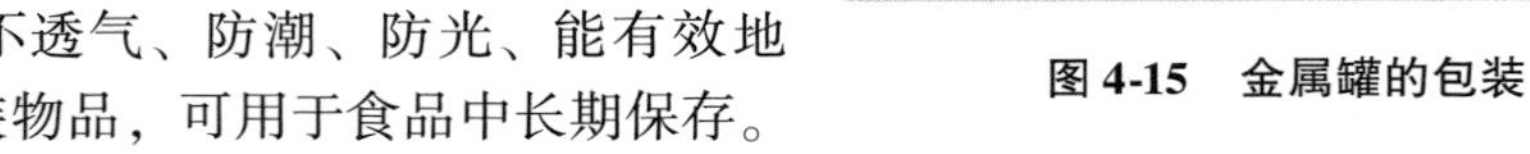

不过，金属包装材料也存在成本高、生产能耗大、易生锈，回收中金属和

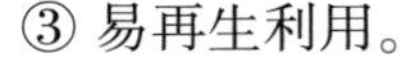

涂层（如漆）之间分离难等问题。

2）玻璃。玻璃容器广泛用于酒类、饮料、调味品、药剂、注射剂和化妆品等商品包装，如图 4-16 所示。其主要性能包括：

图 4-16　玻璃容器

① 化学稳定性好，不易与内装物产生化学反应，抗污染能力强。

② 阻隔性能好，内装物保存性好。

③ 便于重复循环使用和废料回收利用。

④ 制造原料充足，能采用一次直接制成的制造工艺。

不过，玻璃包装也存在成本高、易碎、生产能耗大、不易降解等问题。

3）纸材。常见的纸材包装有纸盒、纸杯、纸袋和纸管等，如图4-17所示，应用较广，产值约占整个包装材料产值45%，其性能主要体现为：

图4-17 纸制锦盒

① 原料充足。

② 无毒、卫生。

③ 可回收使用和再生。

④ 价格较低，无论单位面积价格还是单位容积价格，与其他材料相比都具有竞争力。

纸材包装的弱点是防潮性、气密性、透明性差，易造成被包装物腐化和（或）被污染。

4）塑料。用作包装材料的塑料主要包括塑料编织带、塑料周转箱和钙塑箱、塑料打包带和捆扎绳、塑料中空容器、塑料包装薄膜、泡沫塑料等6类，如图4-18所示，其性能主要体现为：

图4-18 塑料包装

① 优良的物理性能，具有一定的强度、弹性、耐折叠、耐摩擦、抗振动、防潮、气体阻隔等性能。

② 化学稳定性好，能耐酸碱、耐化学药剂、耐油脂、防锈、无毒等。

③ 材料密度小，约为$1g/cm^3$，包装轻量化有助于减少运输中的能源消耗。

④ 材料在生产中的能耗相对较小，生产同一容量的饮料容器消耗的电能：铝为3kW·h、钢为0.7kW·h、玻璃为2.4kW·h、纸为0.18kW·h、塑料为0.11kW·h。

塑料包装的弱点在于可降解性差，“白色污染”的原材料主要就是以聚乙烯（PE）、聚丙烯（PP）为原料的塑料；而且塑料进行焚烧处理也会产生严重的大气污染。这也是各地推行禁塑令的原因。

针对塑料的环境问题，可降解塑料成为国内外绿色材料研究的热点。可降解塑料主要分为光降解塑料和生物降解塑料，主要用作饮料瓶、购物袋、垃圾袋、地膜等的包装材料。

5）木材。木材是一种古老的包装材料，多用于运输包装，近年来也被用作中小包装的材料，如图4-19所示。木材包装材料最大的特点就是污染小、易回收再利用、易降解。但大批

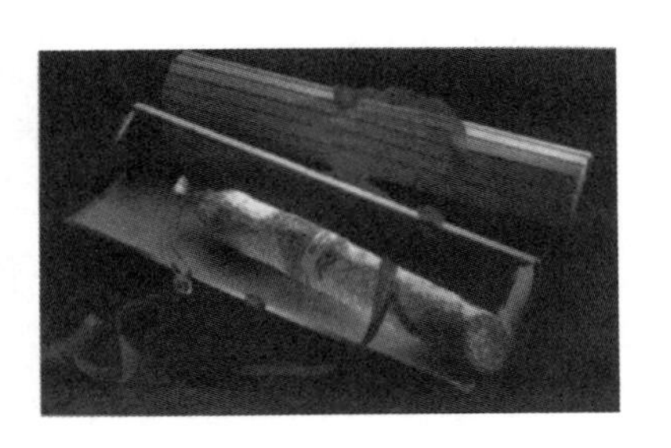

图4-19 木材包装

量使用木材会影响生态平衡。

可见，不同的包装材料具有不同技术性能、经济性能和环境性能，在进行包装绿色设计时必须进行合理的材料选择。

（2）包装绿色设计中的材料选择准则

1）尽量选用易于再生的材料。中国从“限塑令”到“禁塑令”就是根据这一需求提出来的。2008 年 1 月 8 日，国务院办公厅下发《国务院办公厅关于限制生产销售使用塑料购物袋的通知》，规定从2008 年6 月1 日起，在全国范围内禁止生产销售使用超薄塑料购物袋，并实行塑料购物袋有偿使用制度。2015 年 1 月 1 日，吉林省正式施行“禁塑令”，规定全省范围内禁止生产、销售不可降解塑料购物袋、塑料餐具。吉林省成为中国施行“限塑令”6 年以来首个全面“禁塑”的省份。2020 年 1 月 16 日国家发展与改革委员会等部委联合发布了《国家发展改革委　生态环境部关于进一步加强塑料污染治理的意见》，要求在2025 年，完善塑料制品生产、流通、消费和回收处置等环节的管理制度，对不可降解塑料逐渐禁止、限制使用。2020 年 7 月 17 日，国家发展与改革委员会等九部门又联合发布了《关于扎实推进塑料污染治理工作的通知》，对禁限管理的细化标准进行了详细界定。

2）尽量使用回收得到的材料。包装材料的开采、提炼以及制造需要消耗大量的能源和资源，因此如果能回收重用这些材料，不仅能减少生产成本，而且可以在包装材料的生产过程中节省能源和资源，减少污染排放。例如，铝制饮料罐在市场上非常流行。日本铝制饮料罐的年产量高达三十几万吨，占铝总产量的 8% 左右，而将废铝罐再生成铝罐的年生产能力只有约 2 万 t，只占回收量的 1/4 ~ 1/3。然而在铝生产过程中的能量消耗主要集中在脱氧阶段，而金属铝的再生只需适当加热熔化，其能量消耗只占原铝（从氧化物提炼的纯铝）生产过程能耗的 1/20。另外，金属铝的再生还可以减少不可再生资源铝矾土的开发（回收 1t 废铝可节省 5t 铝矾土，铝矾土被我国列入了战略矿产资源清单），因此通过加大废铝罐的回收、分类力度，经过加工实现铝的重用，将产生巨大的社会和经济效益。

3）尽量选用无毒无害材料，减少危险材料的使用。欧美等发达国家的相关立法越来越严格，要求减少和避免使用含铅、铬、镉等对人体健康和生态环境有害的材料。一些国家和组织还限制聚氯乙烯（PVC）等材料的使用，以减少其在制造和废弃后对环境的危害，尤其是添加了邻苯二甲酸酯（PAE，一种增加 PVC 塑性的材料）的 PVC，因为这种添加剂极易污染所包装的食品，从而危害人体健康。

2. 进行合理的包装结构设计

合理的结构设计不仅有利于实现包装功能性能，还对改善包装整个生命周期的环境性能起重要作用。包装结构设计通常应该注意下面几个方面：

1）通过合理的结构设计，提高包装的刚度和强度，实现包装减量化。包装的基本功能就是实现对产品的保护。通过结构设计提高包装体的刚度和强度，不仅有利于保护产品不受损坏，而且还可降低对二次包装和运输包装的要求，减少包装材料的使用。例如对于箱形薄壁容器，容器边缘采用如图 4-20 所示的三种结构形式可以增强边缘的刚度；容器侧壁采用图 4-21 所示的带状增强刚度结构可以减小侧壁的翘曲变形；容器底部和盖设计为如图 4-22 所示的平板状结构或如图 4-23 所示的球面或拱形曲面可以减小容器底部和盖的变形。当容器表面积较大时，增大转角处的圆角半径或采用梯形转角结构，如图 4-24 所示，可以增强容器底部转角处的刚度，有效防止变形。

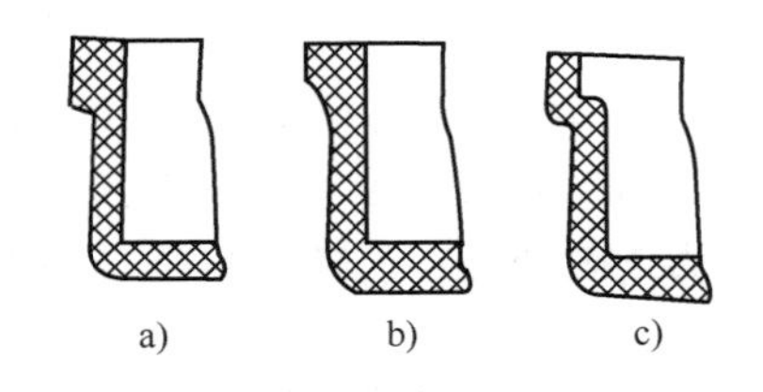

图 4-20　增强容器边缘刚度的结构

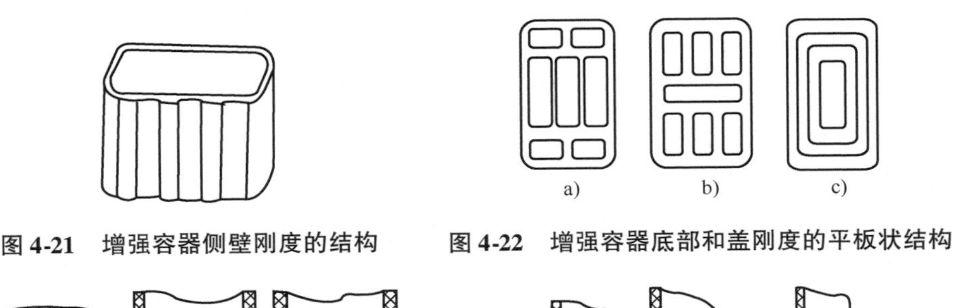

图 4-21　增强容器侧壁刚度的结构　　**图 4-22　增强容器底部和盖刚度的平板状结构**

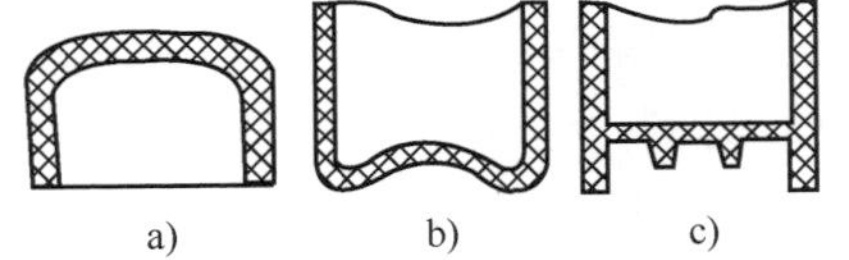

图 4-23　增强容器底部和盖的球面或拱形结构

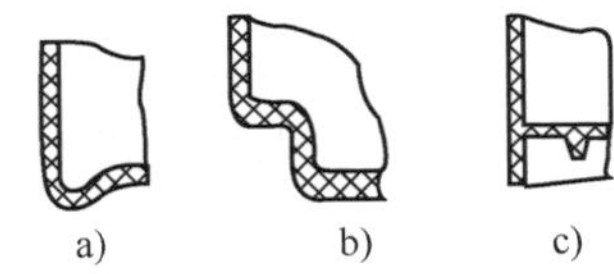

图 4-24　增强容器底部转角处刚度的结构

2）通过合理的包装形态设计，减少包装材料的使用。形态主要是指形状和样式，包装的形态与结构互相制约，相互联系。包装形态的设计取决于被包装物的形态、产品运输方式等因素，下面主要讨论包装形态对材料消耗的影响。

① 球体设计。在相同体积的情况下，各种几何体中，球体的表面积最小。也就是说，当需要用最少的表面材料来包裹最多的物品时，球体是最佳的选择。根据球体表面积最小的原则，在包装设计时首选的包装结构应该是球体，因为可以最大限度地节约原材料。商品包装中使用球体的实例不胜枚举，如球体的酒瓶、化妆品瓶等，如图 4-25 所示。

② 方体设计。方体包装主要分为长方体和立方体。在同样体积的情况下，长方体的表面积要比立方体的表面积大，这说明在方形包装结构中，立方体的

结构应作为首选。以香烟包装为例，香烟的条包装是典型的方体包装。这种十盒为一条的香烟包装无论对包装设计人员还是对普通消费者来说，都司空见惯了，但是如果从节省材料的角度来审视这种设计，会发现它仍然存在改进空间。这种沿用了几十年的香烟条包装，长度为 28.3cm，是高度 9cm 的 3 倍多，所需要的包装材料面积为 867.48cm²；如果将长度缩小为 12.2cm，宽度增加为 11.3cm，高度为 9cm，这时所需要包装材料的表面积为 698.72cm²。两者的面积差为 168.76cm²，将节省约 19.5% 的包装材料。

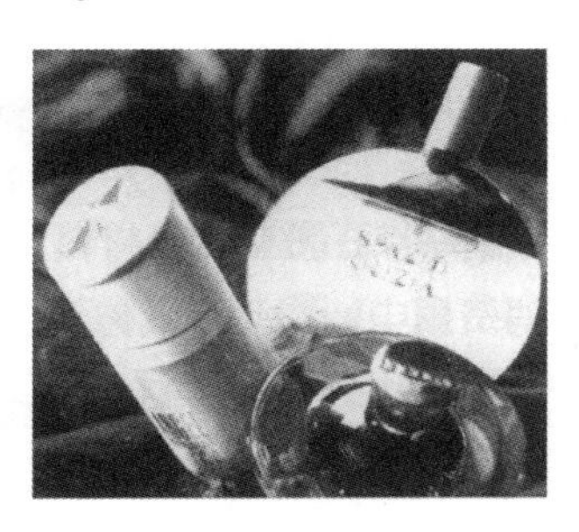

图 4-25　球体设计的化妆品瓶

③ 圆柱体设计准则。由于球体包装在储存和运输时不宜放置，因此在许多场合会选用接近于球体的圆柱体包装结构，如油桶、漆桶、饮料罐等。决定圆柱体包装材料消耗的要素是圆柱的半径和高。当圆柱体的高是半径的 2 倍时，其表面积最小，也就是说最节省材料。

3）了解印刷工艺，调整包装内结构，实现包装减量化设计。印刷过程中，切版工艺是最容易造成材料浪费的。为了节省材料，包装内结构设计的展开形状应尽可能呈方形。例如设计同样大小的敞口盒，改进前设计（图 4-26）只能在纸上放满 6 个展开图，而改进后设计（图 4-27）则可放满 8 个展开图。显然图 4-27 更节省材料。

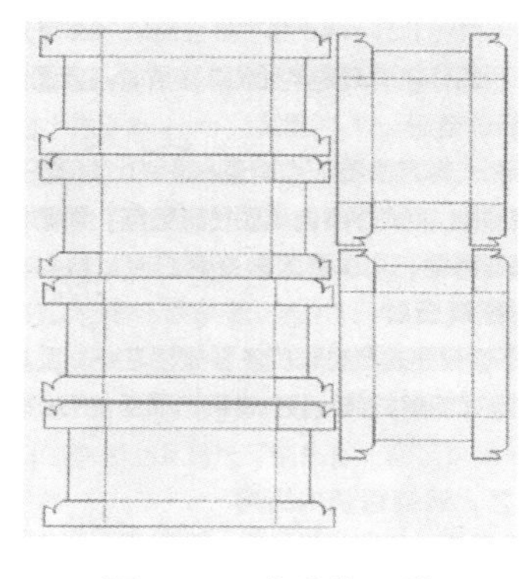

图 4-26　改进前设计

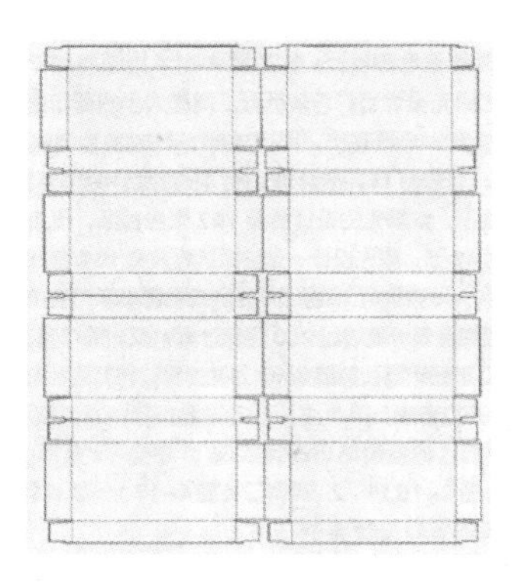

图 4-27　改进后设计

图 4-28 是以节省材料为目的设计的赠品包装。“买一送一”“买一大包装商品，送一小包装商品或礼品”是商家有效的促销手段。针对这类促销商品，可以将两个以上独立的个体包装设计成具有共享面的连体包装，节约两个面的包装材料。其结构分别如图 4-28b、c 所示。

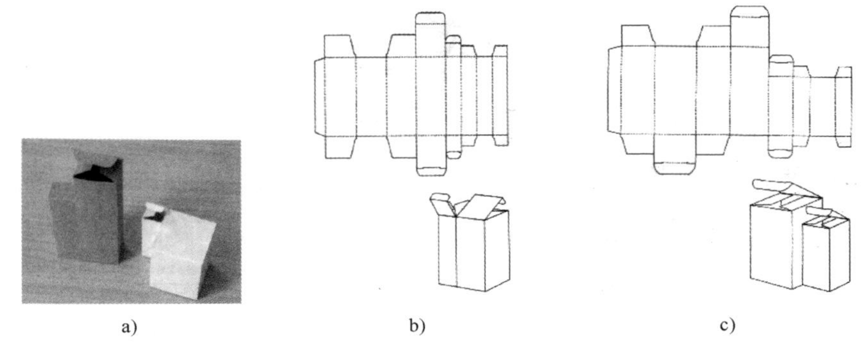

a) b) c)

图 4-28 以节省材料为目的设计的赠品包装

4）避免过度包装。所谓过度包装是指超出产品包装功能要求之外的包装。“过度包装”在礼品、保健品和食品等行业相当严重。例如西洋参包装，盒子很大，商品只有薄薄一层，体积不到包装物的 1/100。“过度包装”的问题已经受到重视。例如日本东京都《商品礼盒包装适当化细要》中指出：包装容器中的间隙原则上不可超过整个容器的 20%；商品与商品之间的间隙必须在 1cm 以下；商品与包装箱内壁之间间隙必须保持在 5mm 以下；包装费用必须在整个产品价格的 15% 以下。避免过度包装是有利于节约资源的，但这不仅是对生产者的要求，同时也是对消费者的要求。它要求消费者改变追求豪华的消费习惯，以简约、质朴、自然为美。避免过度包装的方法主要有：

① 减少包装物的使用数量。在满足包装功能的前提下，减少包装物的使用。

a. 控制单位产品包装容器数量。例如一些化妆品和牙膏通过采用增大瓶盖的办法，使其可以直接放在货架上展示，如图 4-29 所示，从而省去了外面的纸壳包装；又如，通过适当增加包装容器的附加壁层，减少和避免使用填充物；利用大容器替代小容器，使得在包装相同数量的物品时减少包装物的消耗。

图 4-29 增大牙膏盖，使其直立于货架，减少销售包装的使用

b. 利用批量包装代替单独包装，或直接将商品运送至使用现场。例如散装水泥，日本、美国等水泥的散装率分别达 94% 和 92%，西欧多数国家也达到

60% ~90%。据统计，每销售 1 万 t 散装水泥可节约袋纸 60t，造纸用木材 330m^3，电力 7 万 kW · h，煤炭 111. 5t，减少水泥损失 500t，综合经济效益 32. 1 万元。

② 在满足一般包装功能和外观要求的条件下，尽量减少包装材料的使用。例如，许多食品除了包装一层精美的纸盒，还在纸盒外包装一层塑料薄膜。这层薄膜对于完成产品的包装功能是不必要的，而且在打开包装时，这层塑料薄膜往往被随意丢弃，很难回收。可见，减少材料使用不但意味着减少了原材料成本和加工制造成本，也意味着减少运输成本、销售成本，以及包装废弃后的回收处理和再利用成本。

③ 选择合适品质的包装材料。在满足一般包装功能和外观要求的条件下，应该尽量避免使用不必要的高品质包装材料。例如在瓦楞纸板满足要求的情况下，应尽量避免利用纯白卡纸等高级纸板制作外包装纸箱。因为纸的质量和性质与原料有很大关系，高品质的纸是以纤维长、杂细胞少、灰分含量低的木材作为纸浆原料的，而低品质的纸则是以稻草或废纸作为纸浆原料的。

5）通过合理的结构设计，提高运输的效率。如图 4-30所示，某公司开发的一种矿泉水瓶，采用易压缩结构设计，体积可以压缩到原来的 1/5，并且用 PET 材料替代 PVC 材料，减轻了重量。对 2L 瓶体，可以节约 37%的材料，另外，运输、储存、流通费用也显著降低。

图 4-30　可压缩的饮料瓶

6）通过合理的包装结构设计，避免包装物的随意丢弃，从而减小包装物收集和回收的难度。例如，饮料瓶的瓶体通常可以得到有效回收，而瓶盖却被随意丢弃，难以回收。针对这一问题，在设计上可以改进瓶盖的结构，使得瓶盖打开后，仍有拉环连接在瓶体上，从而避免了瓶盖的随意丢弃，如图 4-31 所示。

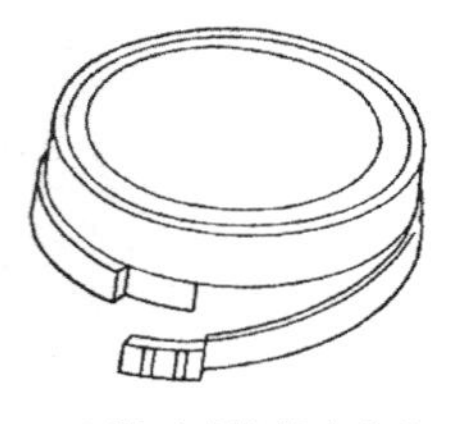

a) 断开式塑料防盗盖

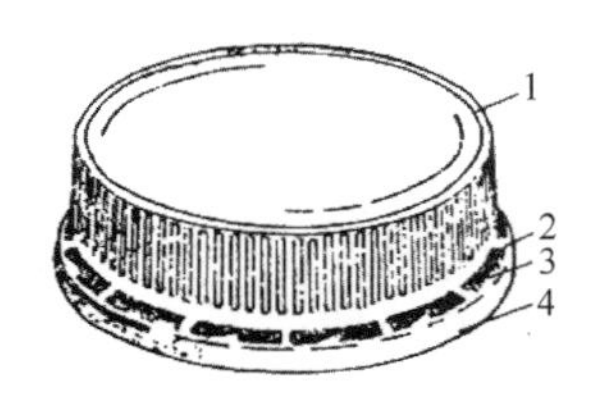

b) 撕拉箍式塑料防盗盖

图 4-31　改进设计后的瓶盖结构

1—瓶盖　2—桥　3—棘爪　4—防盗环

7）包装设计时，应尽可能降低包装的回收难度。例如外包装的油漆、附件等应该选择无毒无害、易于去除、易于回收、对环境无害的材料。

8）包装设计时，应尽可能避免不同材料组成的多层包装体，以减小不同材料包装物的分离，增强包装物的可回收性。

9）包装设计时，应清晰标识包装的可回收性和被包装商品的环境协调性，以引导绿色消费。设计者不仅应在外包装显著位置，通过文字、颜色或其他辅助辨识系统等，标明包装物和商品的废弃方法、废弃地点、分类标识等，还应针对被包装商品的环境协调性，在外包装上标明各种生态标志，见表4-18。

表4-18　常见的生态标志

国家或地区	欧盟	北欧	德国	日本	美国
标志					
说明	EU Ecolabel 绿色产品	Nordic Swan Ecolabel 绿色产品	Blue Angel 绿色产品	Eco-mark 绿色产品	Green Seal 绿色产品
国家或地区	法国	加拿大	中国	德国/欧共体	美国
标志					
说明	NF Environnement 绿色产品	Environmental Choice 绿色产品	中国环境标志 绿色产品	Green Dot 包装材料 回收系统	Energy Star 节能标志
国家或地区	世界范围	世界范围	世界范围	世界范围	世界范围
标志					
说明	产品可以回收或者产品由回收材料制造	塑料回收标示系统： 01 = PET（聚对苯二甲酸乙二醇酯），02 = HDPE（高密度聚乙烯），03 = PVC（聚氯乙烯），04 = LDPE（低密度聚乙烯），05 = PP（聚丙烯），06 = PS（聚苯乙烯），07 = O（其他）	生物危害	放射性	垃圾桶

10）包装结构设计时，应避免包装物和被包装商品对人体的伤害。例如，易与人体接触的部位，不能设计为尖锐的棱边，而应该代之以圆角，从而避免划伤人体的肌肤。又如，为了防止某些商品对儿童造成损害，在包装设计时应采用儿童安全盖。图 4-32 所示为三种儿童安全盖的结构。图 4-32a 所示为挤—旋盖，它由两个独立的内外盖组成，内盖有内螺纹与瓶口的外螺纹旋合，外盖为可以自由旋转的软塑料罩盖，外盖内缘有若干凸块，内盖顶部有相应的凹槽与向心的舌片。当按照瓶盖上指示的方向用力挤压外盖盖裙时，可使外盖的凸块与内槽的凹槽与舌片相互嵌合，在转动外盖就可以带动内盖从瓶口上旋下。图 4-32b 所示为暗码盖，瓶盖由上下两个相互联系的部件组成，只有两部分的标志点对准后，盖才能开启。瓶口螺纹有一个小的间断，用作盖的结合点。盖上的凸出物正好卡在单螺纹下面，当盖旋转时，就锁合到瓶口上。只有当标志点对齐后，盖才能打开。图 4-32c 所示为迷宫盖，这是一种依靠智力开启的包装形式，容器外一般附有开启方法说明。由迷宫盖的结构简图可知，迷宫盖的外盖内壁有一凸耳，而瓶口外围是迷宫式的螺旋线，它要求成年人能记住和辨认一系列的工作方能打开瓶盖，因此儿童一般难以打开。

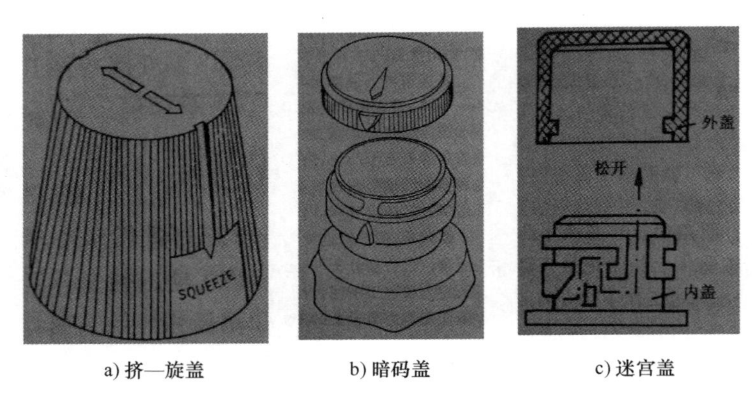

a) 挤—旋盖　　b) 暗码盖　　c) 迷宫盖

图 4-32　儿童安全盖的结构

3. 绿色包装的实践案例

以华为手机包装设计为例，华为公司长期贯彻“6R1D”包装设计策略。所谓“6R1D”即以适度包装为核心的合理设计（Right）、减少能耗（Reduce）、可回收（Returnable）、可重复使用（Reuse）、可再生（Recycle）、可复原（Recovery）和可降解（Degradable）。

基于“6R1D”的设计策略，为了减少塑料使用，让包装材料更容易被降解，华为公司在 HUAWEI P40 系列手机的包装设计中用纸包装替代了塑料包装，如图 4-33 所示。包装材料中的塑料含量相比 HUAWEI P30 降低 17%，每千万台手机减少使用塑料约 17 500kg，相当于减少使用 180 万个超市中号塑料购物袋。

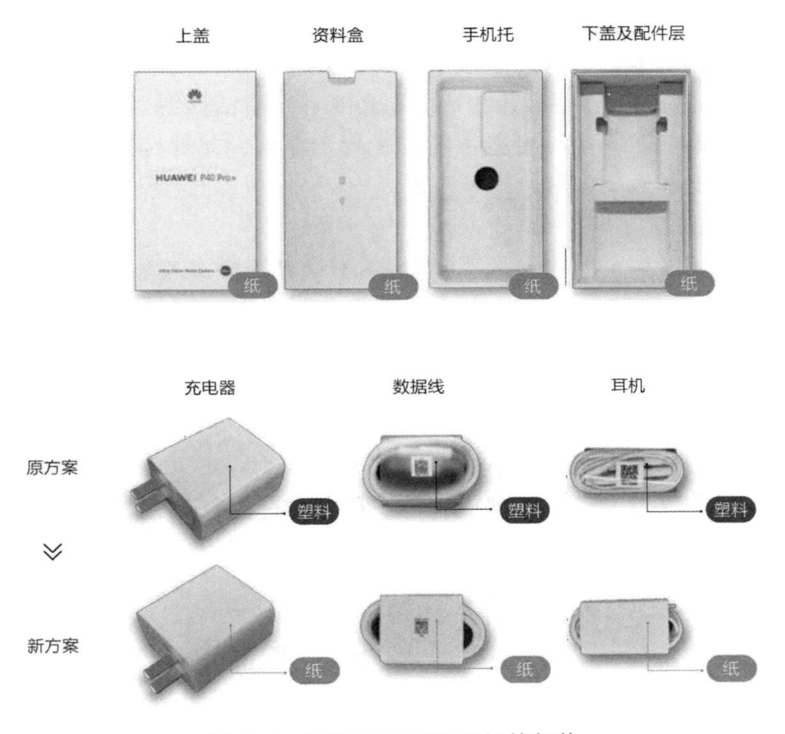

图 4-33　HUAWEI P40 手机的包装

除此之外，作为旗舰机的 HUAWEI Mate 40 系列手机，其包装实装率相比 HUAWEI Mate 7 系列提升了 68%，每部手机包装质量减少 55g，每千万台手机可以减少纸张使用约 550t。

其实，不是只有华为公司，只要查阅上市公司的可持续发展报告、环境进展报告或者社会责任报告，就会发现绿色包装都是其中的重要内容。

4.4　面向使用阶段的设计

面向使用阶段的设计主要是以产品使用过程中的能源消耗、环境影响、安全可靠性和健康影响等为目标的设计方法。

4.4.1　节能设计

要解决能源危机及其环境污染问题，从产品设计的角度来讲，可以从采用清洁能源和利用节能技术着手。

1. 采用清洁能源

以煤炭、石油等化石燃料为基础的能源体系，正面临着来自气候变暖、环境污染、资源枯竭等社会可持续发展方面的压力，清洁能源是能源结构转型和升级的重要方向，也是产品设计中的重要内容。清洁能源涉及太阳能、风能、氢能、核能、地热能等多种可再生能源，限于篇幅，此处选择在产品上应用相对成熟的太阳能和氢能为对象简单介绍。

（1）太阳能

太阳能是蕴藏丰富的“一次能源”。太阳辐射到地球大气层的能量仅是其总辐射能量的22亿分之一，其中真正落到地面的功率约为81万亿kW。也就是说，太阳每秒钟照射到地球上的能量约为500万t煤当量，相当于170万亿t煤当量/年。这个数量比目前全球每年能耗大3万倍。

太阳能的利用主要有光热转换和光电转换两大类。前者为太阳能的热利用，如太阳灶、太阳能热水器和太阳能发电机等；后者是利用“光电效应”原理将太阳能直接转换成电能，如太阳能电池。尽管太阳能利用仍存在转换效率低等技术难点，但其诱人的前景已使得工业界和学术界孜孜以求。例如利用太阳能电池的计算器、手表、电子玩具、航标等产品层出不穷，利用太阳能做动力的汽车、自行车和空调等也已经成功面世。

（2）氢能

氢作为能源，有其独特优点，如重量轻、热值高、燃烧速度快、蕴藏丰富、燃烧无污染、能量转换形式多、储运方便等。对重量敏感的航天领域采用氢燃料就是利用氢能优势的典型例子。20世纪70年代石油危机之后，氢能开始受到美国、欧洲国家的重视。1990年德国展出了一种用氢能运转的5L BMW7系汽车，随后日本马自达也开发了氢能汽车。在家庭用氢方面，20世纪80年代末日本科学家利用贮氢合金能吸附相当于自身体积约1000倍的氢气，以及放氢时吸热的原理，开发了“贮氢合金”冰箱，能实现冰冻室的温度降低到－10℃。不过这只是开始，氢能真正受到全球普遍重视应该要到21世纪了，特别是气候变暖问题日益严峻之后。如今，在交通领域，氢燃料汽车已经成为全球主要汽车公司的重要研发方向。2017年法国阿尔斯通公司宣布将为德国下萨克森州的铁路企业提供14列氢燃料电池列车。氢燃料电池飞机和船舶也是氢能重要的应用领域。在化工、钢铁、电力、储能等工业领域，氢能也被认为是深度脱碳、减小温室气体排放的重要手段。德国2019年着手建设的“Hyland-德国氢能示范区”，澳大利亚于2021年开始打造的“氢簇计划”，加拿大计划于2025年前在艾伯塔省、魁北克省、不列颠哥伦比亚省和大西洋沿岸建设的氢能枢纽，以及日本在北九州、横滨、丰田、京阪科学城和福岛等地开展的氢能社区建设，都预示着氢能作为一个新兴产业正在蓬勃发展。

2. 利用节能技术

节能更准确地说应该是提高能源效率，即提高有效利用能量与能源总体内含的能量之比。从产品设计的角度看，主要是通过改变产品原理和结构，增加添加剂和附加装置来提高能源的利用率。由于产品门类多，且各种产品所消耗的能源种类、耗能结构与原理也不尽相同，因此，下面仅就一些典型产品在使用中的节能问题，阐述一些重要的设计原理与策略，供设计时参考。

（1）机械设备

机械设备是企业的耗能大户。对于这类产品，设计时主要可从如下几个方面提高能效。

1）减小运动部件的质量。在保证设备运行正常的情况下，应尽可能减小设备运动部件的质量，以减少能量损失。运动部件轻量化有两条路径，一是通过选择高强度钢、铝、树脂等满足性能要求的轻质材料；二是通过优化结构，如减小厚度、使用空心结构、小型化、集成化等设计方法来实现。

2）减少运动副之间的摩擦。在机械设备中，摩擦现象随处可见。摩擦既磨损设备，还消耗能量。减摩是节能设计中的一项重要手段。

①摩擦副采用互溶性小的材料，以减小摩擦系数。摩擦副的摩擦系数主要取决于配偶材料的互溶性。对于相同金属或互溶性大的金属所组成的摩擦副易发生粘着现象，故摩擦系数大。例如，机床中的滑动件多选用铸铁，如果滑动导轨仍采用铸铁材料，就会使得导轨与滑动件之间的摩擦系数增大，而采用聚四氟乙烯代替铸铁作为导轨材料则导轨和滑动部件之间的摩擦系数就会减小，从而减少因克服摩擦阻力所消耗的能量。

② 选择合适的摩擦副表面粗糙度，以减小摩擦系数。在干摩擦情况下，将表面粗糙度值大的摩擦表面加工得表面粗糙度值小一些，则会明显降低摩擦力的机械分量，而粘着分量增加不大，故摩擦系数会有较大程度的下降；但当表面粗糙度值减小到一定水平后，就会因实际接触面积增大，使表面间分子吸力的增长超过机械分量的下降，而引起摩擦系数缓慢上升，因此选择合适的摩擦副表面粗糙度可有效地节省能量。

③ 改变摩擦副性质。仅从提高能效的角度来看，在设计时应尽量采用滚动摩擦副或流体摩擦副。因为滚动摩擦和流体摩擦比滑动摩擦的摩擦系数小得多。一般流体摩擦的摩擦系数为0.001~0.008。

④ 加强摩擦副间的润滑。设计时，应尽可能从产品结构上保证能对摩擦副进行充分的润滑。良好的润滑条件可使摩擦副表面间形成足够厚的油膜，将两个表面的微凸体完全分开，在摩擦副间形成完全的液体摩擦（此时油分子已大多不受摩擦副表面作用的支配而自由运动，摩擦是在流体内部的分子之间进行），摩擦系数小。

3）改进传动系统，提高传动效率。提高传动系统效率是机械设备节能降耗的一个有效手段。据有关统计资料表明，一般的机床传动系统中，仅主传动系统功率损失就高达10%～20%。传动系统效率的提高可通过缩短传动链、采用新型高效传动机构，以及加强传动系统的润滑等措施来实现。

4）采用节能控制。产品使用过程中并非时时都处于做有用功的状态，而是有相当长的时间处于“空载”状态。因此，设计时应尽可能采用节能控制，如减少空载时的驱动功率、待机时应使设备处于休眠状态等。

5）设备适度自动化。设备设计不要一味追求自动化，应以适用为原则，在保证不增加操作者劳动强度和保证操作者安全的情况下，可适当采用手动机构，因为不顾实际情况的过度自动化往往会造成能耗的大量增加。

6）提高能量转换效率。在机械设备中往往还存在一次或多次的能量转换，如电能转换为机械能、化学能转换为机械能等，在能量转换过程中，往往存在较大的能量损失，因此设计时应将这些因素考虑在内，尽可能地提高产品使用过程中的能量转换效率。

7）功率与功能性能匹配。开展功率与功能性能的匹配设计，避免“大马拉小车”和“小马拉大车”等不匹配现象。匹配问题是目前用能设备普遍存在的问题。

（2）车辆运载设备

运输业的能耗与工业能耗相当，是节能的重要环节。表4-19为全球能源消费情况，运输业巨大的能耗与车辆运载设备直接相关。下面以量大面广的燃油汽车节能设计为例进行说明。

表4-19　全球能源消费情况　（单位：ktoe）

年份	工业	运输	建筑	商业和公共服务	农业/林业	渔业	其他	非能源消费
1990	1803105	1575288	1530461	450350	164032	6048	260520	477373
1995	1791088	1716062	1726692	502760	174387	6048	88345	530906
2000	1871304	1962766	1804114	555003	149194	6169	77382	606101
2005	2236928	2218273	1897469	642824	174375	8054	99106	702822
2010	2638047	2429780	1987340	717378	182748	8031	109118	765290
2015	2784319	2691655	1995755	761226	197573	7173	135777	834508
2018	2839313	2890900	2109205	808619	214719	7005	151179	916762

注：数据来自国际能源署（International Energy Agency，IEA）。

公安部交通局的数据显示2021年5月，中国机动车保有量达到3.8亿辆，其中2020年的汽车销量为2531.1万辆。2018年中国交通运输、仓储和邮政业的燃料油消费总量占到中国燃油消费量的39.6%，汽车节能问题已经成为节能工作的一个重点。汽车节能技术概括起来可以从提高行驶效率、提高发动机效率和合理利用能源三方面入手，见表 4-20。

表 4-20　汽车设计中的节能技术

提高行使效率	减小行驶阻力	减小空气阻力	利用车身形状改善空气动力学性能
		减小滚动阻力	改进轮胎
	车身轻量化	使车的质量轻量化	轻型材料，减量化设计技术
		使构成部件、附属品轻量化	辅机、电器设备轻量化
	提高驱动效率	提高驱动系统的传动效率	轴承、离合器
		改进变速装置	直接式自动、无级变速
提高发动机效率	改进现有发动机	提高热效率	高温化、改善燃烧、减少冷却损失
		改善部分负荷性能	可变阀定时器，可变排气量
		提高机械效率	降低运转部件摩擦损失和驱动辅机的损失
		采用电子控制实现最优化	微机控制
	开发替代发动机	研制高效率发动机循环	斯特林发动机、兰金循环
		利用化学能	浓度差发电机、燃料电池
		利用氢能	氢气发动机、燃料电池
		利用电能	改良蓄电池、电动车
合理利用能源	能源使用合理化	回收废能	涡轮增压
		回收制动能	储能装置
		提高辅机效率	空调机、电器设备等

(3) 锅炉、炉窑

冶炼、热处理、焚烧等用的各种锅炉和窑炉等都是高耗能产品，节能潜力大。锅炉、炉窑类产品的节能设计主要有以下几个方面。

1）采用燃烧节能技术。采用节能型燃烧器和燃烧装置，并针对燃烧设备制定合理的燃烧工艺规范；采用富氧燃烧及燃烧优化调控技术，改造燃烧设备，以增加燃料完全燃烧的程度。

2）采用绝热节能技术。研发炉窑筒体及热风管道先进隔热保温技术，选择合适的轻质、超轻质绝热材料，或者通过绝热材料的合理组合，来减少绝热对象的散热损失和蓄热损失。

3）采用传热节能技术。研发高热导率的先进涂料，通过选用高热导率材料，增大辐射面以提高辐射率、吸收率，或提高对流给热系数以提高传热效率。

4）采用余热回收装置。研发高温窑筒体、高温物料、热风管等的余热高效取热与利用方式，采用余热回收装置回收余热，减少烟气带走的热量，用余热预热助燃空气或燃料，提高热工设备的热效率；或用来产生蒸汽或热水，供生产或生活使用；或用来发电或驱动设备等。

5）采用能量的匹配优化技术。研发面向多工艺目标的物质流与能量流匹配技术；开展不同部位的能量品位、热能与电能需求以及能量散发与损失分析，形成能量流优化重组综合节能技术，研发燃烧能流与余热利用精准控制技术，建立物质流、能量流、信息流高效匹配的节能管控平台。

（4）电器电子产品

电器电子产品已经成为社会能源的主要消耗者。据中国机械工业企业管理会统计，我国目前在用的21大类机电产品能耗，占我国全部能耗的70%。每年家电产品耗电量超过全国总用电量的15%，而空调的能耗又占到全部家电产品的30%，其耗电量已逾400亿kW·h，即使只将现有空调的能效比提高10%，全国每年至少可节省37亿kW·h时的电量，这相当于一个中等省份城镇居民全年的用电量。可见电器电子产品在使用阶段的节能潜力相当巨大。下面以几种典型家用电器为对象介绍相关的节能设计。

1）制冷电器。例如空调、冷冻机、电冰箱，是电器中最大的耗能设备。其节能设计方法主要有：

① 提高制冷系统的效率，包括采用高效压缩机、高换热性能的蒸发器和冷凝器，优化制冷剂充注量，优化风道设计，采用化霜技术等。

② 采用先进的控制技术，包括采用变频控制技术、基于制冷设备模型的节能控制算法、面向工作环境的节能控制算法、基于人体体感数据的空调节能控制算法、基于不同保鲜要求的电冰箱节能控制算法等。

③ 改善制冷设备的隔热性能，包括选择合适的隔热材料，合理分配发泡层厚度，增加门封条气囊数量锁住冷气、减少冷量流失。

④ 系统匹配优化，主要是集成结构-制冷系统-风道系统-环境的系统匹配优化技术。

2）湿电器。例如洗衣机、滚筒式干燥机和洗碟机等，其节能设计方法有：

① 对于洗衣机，设计时应考虑改善水位控制、提高热效率、减小桶与鼓间隙。

② 对于洗碟机，设计时应考虑降低热漂洗温度、降低洗涤温度、延长洗涤周期、顶部和底部喷雾臂交替喷雾、进水口和出水口之间安装逆流热交换器、减少热桥。

③ 对于干燥机，设计时应考虑提高空气流量、增强空气的再循环、提高换热效率。

3）信息与通信技术（ICT）产品。例如计算机、手机和电视机等都属于ICT产品。其节能设计可以分为硬件节能和软件节能以及两者匹配优化：

① 硬件节能，包括采用高性能节能配件、低待机功耗设计等。

② 软件节能，包括采用动态电源管理、预测，动态电压频率调节，基于编译器的节能设计和基于操作系统的节能设计等。

综上所述，对于具体产品节能设计都有其专门的单元技术，且都将匹配优化作为重要的系统节能技术。不过，实际中节能与产品原有的功能和性能往往会出现矛盾，因此，在节能设计时要考虑主要矛盾的消解。

（5）节能设计中矛盾消解

提高能效是产品系统性的问题，不仅涉及匹配优化，甚至还会与产品原有功能、性能产生矛盾。设计中需要消解这些矛盾。例如轻量化是提高汽车燃油经济性的重要手段，但也会对汽车的被动安全性、强度、刚度、NVH（噪声、振动与声振粗糙度）性能、成本等性能产生影响。显然，汽车轻量化设计不是简单采用高强轻质材料和轻量化结构就行的，其设计流程复杂，如图4-34所示。下面重点只讨论一下汽车车身轻量化与被动安全性的矛盾消解过程。这只是图4-34所示轻量化设计流程中的很小部分。

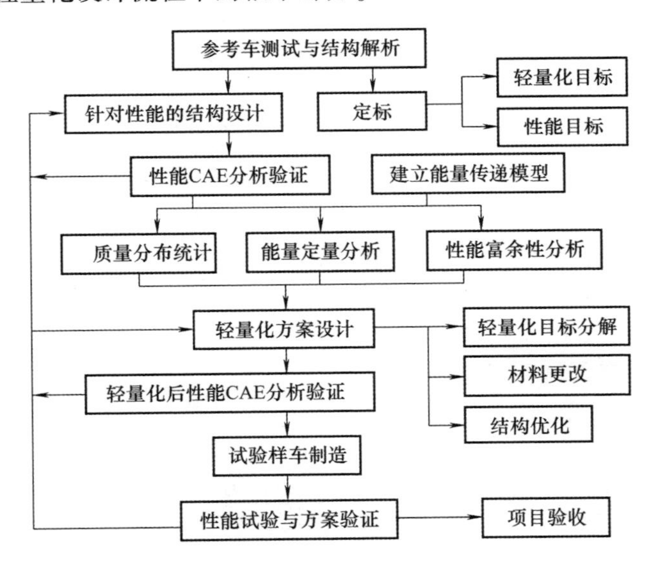

图4-34 汽车轻量化设计流程

汽车车身轻量化是指减小汽车车身的质量。被动安全性是指汽车在事故中避免或降低对人员造成伤害的性能，是一个综合性能。在被动安全性测试时可分为100%正面碰撞冲击、40%正面偏置碰撞冲击、侧面碰撞冲击、背面碰撞冲击、安全带固定点强度、座椅固定点强度和转向系统支撑强度等，不同的碰撞测试方式，其评价指标也不尽相同。因此本案例选择某车型40%正面偏置碰撞冲击进行说明。就是在40%正面偏置碰撞冲击中的被动安全性评价指标也不少，如车身变形、头部伤害指标（HIC）、胸部评价指标、大腿性能指标等多项指标，案例中仅考虑车身变形这一个指标，如图 4-35 所示，即希望驾乘空间不变形。

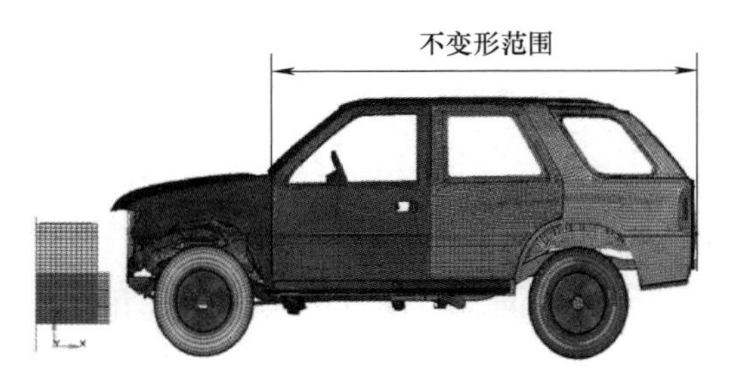

图 4-35　车身不变形的范围

该车型原有结构 40% 正面偏置碰撞的被动安全性并不好，如图 4-36 所示。这个仿真结果与该车的实际碰撞试验结果基本吻合。从仿真结果可以看出，原有结构在安全性方面存在如下不足：

① 车体左前侧变形过大。车架前纵梁纵向刚度不足，纵梁弯曲变形大。

② 前部结构吸收碰撞能量不足。车架纵梁前段缓冲吸能区域未产生理想的纵向皱折式吸能变形模式，不能有效地吸收碰撞产生的能量。

③ 乘员舱被侵入量过大。冲击能量前纵梁传递到仪表板，乘员舱下部严重侵入前围板，转向盘中心后移量过大，达到 300mm 以上，离合踏板后移量过大。

④ 车身 A 柱变形严重。过多的冲击能量由轮罩加强件传递到 A 柱，使车身 A 柱产生严重变形，这说明轮罩加强件纵向刚度过大。

⑤ 车门、前风窗玻璃及车顶变形偏大。

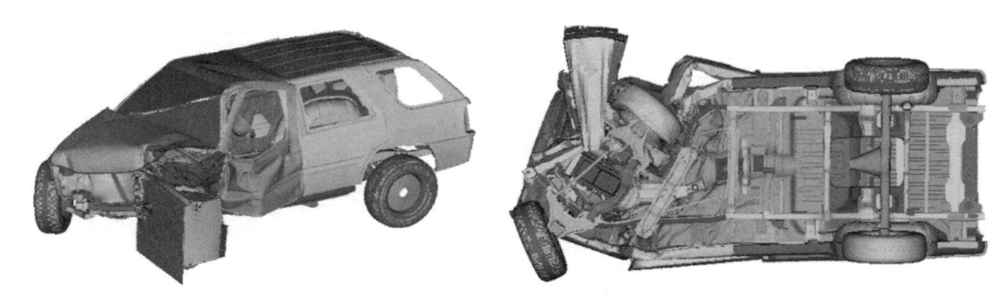

图 4-36　原车型 40% 正面偏置碰撞的车身变形

通过对原结构的仿真分析，可大致确定车身结构改进方向：使车体前部构件、车架前纵梁通过纵向皱折式吸能变形模式吸收更多的能量，并降低车身加速度第一峰值。降低 A 柱的冲击能量，减少 A 柱的变形量和后移量，以及仪表板、转向盘的后移量等。为了改善被动安全性，可以通过增加零部件的刚度和强度实现，但是这样做，如果设计不合理就会增加车身的质量。目前该车质量已近 1. 8t，因此，实际改进时生产商希望在不增加质量的情况下提高被动安全性。这是一个典型的需要消解被动安全性和轻量化之间矛盾的案例。为了避免经验法和试凑法带来的对性能的不确定性，消解此类矛盾可以采用如下方法：

1）确定能量的传递模型。首先构建图4-37所示的碰撞能量传递路径，确定能量流过的零部件，这是后续冲击能量合理分配的基础，也有助于确定轻量化的对象。在此基础上，建立能量零部件间的能量关联模型（ERM）。能量关联模型要描述清楚零件间的邻接关系、零件能量状态关联关系及能量作用形式，如式（4-3）所示。

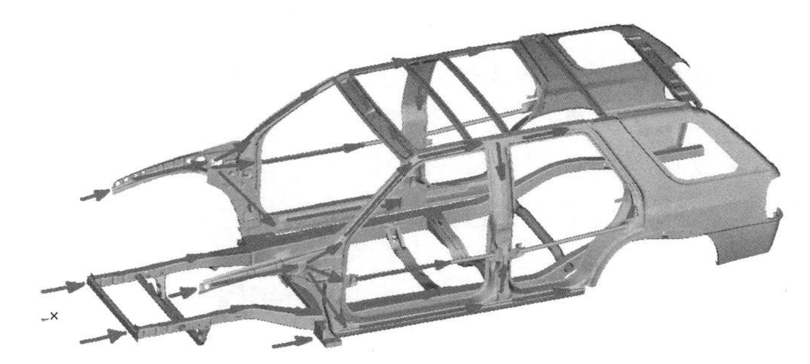

图4-37 碰撞能量传递路径

$$\text{能量关联模型 ERM} = \{\text{邻接关系},\text{零件能量状态关联关系},\text{能量作用形式}\} \tag{4-3}$$

式中，邻接关系，可用0和1表示，邻接用1，非邻接用0表示；零件能量状态关联关系，可用0和±1表示，施加能量用1，接受能量用－1，无直接关联关系用0；能量作用形式，可用0和1表示，接触式用1，非接触式用0。

依据图4-37和式（4-3）可以用表4-21的形式定性地描述在某一性能约束下能量在零件中的流动关系，参与能量流动的各零件对性能的影响。此时，也可以根据能量的承载关系初步确定可能的轻量化对象。通常在轻量化目标值的分解时，作为施加能量的零件应承担更多的指标。

表4-21 零件间的能量关联模型

	零件1	零件2	零件3	…	零件 N
零件1		{1,1,1}	{1,1,1}	…	{0,0,0}
零件2	{1,－1,1}		{0,0,0}	…	{0,0,0}
零件3	{1,－1,1}	{0,0,0}		…	{0,0,0}
…	…	…	…		…
零件 N	{0,0,0}	{0,0,0}	{0,0,0}	…	

2）性能关重度分析。所谓性能关重度分析就是通过试验测试、CAE 分析或数值计算，定量得到各零部件在各种性能约束下所承受的能量与分配百分比，得出各零部件对性能的关重度，从而分析出哪些零部件是能量的主要承载体。对性能关重度小的零部件在轻量化指标分解时应该承担更大的指标任务，而性能关重度大的零部件则需进行性能富裕度分析，谨慎减重。以该车的车架为例，讨论性能关重度方法。

根据图 4-36 的仿真结果，以及能量传递模型，可以完成对原结构的缺陷分析与初步改进。例如车架前纵梁，它是主要的缓冲吸能部件，但在碰撞过程中没有按预期的纵向皱折式变形方式吸收能量，而且此区域段纵梁作为乘员舱的刚性保障结构发生了严重弯曲变形，说明该区域段纵梁刚度不足，如图 4-38 所示。显然，该区域段纵梁结构设计不合理，为此在初步方案中设计了缓冲吸能结构，也增加了该区域的刚度。不过这样做的结果必然增加车架的质量。

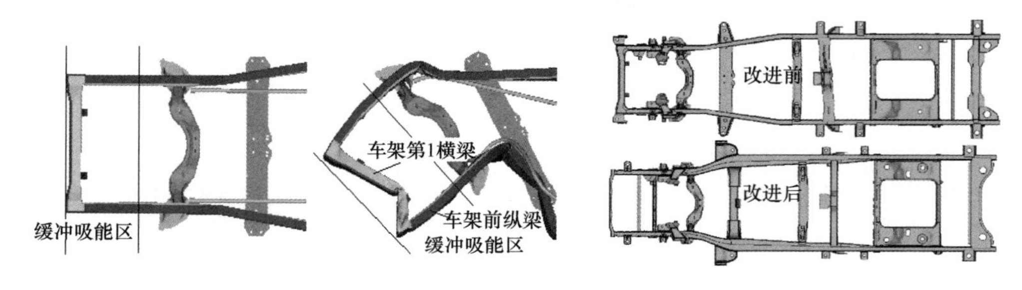

a) 前纵梁破坏情况　　b) 车架改进前后对比

图 4-38　前纵梁破坏情况及改进

为此，需要对车架的众多零件进行性能关重度分析，寻找轻量化的对象。优化的目标首要是车体吸能。车体吸收的能量越大，则碰撞对乘员的伤害越小。另外，加速度峰值也必须加以限制，过大的加速度峰值也会对乘员造成伤害。碰撞过程一般在 100ms 内结束，而设计希望前 40ms 内车身结构变形尽可能多的吸收动能。故将前 40ms 内吸收的能量作为优化的目标函数，同时约束加速度最大峰值，另外，质量也应作为约束条件。基于此，构建优化模型如式（4-4）所示。

$$\begin{cases}\min -E(\boldsymbol{X}) \\ \text{s.t.}\quad A(\boldsymbol{X}) \leqslant A_{\max} \\ \qquad M(\boldsymbol{X}) \leqslant M_{\max} \\ \qquad \boldsymbol{X}=[x_1,x_2,\cdots,x_m] \\ \qquad x_{i\min} \leqslant x_i \leqslant x_{i\max}\ (i=1,2,\cdots,m)\end{cases} \tag{4-4}$$

式中，$E(\boldsymbol{X})$ 为 40ms 内吸收的能量；$A(\boldsymbol{X})$ 为车架模型后端一点的加速度；$M(\boldsymbol{X})$ 为总质量；$A_{\max}$ 与 $M_{\max}$ 分别为允许的最大加速度及质量；x_i 是第 i 个零件的

厚度；$x_{i\max}$、$x_{i\min}$为第 i 个零件厚度的上下限。

汽车碰撞是一个高度非线性的过程，国内外不少学者利用响应面法（Response Surface Methodology，RSM），对零件、组件及整车的耐撞性进行优化。响应面法是一种统计学方法，通过取定一系列试验点，利用试验点处实际目标函数值，构造出拟合函数来逼近目标函数。但汽车零件的数量较多，需要的试验次数多。为此，本案例采用两步构造响应面的方法。第一步对所有可能对目标函数影响大的变量做较少水平数的试验设计，构造出较为粗糙的响应面模型，根据对目标函数值影响的大小，从中选出性能关重件及非性能关重件，即性能关重度分析。第二步，由于非关重零件对耐撞性影响很小，故可以对其进行适当的减重处理；而对于关重零件再次进行试验设计，构造出较为精细的响应面并进行优化。这样既防止计算量过于庞大，又消除了确定优化对象时对经验的过分依赖。

在 40% 正面偏置碰撞中重点考虑纵向及紧靠纵梁的结构件共计 13 个零件，其零件编号如图 4-39a 所示，有限元模型及边界约束条件如图 4-39b 所示。对该 13 个零件采用正交表 L_{27}（3^{13}）组织试验，每个零件给定上下 1～1.5mm 的浮动空间，进行三水平的试验，共需 27 次有限元计算。

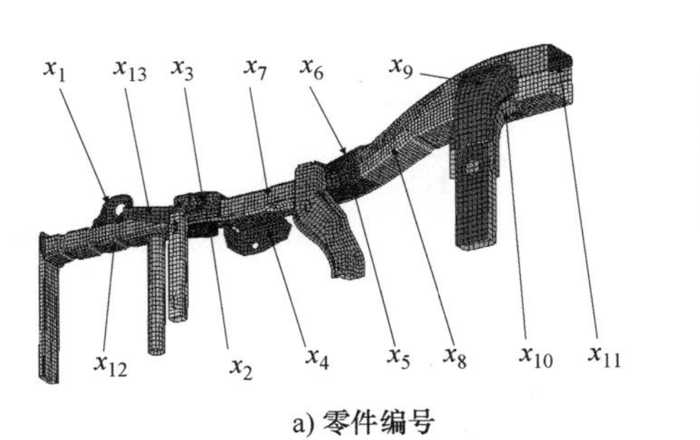

a) 零件编号

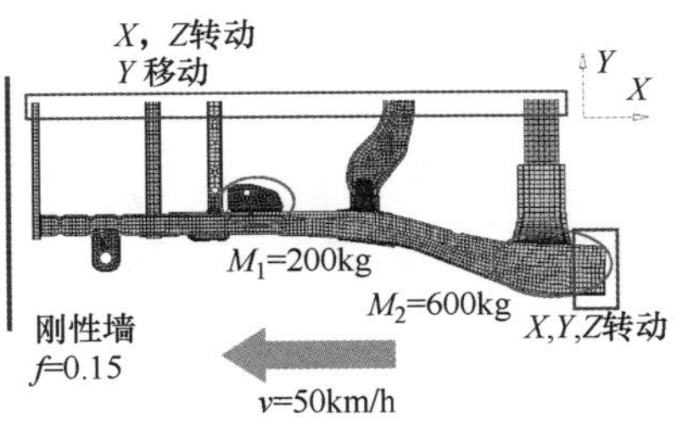

b) 有限元模型及边界约束条件

图 4-39　前车架所选零件编号与有限元模型及边界约束条件

根据有限元计算结果，对吸收的能量及加速度分别构造一次及二次多项式响应面，响应面的方差分析参数见表 4-22。

表 4-22　一次及二次多项式响应面统计性能分析结果

目标函数	阶　　次	R^2（%）	R^2_{adj}（%）
E（$\boldsymbol{X}$）	1	98.4	96.9
	2	99.3	97.9
A（$\boldsymbol{X}$）	1	44.5	0.00
	2	50.3	0.00

从表4-22中可以看出，能量的一次响应面模型的 R_{adj}^2 为96.9%，二次响应面的 R_{adj}^2 为97.9%，说明一次及二次响应面的精度均较高；而加速度的一次及二次多项式响应面模型的 R_{adj}^2 为0，均不能满足要求。因此，对能量采用一次多项式模型即可；而加速度存在很强的非线性，需寻求其他形式的响应面模型。

根据能量的一次响应面模型的回归系数的显著性检验（见表4-23），判断对吸能影响显著的零件。根据判据 $P \leqslant 0.05$，可以得出，对于吸收能量影响显著的零件序号为 x_7、x_8、x_{11}、x_{12}，如图4-40所示。

表4-23　能量响应面模型的回归系数显著性检验

项　目	系　数	t_β	P
常数	56.9	276.22	0.000
x_1	-0.041	-0.16	0.873
x_2	0.445	1.76	0.101
x_3	-0.053	-0.21	0.837
x_4	0.066	0.26	0.798
x_5	0.254	1.01	0.332
x_6	0.2	0.79	0.442
x_7	6.19	24.52	0.000
x_8	2.23	8.85	0.000
x_9	-0.015	-0.06	0.953
x_{10}	-0.029	-0.12	0.909
x_{11}	0.626	2.48	0.028
x_{12}	2.91	11.53	0.000
x_{13}	0.134	0.53	0.605

3）关重件性能富裕度分析。将各非关重零件厚度根据情况分别减薄1~1.5mm，然后对4个关重零件用响应面法进行优化。令 $\boldsymbol{X}=[x_7, x_8, x_{11}, x_{12}]$ 采用均匀设计组织试验，初始厚度 $\boldsymbol{X}'=[3,3,3,3]$，各个变量的空间均为[2, 4]，采用均匀设计表 U_{21}^*（21^7），总共进行21次试验。

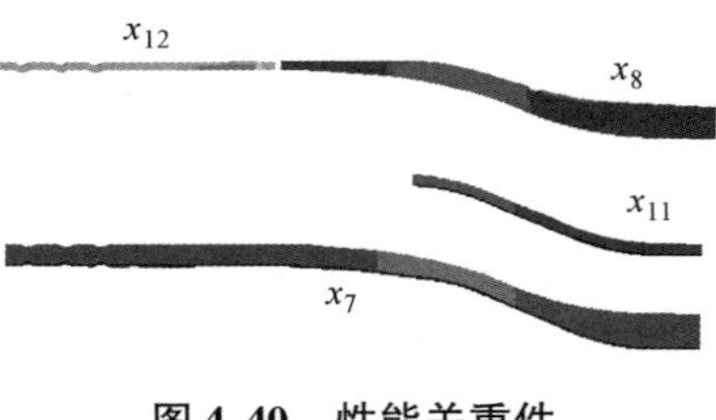

图4-40　性能关重件

根据前一步响应面构造的结论，对能量构造一次多项式响应面，加速度则利用局部特性更好的径向基函数（Multiquadric）构造响应面。在变量空间内任意取点进行有限元计算，以验证响应面的精度。验证方案及其结果见表4-24，从中可以看出，能量响应面的误差较小，加速度响应面在某些点误差较大，但是总体上精度满足要求。

表 4-24 响应面的验证

序号	厚度/mm				能量/kJ			加速度/（m/s²）		
	x_7	x_8	x_{11}	x_{12}	RSM 预测值	FEA 计算值	误差（%）	RSM 预测值	FEA 计算值	误差（%）
1	3.1	2.7	2.5	2.1	53.4	53.9	0.93	329	324	1.50
2	3.2	3.2	2.8	2.8	57.2	58.2	1.72	302	327	7.64
3	3.3	3.3	3.3	3.3	59.7	60.7	1.65	313	291	7.56
4	3.5	3.2	2.8	2.5	58.1	58.4	0.51	327	323	1.24
5	2.7	2.7	2.7	2.7	52.9	53.8	1.67	306	288	6.25
6	2.8	3.2	2.8	3.2	55.9	57.1	2.10	295	279	5.73
7	2.5	2.8	3.2	3.5	54.4	54.8	0.73	271	273	0.74
8	3.5	3.2	2.8	2.5	58.1	58.4	0.51	327	324	0.93
9	4	3	4	3	62.7	61.4	2.11	370	335	3.93

根据构造的响应面，按照式（4-4）描述的优化问题，初始的设计 $A(X_0')=294\mathrm{m/s^2}$，$M(X_0')=14.70\mathrm{kg}$。取 $A_{\max}=300\mathrm{m/s^2}$，$M_{\max}=16\mathrm{kg}$，优化结果如下：

$$\boldsymbol{X}_{\mathrm{opt}}'=[4,\ 2.29,\ 2.15,\ 4]$$

$$M(X_{\mathrm{opt}}')=15.67\mathrm{kg}$$

$$E(X_{\mathrm{opt}}')=63.9\mathrm{kJ}$$

$$A(X_{\mathrm{opt}}')=300\mathrm{m/s^2}$$

在最优点 $\boldsymbol{X}_{\mathrm{opt}}'$处进行有限元计算，计算结果与预测值之间的误差见表 4-25。能量和加速度的误差均很小，优化结果满足要求。图 4-41 及图 4-42 分别是优化前后吸收能量及加速度的时间历程。

表 4-25 最优点的验证

能量/kJ			加速度/（m/s²）		
RSM 预测值	FEA 计算值	误差（%）	RSM 预测值	FEA 实际值	误差（%）
63.9	62.4	2.4	300	298	0.7

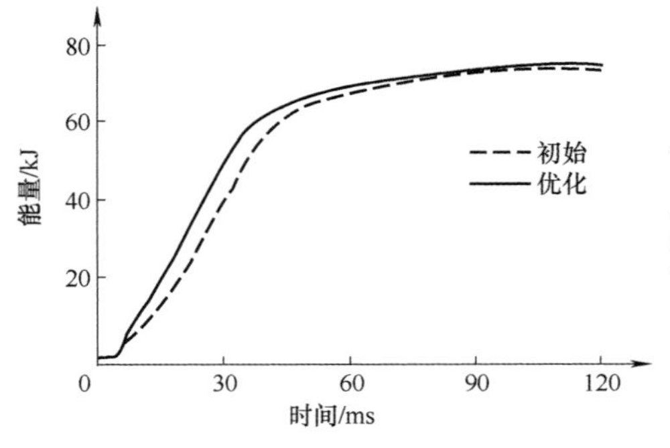

图 4-41 优化前后吸收能量对比

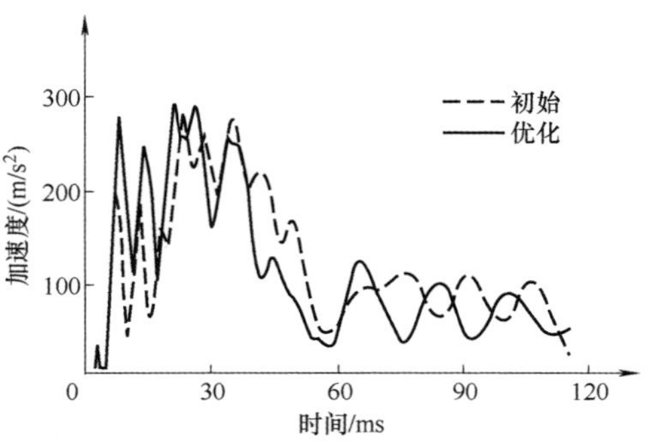

图 4-42 优化前后加速度对比

优化前后，前车架在 40ms 内的吸能从 59.1kJ 增加到 62.4kJ，增加了 5.6%；加速度峰值略有增加，从 294m/s^2 增加到 298m/s^2，增加的幅度仅为 1.4%。优化前后零件的质量统计见表 4-26。关重零件的质量从 14.70kg 增加到 15.67kg，但是前车架 13 个零件的总质量从原设计的 24.92kg 减少到优化后的 23.39kg，减少了 6.1%。可见，优化后车架的耐撞性能有了较大的提高，同时，总的质量也有较大幅度的降低，优化效果明显。

表 4-26　优化前后零件尺寸及质量变化情况

零件	厚度/mm		质量/kg		
	初始值	优化值	初始值	优化值	变化
x_1	4	3	0.469	0.352	-0.117
x_2	4	3	0.484	0.363	-0.121
x_3	6	4.5	2.596	1.947	-0.649
x_4	5	4	0.666	0.533	-0.133
x_5	4	3	1.256	0.942	-0.314
x_6	4	3	0.786	0.590	-0.196
x_7	3	4	6.716	8.955	2.239
x_8	3	2.29	4.268	3.254	-1.014
x_9	4	3	1.748	1.311	-0.437
x_{10}	4	3	1.809	1.357	-0.452
x_{11}	3	2.15	2.413	1.722	-0.691
x_{12}	3	4	1.304	1.739	0.435
x_{13}	5	4	0.407	0.325	-0.082
总计			24.922	23.390	-1.532

其实，这里只是用汽车前车架为例对如何消解节能与性能之间的矛盾进行了一个简要说明。不同的产品，原理不一样，复杂程度不一样，方法也就不一样。但这里想强调的是能效提升不仅要重视单元技术，更要从系统节能的角度来开展。

4.4.2　节省资源的设计——寿命设计

在使用过程中，产品及其零部件不仅会因磨损和其他损害逐步丧失应有的功能，而且还要消耗其他的相关资源。机械设备除了自身运转会消耗润滑油、冷却液、切削液等资源，还会消耗生产性资源，如纺织机械会消耗棉花类资源、曝光设备会消耗曝光灯等。然而，市场上的产品门类繁多，工作原理不一，所消耗的资源类型也多，各种各样的节省方式决定了产品设计内容迥异。不过，合理的产品寿命设计在节省资源方面具有共性。故这一小节重点谈寿命设计。

合理地设计产品寿命是防止资源的浪费的有效方法。人们常常指责一次性商品浪费资源，但又担心长寿命的产品不能跟上技术进步，而在未来不利于资源节约，因此如何开展寿命设计值得探讨。

1. 影响零件寿命的因素

产品由多个零部件组成，产品使用功能的正常发挥必须依靠这些零部件之间的协调工作。任何一个零件因某种原因失效就意味着产品会全部或部分丧失其应有的功能。因而零件寿命长短以及零件间寿命的匹配直接决定着产品的寿命长短。零件正常连续工作的时间就叫作零件的寿命，其影响因素主要有：

1）断裂失效。它是指零件在拉、压、弯、剪、扭等外载荷作用下，某危险截面上的应力超过了零件的强度极限或疲劳极限，而造成的零件损坏。常见的断裂失效有塑性断裂失效、疲劳断裂失效、蠕变断裂失效、低应力脆断失效、环境敏感断裂失效等。

2）过量变形失效。零件的变形包括弹性变形和塑性变形两种，当零件变形超过了弹性极限和屈服强度时就会发生过量变形失效。过量变形失效有过量的弹性变形失效和过量的塑性变形失效两种形式。

3）表面损伤失效。它是指零件在使用中由于材料或零件表面状态遭到破坏而失效。常见的失效形式有磨损失效、腐蚀失效、接触疲劳失效等。因这三种失效方式的机理较为复杂，故做简单介绍。

① 磨损失效。零件运动副之间的摩擦将导致机件表面材料的逐渐丧失和转移，即形成磨损。磨损过程大致可分为跑合磨损阶段、稳定磨损阶段和剧烈磨损阶段，其中稳定磨损阶段代表了零件的寿命。按照磨损机理可将磨损分为粘着磨损、磨料磨损、疲劳磨损、冲蚀磨损及腐蚀磨损等。

② 腐蚀失效。腐蚀是指材料在周围环境（介质）的作用下引起的破坏或变质现象。腐蚀分为化学腐蚀、电化学腐蚀、物理腐蚀。其中，化学腐蚀是指金属表面与非电解质直接发生纯化学作用而引起的破坏，其反应历程的特点是金属表面的原子与非电解质中的氧化剂直接发生氧化还原反应，形成腐蚀产物。电化学腐蚀是指金属表面与离子导电的介质（电解质）发生电化学反应而引起的破坏。电化学腐蚀至少包含有一个阳极反应和一个阴极反应，并以流过金属内部的电子流和介质中的离子流形成回路。物理腐蚀是指金属由于单纯的物理溶解作用引起的破坏。熔融金属中的腐蚀就是固态金属与熔融液态金属（如铅、锌、钠、汞等）相接触引起的金属溶解或开裂。这种腐蚀是由于物理溶解作用，形成合金或液态金属渗入晶界造成的。

③ 接触疲劳失效。它是指零件因受到接触变应力长期作用而在表面产生裂纹或微粒剥落的现象。疲劳破坏分为疲劳裂纹萌生、扩展和失稳断裂三个阶段。

影响零件疲劳失效的主要因素有应力大小、应力集中、零件表面品质及环境状况等。

此外，还有零件因老化、功能指标衰减，因加工缺陷等而造成的失效。

2. 产品寿命设计

产品寿命设计主要包括长寿命设计和均衡寿命设计两种。下面对它们分别进行论述。

（1）长寿命设计

1）长寿命设计的概念。长寿命设计是指在对产品功能进行分析的基础上，采用各种先进的设计理论和工具，使设计出的产品能满足当前和将来相当长一段时间内的用户需求。可见，长寿命设计并非单纯的延长产品寿命，因为简单地延长产品的寿命并不一定能确保在其整个使用寿命都能经济性地满足用户要求。在较长的服役期内能动态地满足用户和社会的要求是相当困难的，必须革新传统的设计思想和方法。

2）长寿命设计的原则和方法。为了实现产品的长寿命设计，应遵循下面的原则和方法。

① 性能保持性原则和方法。对产品进行长寿命设计的一个重要任务就是产品要有保持性能长期稳定的能力，即在相当长的时间内，使产品的各项性能保持在某一水平上。由于产品及其零部件的失效机理各不相同，因此应根据具体失效形式，采取不同的解决办法。

a. 对于断裂失效和过量变形失效形式，多与零件材料的力学性能紧密相连，设计时可采用如下的方法避免这类失效：

（a）根据产品零部件的承载情况和零件材料的力学性能合理选择材料。

a）当零件的主要失效形式为过量弹性变形时，如精密镗床的镗杆，其使用性能要求主要是刚性，宜选择弹性模量较大的材料；对于受弯矩的结构件，在横截面面积相等的条件下，可选择型材，以提高截面刚度。

b）若产品零部件的失效形式为过量塑性变形，其使用性能主要是要求较高的屈服强度。

c）对于工作运行时受交变载荷、呈疲劳断裂失效形态的零件，不仅要求材料屈服强度高，而且要求材料具有高的疲劳极限。

d）低温状态下使用的零件，应选用塑-脆转变温度低于使用温度的材料。

e）高温状态下工作的零件，除了要求满足静强度外，还要选择蠕变极限和持久强度足够，且能抗高温氧化、组织稳定的材料。

f）接触腐蚀介质的零件，应考虑环境对力学性能的影响。

g）对于纤维增强复合材料，应根据零件的受力情况布排和缠绕增强纤维，按混合定则计算强度，如选用超高强度的材料时，应同时考虑材料的断裂韧度等。

（b）采用能提高材料力学性能的热处理方法及强化工艺，如通过对钢进行调质处理，可把马氏体转变为回火索氏体提高材料的塑性和韧性，同时保证一定的强度。

（c）采用合理的零件结构，如采用加强筋或采用型钢提高整个零件的力学性能，可增强零件抗失效的能力。

b. 对于表面损伤失效形式，应视零件的失效机理确定设计失效控制方法。

（a）控制磨损失效的方法有：

a）采用摩擦学复合材料。常用的材料有自润滑复合材料和耐磨复合材料。

b）改善零件表面性能。磨损通常发生在零件的表面，通过改善零件的表面性能可延长其使用寿命，其方法有加工硬化、表面热处理、化学热处理、表面冶金强化以及表面薄膜强化等。

c）加强润滑。润滑不仅可以散热降温，而且可以减小摩擦、减轻磨损、保护零件不遭锈蚀。对于膏状的润滑脂，既可防止内部的润滑剂外泄，又可阻止外部杂质侵入，避免加剧机件的磨损。

d）采用合理的结构设计。例如在滑动轴承的轴瓦或轴颈上开设油孔或油槽，将润滑油导入整个摩擦面间，有利于轴承润滑，减小磨损。

（b）控制腐蚀失效的方法有：

a）正确选用材料和加工工艺。选择对使用介质具有良好耐蚀性的材料，是防止产品因腐蚀失效最积极的措施。具体的选材原则有：

ⓐ 选材时不可单纯追求材料的单项性能指标，而应该根据使用部位全面考虑各种因素。例如，初选材料时应查明零件的工作环境、材料对各类腐蚀的敏感性、防护的可能性、与其接触材料的相容性以及承受应力的类型、大小和方向等。

ⓑ 在容易腐蚀和不易维护的部位应选择高耐蚀性材料，选择腐蚀倾向小的材料和热处理状态。例如，30CrMnSiA 钢抗拉强度在 1176MPa 以下时，对应力腐蚀和氢脆的敏感性小，但当热处理到抗拉强度高于 1373MPa 时，对应力腐蚀和氢脆的敏感性会明显增高。

ⓒ 选用杂质含量低的材料，以提高耐蚀性。对高强度钢、铝合金、镁合金等比强度高的材料，杂质会直接影响其抗均匀腐蚀和应力腐蚀的能力。

ⓓ 根据金属和介质合理选择缓蚀剂。例如 Fe 是过渡族元素，有空位的 d 轨道，易接受电子，对许多带孤对电子的基因产生吸附，而铜的 d 轨道已填满电子，因此对钢铁高效的缓蚀剂对铜的效果不好，甚至有害（如胺类）；而对铜特效的缓蚀剂 BTA 对钢铁的效果也很差。

ⓔ 对易电化学腐蚀的零件应加强电化学保护，将金属构件极化到免蚀区或

钝化区。通过在金属表面形成保护性覆盖层，如发蓝、表面镀层、喷涂漆膜等，可避免金属与腐蚀介质直接接触，或者利用覆盖层对基体金属的电化学保护或缓蚀作用，提高零件的耐蚀性能。

b）合理的防腐蚀结构设计，有利于避免和减小应力腐蚀、接触腐蚀、均匀腐蚀、缝隙腐蚀和微生物腐蚀。其常用方法如下：

ⓐ 外形设计力求简单，避免雨水的积存，也便于防护施工、腐蚀检查和维修。

ⓑ 应采用密闭结构，以防雨水、雾甚至海水的侵入。

ⓒ 积水/液的地方应设置排水/液孔。

ⓓ 应布置合适的通风口，以防湿气的汇集和凝露。

ⓔ 应尽量避免尖角、凹槽和缝隙，以防冷凝水积聚。

ⓕ 铆钉、螺钉或点焊连接头和连接部件的结合面应当有隔离绝缘层，以防接触腐蚀和缝隙腐蚀。

ⓖ 尽量少用吸水性强的材料，若不可避免时，周围应密封。

ⓗ 在零件的晶粒取向上，应尽量不要在短横向上受拉力。应避免使用应力、装配应力和残余应力在同一个方向上叠加，以减少和防止应力腐蚀断裂。例如设计锻件时应保证晶粒流向适应于应力方向。

ⓘ 应尽量避免不同金属互相接触，若不可避免时接触表面应进行适当的防护处理，如钢零件镀锌或镀镉后可与阳极化的铝合金零件接触；或两种金属之间可用缓蚀密封膏、绝缘材料隔开。

ⓙ 应防止零部件局部应力集中或局部受热，并控制材料的最大许用应力。

（c）控制疲劳失效的方法有：

a）减小零件所受应力，将其控制在疲劳极限范围内，因为材料发生疲劳破坏的速度与作用在零件上的应力大小有关，当材料的应力小于疲劳极限时，材料可以承受无限次的应力循环而不发生破坏。

b）尽量减少零件结构形状和尺寸的突变或使其变化尽可能的平滑和均匀，以降低零件上应力集中。零件结构形状和尺寸的突变是应力集中的结构根源。例如增大过渡圆角半径、减小同一零件上相邻剖面处的急剧变化等。

c）设计时应考虑材料表面质量对抗疲劳能力的影响，以提高零件的抗疲劳能力。加工过程中表面层的塑性变形、加工过程的冷作硬化和表面粗糙度等都会影响疲劳寿命。例如减小表面粗糙度值可对材料的抗疲劳强度有明显的改善作用。

d）应尽量将零件和腐蚀介质隔离，因为腐蚀介质容易使材料产生裂纹，从而降低材料的疲劳强度。

② 易维修性原则和方法。产品长时间使用难免会出现这样或那样的问题，

因此设计时应充分考虑产品的易维修性。产品维修性的好坏，关系着产品使用寿命长短，影响乃至决定着维修中的资源消耗和费用。产品的维修性是指产品在规定的条件下和规定的时间内，按规定的程序和方法进行维修时，保持或恢复其规定状态的能力。为了通过维修，延长产品使用寿命，就必须对产品进行易维修性设计，这一点是2020年欧盟绿色新政中的一个要点。常用的方法有：

a. 应在满足功能和性能要求的前提下，尽量采用简单结构和外形。过分复杂的结构会导致制造和维修保障费用增加，也会增加维修难度。另外，简化设计还应考虑使用与维修人员的易用性，降低对使用和维修人员的技能要求。

b. 应提高产品的可达性。可达性是指接近维修部位的难易程度。合理的结构设计是提高可达性的重要途径，一般遵循下列原则：第一，看得见；第二，够得着，如身体的某一部位借助工具能够接触到维修部位；第三，有足够的操作空间。例如飞机常采用开敞率作为可达性好坏的衡量指标。据统计战斗机的开敞率多在30%～40%，美军F-16飞机的开敞率高达60%，仅检查窗口盖就有156处。

c. 应实现零部件的标准化、互换性、通用化和系列化。零件的标准化、互换性、通用化和系列化不仅有利于节省资源、能源，降低报废率，降低生产成本，而且有利于零部件的供应、储备和调剂，使产品维修更简便。

d. 应设计防止维修差错的结构或设置维修识别标志。维修中常常会发生漏装、错装或其他操作差错。因维修差错隐患而造成重大事故屡见不鲜。防止维修差错首先是从结构上采取措施，即在结构上只允许正确的安装。另外，也可通过在维修的零部件、工具、测试器材等上设置识别标记，既避免差错，也提高工效。

e. 应充分考虑故障检测诊断的方便性。产品检测诊断的准确、快速、简便，直接影响维修服务和效率。因此在产品设计时就应考虑其检测诊断问题，如检测方式、检测设备、测试点配置等，并与产品同步研制或选配、试验与评定。

f. 应注意维修的安全性。维修安全性是指能避免维修人员伤亡或产品损坏的一种设计特性，可从宜人性、防机械损伤、防电击、防火防爆以及防辐射等方面考虑。

g. 应注意贵重件的可修复性。可修复性是当零部件因磨损、变形、腐蚀或其他形式失效后，可对原件进行修复，使之恢复原有功能的特性。实践证明，贵重件的修复不仅可节省修理费用，而且对延长产品寿命有重要作用。

③ 可重构性原则和方法。快速变化的市场和快速迭代的产品，加大了产品在较长时间满足用户要求的难度。因此要实现长寿命，产品就应具有可重构性。可重构性是指产品在规定的条件下（如时间、空间），按规定的程序和方法进行重构的能力。重构性通常包括模块独立性、模块兼容性和模块可置换性。模块

独立性是指模块之间相对独立且能完成一定的功能；模块的兼容性是指系统中的不同模块可通过通用的接口标准实现模块间的相互连接；模块可置换性是指系统的某个模块可以被方便地置换而不改变其他模块。组合夹具就是可重构性设计的一个最有说服力的例子。产品可重构性的技术支撑是模块化设计。

模块化设计的思想早已有之，其古代的代表作就是中国的活字印刷。但真正在工业界大面积使用就不得不提到 IBM 公司。20 世纪 50 年代 IBM 公司在计算机模块化设计上的贡献，才真正让模块化成为产品设计的重要内容。模块化设计是指在对一定范围内的不同功能或相同功能不同性能、不同规格的产品进行功能分析的基础上，划分并设计出一系列功能模块，通过模块的选择和组合可以构成不同的产品，以满足市场的不同需求的设计方法。

模块化设计是为了以最少种类和数量的模块组合成尽可能多的各类规格的产品。模块化设计流程如图 4-43 所示。模块化设计方法可分为需求层、策略层、架构层、实例层和应用层五个层级。

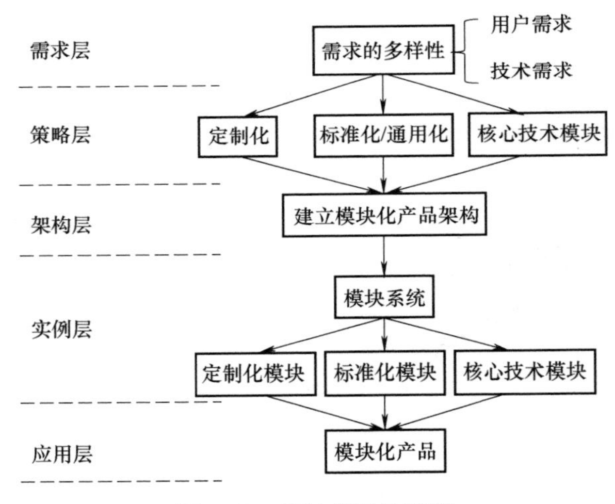

图 4-43　模块化设计流程

a. 需求层。需求包括用户需求和技术需求，是产品开发的基本依据和导向，市场调研和需求分析主要包括市场对同类产品的需求量，市场对同类型产品基型和各种变型的需求比例，用户的反映（如价格、使用性能、结构等），技术的发展等。

b. 策略层。根据产品功能和性能分类，产品策略可分为定制化策略、标准化/通用化策略和核心技术模块策略。定制化策略下的功能模块主要是满足不同用户群的需要，其设计方法是变型设计；标准化/通用化策略下功能模块主要是为了形成规模效应，降低成本，也有助于外包和协同开发，其设计方法主要是标准化/通用化；核心技术模块则强调的是产品的核心技术，其生产商价值体现，其设计方法是基于技术进化的创新设计等。

c. 架构层。这个阶段要合理确定产品的主参数范围和系列型谱。参数范围过宽过高会造成浪费，过窄过低则不能满足使用要求。另外参数的大小及其在参数范围内的分布也很重要。模块化产品系列型谱确定影响着模块系统建立。系列型谱包括横系列模块化产品、纵系列模块化产品、跨系列模块化产品和全系列模块化产品。

d. 实例层。这一层主要基于架构层，完成模块系统的构建。其主要工作包括基型设计、变型设计和模块的分类管理。

（a）在基型设计时首先根据原理方案，进行产品的功能分析和分解；然后在功能分解的基础上建立相应的功能模块系统；接着进行产品主要参数的优化，并由此建立对应功能模块的生产模块以及完成模块接口设计和组成产品的技术设计工作等；最后对基型产品进行试制和考核。

（b）变型设计是指在基型产品的基础上，通过相似理论改变基型产品部分结构、尺寸或性能参数等，开发一系列成本低、功能和性能有所改善的变型产品。变型设计过程同样包括功能分析、建立功能模块和生产模块以及对设计出的变型产品进行试制和考核等。

（c）模块的分类管理是指按照模块的功能、品种、规格以及层次等特性进行分类编码，并按照模块划分策略进行归类，并通过建立数据库、图形库对模块进行有效的管理，以支撑快速设计。

e. 应用层。这个阶段是根据用户需求，准确形成优化的模块化产品，快速响应市场。

模块化设计是一种方法论，国内外的相关研究很多，有兴趣的读者可参考相关文献。

④ 开放性原则和方法。产品的开放性是指产品在功能和性能上应具有可扩展性和可升级性，也就是说产品必须是一个开放的系统，该系统能保证新系统和旧系统的协调工作。产品的开放性设计的技术支撑一是前面讲到的模块化设计，二是技术预测。

技术预测是以技术发展为预测对象，对技术的开拓、发展及其应用领域以及可能产生的影响做出科学的推断。技术预测在一定程度上决定了企业决策的成败。目前常用的技术预测方法有几十种，这里只简单介绍几种有代表性的方法：

a. 直观性预测。直观性预测是从事物的外部通过主观判断和集体思维去预测未来。目前流行的专家调查法是其中一种，属于定性预测方法，在技术预测、社会预测等多方面被广泛采用。

b. 探索性预测。探索性预测是从当前的可能出发探索未来。常用的方法有类比法、模型法等。

（a）类比法是根据技术之间存在的某些基本相似性来探索在其他方面的相似性。故选好作为先导的事件很重要，应该对事件的所有基本特点逐一进行对比，找出相似性和差异。

（b）模型法认为某一技术的发展进程呈 S 形曲线，有其界限。同时，也认为就整个技术系统而言技术仍然是继续发展的，只是其功能将由更高一级的技术来完成。因此可根据过去的技术发展速度推断未来，并展望新技术出现的可能性。式（4-5）为一种常用的技术发展生长曲线的数学模型（Pear 模型）：

$$y = \frac{L}{1 + a\mathrm{e}^{-bt}} \tag{4-5}$$

式中，L 为变量 y（某种技术的功能参数）的上限；a、b 为常数；t 为时间。

c. 系统的优化预测。应用系统的观点，把预测问题置于整个技术或经济系统的数学模型中作为一个子模型考虑，根据预期的结果和现实的条件进行多方案的优化比较，为决策部门提供多种选择方案。该方法因考虑了更多的外界因素，所以被称为系统的优化预测。

在技术预测的基础上，企业便可采用模块化设计方法完成产品的设计，通过合理的接口设计就可以方便地实现产品的升级和扩展，而且即便在技术预测失败的情况下也只需更换部分模块即可，不必让全部产品报废。这种新设计方法最大限度地保持产品的时代性，降低报废处理和再利用的产品数量。以北方电讯的 Power Touch Vista 电话为例，电话被设计为两部分：一部分是有基本电话特征的标准底座，另一部分是可升级的插入式模块。底座的设计寿命很长，而插槽的设计则是在技术预测的基础上采用了模块化设计，可方便地增加功能，如呼叫者身份、呼叫等待、更大的屏幕尺寸、更好的显示效果等。即使在插槽不能满足功能扩展要求时，还可更换扩展功能更强大的模块，避免了电话机整机报废。

⑤ 经济性原则和方法。经济性是长寿命设计中必须考虑的重要因素。寿命延长对市场、对新产品的影响是直接的。不过，影响大小要从政策、产品生命周期去综合评估。否则，欧盟绿色新政中就不会将延长产品寿命作为一个重要政策要点了。产品的经济性包括两个方面的内容：产品的成本以及产品的收益，对产品的生命周期进行分析，可进一步将产品的成本划分为企业成本（生产成本与回收成本）、用户成本和社会成本，即所谓的生命周期成本。产品的收益又可分为企业效益，用户收益与社会收益。良好的经济性是长寿命产品得以生存的前提条件，一个产品无论它环境协调性有多好，若不具备良好的经济性能，就不可能得到市场。

3）手机长寿命设计案例。苹果公司以“最大限度地发挥资源利用率，创造经久耐用的产品”为目标，从耐久性设计、易维修性设计和软件三方面开展了手机的长寿命设计。例如，通过防溅、抗水、防尘等设计，使 iPhone 11 在 IEC 60529—2013《机壳提供的防护等级（IP 代码）》标准下达到 IP68 级别（即在最深 2m 的水下停留时间最长可达 30min），能够抵御常见液体泼溅；通过防跌落、防盐雾、防紫外线等面向服役环境的设计，使设备具有高可靠性；通过采用拉伸释放黏合剂在使用中将电池牢牢固定，在维修时又能即时迅速脱黏；通过优化操作系统来支持更多的产品，让用户能充分享用现有的设备。例如，iOS13 可兼容早在 2015 年发布的设备。苹果公司每一次软件更新，都为兼容的每一款设备进行了验证和优化，以维持产品的高性能。基于苹果公司在延长寿命方面的努力，苹果新的手机比老款手机拥有了更好的性能，见表 4-27。

表 4-27　iPhone11 和 iPhone（第一代）耐久性、维修性对比

项　目		iPhone（第一代）2007 年机型	iPhone 11 Pro 2019 年机型
耐用性	抗水	—	√
	防尘	—	√
	防溅	—	√
可现场维修①	显示屏	—	√
	电池	—	√
	扬声器	—	√
	触觉反馈	—	√
	后置摄像头	—	√
	SIM 卡插槽	√	√

注：“—”代表不具备此功能，“√”代表具备此功能。

① 包括零售店、苹果公司授权服务提供商和邮寄地点提供的维修服务。

顺便说一句，政策对设计是会有较大影响的。除了苹果公司在开展延长产品寿命的工作，诸如三星、华为、荣耀等厂商也在做类似的工作。

（2）均衡寿命设计

延长产品的寿命固然可以有效地节省资源和能源，减少环境污染，但对于复杂产品，其某些零部件或零部件的不同部位所处的工作环境各不相同，因此受到磨损、疲劳和腐蚀等物理和（或）化学破坏的程度也就各不一样，零部件之间或者零件不同部位的寿命也就可能不同，为了避免因零部件的寿命不匹配造成资源浪费，应该对这些零部件采用均衡寿命设计。机床传动系统就是一个很好的例子，机床从电动机开始（即输入轴）到输出轴，其速度一般逐级减小，功率则逐级增加。所以，为了使传动系统的寿命匹配，避免不必要的资源浪费，设计者可通过选择合理的齿轮模数、齿面宽度以及增加轴径，以保持各零部件的寿命均衡。

均衡寿命设计就是指根据零部件的工作环境，对产品及零部件采用合理的措施（如选择合理的零件材料，采用合理的结构设计和工艺方法等），以使得产品的零部件之间或零件不同部位具有相等的或成倍数的寿命。这里的倍数寿命是指零部件之间的寿命成倍数关系。下面简要说明实施均衡寿命设计的一些措施。

1）采取合理的结构工艺设计实现零件寿命的均衡。零件不同部位所处的工作环境（如受力大小、环境特点）不同，各部位的寿命也就可能不同。通常可采用下列方法实现零件均衡寿命设计：

① 通过优化设计增强零件易断裂的薄弱部位。

a. 优化结构，取消易引起应力集中的部位。

b. 采用等强度设计，使零件各部分所受应力相等，实现产品的均衡寿命设计。

c. 采用合理的工艺设计，如采用表面热处理（渗碳、渗氮等），增强薄弱环节强度。

② 采取措施提高易磨损部位的耐磨性。许多零件由于其各部位的使用环境（如使用频率、工作温度等）不一样，造成零件不同部位的磨损程度也有很大的差别。以机床导轨为例，通常靠近机床主轴大约400mm范围内的导轨，其使用频率较高，磨损较大，而导轨其他部位的磨损则相对小得多，因此采取措施实现导轨的均衡寿命设计，将节省大量的资源。常用的提高耐磨性的方法见前面的叙述。

③ 转移、均化或极小化造成寿命缩短的主动载荷。这有助于实现零件各部位寿命均衡。例如为了减小机床主轴前端承受的轴向力，通过合理的结构设计，将轴向力转移到主轴箱壁，以实现主轴各部位寿命均衡。

2）采用模块化设计和可拆卸性设计实现模块的易更换性。要真正实现产品所有零部件的寿命相等是不经济的，也是不现实的，因此对于实在无法达到等寿命的设计情况，可采用倍数寿命设计的方法将零件的寿命设计成“倍数”关系，并采用模块化设计或可拆卸性设计，使得寿命短的零部件可以得到快速更换，从整体上保证产品的长寿命。

当然，在实际中，并非降低某一方面的成本或提高某一方面的环境协调性，就可降低产品整个生命周期的成本或增加整个生命周期的环境协调性，因此必须结合其他设计方法，全面考虑才能设计出真正的绿色产品。

4.4.3 面向使用阶段的环境设计

产品在使用过程中，常常会产生大量的固体废弃物、废水、废气、电磁辐射以及噪声和振动等，从而对环境造成污染。因此在产品设计过程中应充分考虑到使用中可能产生的环境污染，以便能在设计时采取必要措施，将这些不良影响消除或减至最低程度。由于不同的产品，其产品结构不同，主要的污染因素也不同，因此只能举例谈谈相关设计方法。

1. 废气

许多产品在使用中，都会产生废气，特别是那些以化石燃料为动力的产品，更是如此。因此为减少产品使用造成的大气污染，通常采用改进产品结构的方法减少废气的产生和增加必要的废气处理装置，减小废气污染的危害。下面以汽油车（以汽油为燃料）为例加以说明，对汽油车来说，CO、HC、NO_x和固体微粒（PM）是主要的有害成分，而且 HC 和 NO_x在大气中受强烈紫外线照射后还会生成光化学烟雾，损害人类健康。针对汽车尾气问题，表 4-28 罗列了一些相关的减少汽车尾气排放的设计方法。

表 4-28　减少汽车尾气排放的设计方法

设计对象	设计途径	设计对象	设计途径
排气再循环（EGR）	改善 EGR 系统，提高循环使用率	稀薄燃烧	采用稀薄燃烧系统
	改善 EGR 控制方法	后处理装置	二次空气喷射
燃烧系统的设计	降低燃烧室的面积/溶剂比（S/V）		热反应器
	降低压缩比		再次燃烧法
	缩小燃烧室的激冷区		催化反应器
	利用涡流影响排气成分	防止汽油蒸气措施	曲轴箱强制通风系统
点火系统	优化点火时间，减少排放		防止汽油蒸气进入大气装置
	加大点火能量	燃料供给系的改进	进气自动调温装置
汽油喷射	电子控制汽油喷射		改化油器为电喷
	机械控制汽油喷射		调整配气相位

2. 废水和废液

在产品使用过程中，排放的废水和废液可分为洁净废水和污染废水/废液两种。洁净废水，如冷却水应该循环利用，污染的废水/废液则应进行综合防治。在设计阶段增加必要的结构或装置，对使用过程中产生的污染废水/废液进行处理处置。

1）过滤，如采用格栅或筛网过滤悬浮物和漂浮物。

2）除油装置，如油水分离器等。

3）蒸发，通过加热或减压，使水分子大量汽化，从而能对其中的溶质进行处理。

4）离心，利用杂质和水密度不同，在高速旋转时所受离心力不同从而进行分离。

5）物理吸附，采用活性炭、粉煤灰等吸附剂除去废水中的有机物和色素等。

6）中和，对废水进行酸碱中和，经中和反应后生成盐类物质经凝聚沉淀后再分离脱水形成污泥，净化后的水可回收再用。

7）氧化，去除废水中难以生物降解的有机物。

8）水解，生成水解产物，去除有害物。

9）电解，除去重金属离子。

上述方法可以单独使用，也可以组合使用。图 4-44 描述的废乳化液处理流程就是上述方法组合使用的例子。该流程首先去除废水中的金属切屑和泥沙等固体杂质，再经调节池药物作用破坏乳化液的稳定性，使油水分离，分离后的废水经砂滤和活性炭再次净化后可以排放，也可以回收再用。而分离出来的废油与渣的处理一般与乳化液的配方和所采用的处理方法有关，一般废油经再生处理后能恢复活性，仍能作为乳化液回用于生产。分离出来的废渣经脱水后掺在燃料煤中进行焚烧处理。

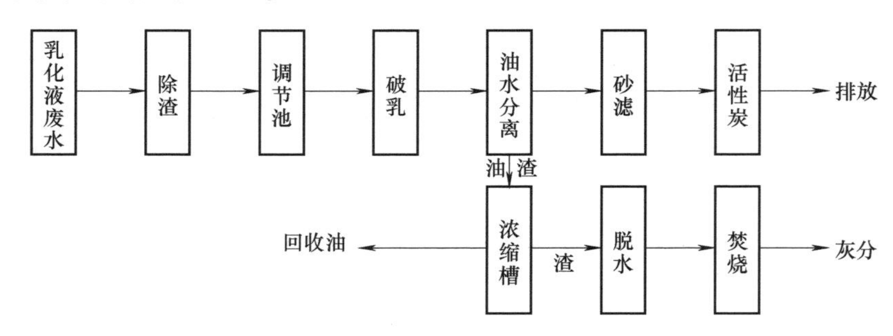

图 4-44　废乳化液处理流程

3. 固体废弃物

对于产品使用过程产生的固体废弃物，除了改进产品尽可能提高资源利用率，减少固体废弃物产生外，就是为产品配套附加设施进行固体废弃物的综合利用与处理处置。根据固体废弃物的成分，其处理方法和设备可分为物理、化学和生物化学三大类。

（1）物理处理法

1）粉碎。将大块物料粉碎成适当的小颗粒，以便从粉碎的固体废弃物中选出有用成分，或增加物料密度便于处理或提高运输效率。

2）分选。利用粒料的不同物理特性，使用筛分、风选、磁选或浮选等方法分离有用成分。

3）压缩。利用压缩机将固体废弃物压缩成高密度块料，减少体积便于储存、填埋。

4）脱水。对于污泥或含水量高的固体废弃物，须预先脱水处理，以便于储存、运输或处置。

（2）化学处理法

1）焚烧。用于处理可燃性固体废弃物，以减少固体废弃物的体积，便于填埋，焚烧产生的热能可综合利用。

2）热分解。在无氧或少氧条件下高温加热，使固体废弃物中的有机物低分子化，得到高温气体和用作化工原料的液体。

3）浸出法。选择适当的化学溶剂与固体废弃物作用，选择性溶解某些组分实现回收利用。浸出法分水浸、酸浸、碱浸和盐浸，可用于提取金、银、铜、锌等重金属离子或回收贵重金属，也可提取石墨、高岭土、金刚石等。

4）高温烧结。利用炉窑高温焙烧，使固体废弃物产生硅酸盐材料和金属，可用于制砖等。

5）固化法，利用物理的或化学的固化剂，将废弃物固化或包封在惰性基体中，使其成为不溶或溶解度低的物质。一般用于剧毒废弃物或放射性废弃物的处理。

（3）生物化学处理法

1）高温堆肥。将废弃有机物高温发酵熟化成为高含腐殖质的肥料。

2）沼气法。废弃有机物经厌氧发酵，生成沼气。

3）细菌冶金法，也称细菌浸出法。利用微生物及其新陈代谢产物，氧化、溶浸废弃物中的有用金属，如处理铜的硫化物和铜矿物、铀矿物等。

关于面向使用阶段的环境设计这里只讨论三废的问题，而将噪声、振动等污染放在安全健康设计，因为这些污染对人的健康影响更受关注。

4.4.4 面向使用的安全健康设计

产品绿色设计在强调保护生态环境同时，也重视对人的保护。生产中对人的保护在人因工程学中有许多研究。这里重点关注因产品使用对人体健康和安全的影响。同时，对 ISO 18000 职业健康安全性管理体系认证做一个简单介绍。

1. 噪声环境与噪声控制

噪声是一切人类不需要的声音的总称，对人的心理、生理都有影响。

（1）噪声的来源

噪声分空气动力性噪声、机械性噪声和电磁性噪声。空气动力性噪声，如风机、空压机、汽轮机、喷气机、空调机、汽笛等发出的噪声，是因气体振动所形成的压力突变导致的；机械性噪声，如机械设备、电锯、球磨机、锻压机和剪板机等所发出的噪声，是因摩擦、传动、撞击等引起的；电磁性噪声，是因磁场脉动、电机部件振动所导致的噪声。

（2）噪声对人体的影响因素

1）噪声强度。噪声强度是影响听力的主要因素。据调查，55dB（A）以下的低强度噪声对人无害，而150dB（A）以上的高强度噪声可使人鼓膜破裂、穿孔出血，甚至丧失听力。

2）接触时间。接触时间越长，听力损伤越严重，损伤的阳性率越高。听力损伤的临界暴露时间与噪声频率有关。例如4000~6000Hz出现听力损伤的时间最早。

3）噪声频谱。噪声是无数频率声音的组合，有低频也有高频。有的机器如电锯、铆枪等设备的高频率噪声多一些，听起来刺耳；有些机器低频率的声音多一些，如空气压缩机、内燃机以及小汽车的噪声，听起来沉闷；有的机器则较为均匀地辐射从低频到高频的噪声，如纺织机械等。在强度相同的条件下，以高频为主的噪声比以低频为主的噪声对听力的危害大；窄频带噪声比宽频带噪声的危害大。例如长期暴露在噪声中，听力损伤通常首先出现在频率为4000Hz的声音，而后逐渐扩展到6000Hz和3000Hz的声音，再扩展到8000Hz和2000Hz的声音，最后是2000Hz以下声音。

4）噪声类型和接触方式。通常脉冲噪声比稳态噪声危害大，持续接触比间断接触危害大。

（3）噪声控制方法

形成噪声干扰的过程是：声源——传播途径——接收者。因此，噪声也必须从这三方面加以控制。

1）声源噪声。工业噪声源主要分为机械声源和气流声源，其中降低机械声源的办法主要有：

① 更换产生噪声的零部件或装置，提高零部件的配合精度，选用低噪声零部件。

② 选择合理的原材料，减小噪声。一般钢、铜、铝等金属材料，内阻尼较小，消耗振动能量较少。在激振力的作用下，用这些材料制成的零部件的构件表面会辐射较强的噪声，而采用消耗能量大的高分子材料或高阻尼合金就不同了。例如某棉织厂将1511型织机的36齿传动齿轮改用尼龙代替铸铁使噪声降低了4~5dB。

③ 改善振源。其主要措施有减少机械摩擦，提高零件制造精度，加强润滑，做好动平衡，提高机壳刚度，阻尼振动，改变构件固有频率避免共振，合理安装等。例如薄金属板受弯曲振动而辐射噪声，可在薄板上使用阻尼材料以减噪；又如利用弹簧、软木、毛毡、橡胶、塑料、玻璃纤维等弹性元件来减弱某些部

件的振动。

降低气源噪声的方法有：

① 采用吸声材料和吸声结构，控制室内的混响时间，降低空间噪声，降低管道中的气流噪声。

② 在进气口、排气口或管道中安装消声器。例如在功率较大的电机的进、出气处安装适当形式的消声器。

③ 在通风机、鼓风机与地基之间安装减振装置。

④ 采用多孔扩散消声器和小孔消声器解决喷气噪声。

2）要控制噪声传播途径。通过设置隔声罩或利用隔声材料组成的构件，将噪声源和接收者隔开。例如采用隔声屏可降低噪声 5～15dB。

3）配置噪声防护用品和设施，主要措施有：

① 为操作者配置耳塞、耳罩、头盔等防护用品。防护用品的防护效果与噪声频率有关，以 1000～4000Hz 时效果最佳，一般可衰减 10～40dB。

② 设置隔声操纵室，减少操作者在噪声中的暴露时间。表 4-29 为职业性噪声连续暴露时间和听力保护。

表 4-29 职业性噪声连续暴露时间和听力保护

连续暴露时间/h	8	4	2	1	1/2	1/4	1/8	最高限连续声
允许 A 声级/dB	85～90	88～93	91～96	94～99	97～102	100～105	103～108	115

2. 振动环境与振动控制

（1）振动对人体的影响因素

振动对人的影响主要与频率、振幅、加速度、暴露时间和人的姿势等因素有关。

1）频率的影响。人体各部位有各自的共振频率，见表 4-30。当振动频率接近或等于某一部位的固有频率时，就会产生共振，出现不适。例如振动频率 3～6Hz，接近头部和胸腹部的固有频率，就会造成头痛、脑胀、昏眩和呕吐等症状。

表 4-30 人体各部位的共振频率 （单位：Hz）

共振部位	共振频率第一段	共振频率第二段	共振部位	共振频率第一段	共振频率第二段
胸腔内脏	4～8	10～12	手	30～40	
脊柱	30		神经系统	250	
眼	15～50	60～90	鼻窦腔、鼻喉	1000～1500	
头部	2～30	500～1000	上下颌	6～8	100～200

2）振幅的影响。当振动频率较高时，振幅起主要作用，如作用于全身的振动频率在 40 ~ 102Hz 时，一旦振幅达 0.05 ~ 1.3mm，就会对全身有害。

3）加速度的影响。当加速度在 0.0035 ~ 0.0196m/s^2范围内时，人体刚刚能感到振动。随着振动加速度的增大，会引起前庭器官反应，以至造成内脏、血液位移。

4）暴露时间的影响。承受振动的时间对人体影响也很大，如持续时间在 0.1s 以下，人体直立向上运动时能忍受的加速度为 156.8m/s^2，而向下运动时为 98m/s^2，横向则为 392m/s^2。若加速度超过此值，便会出现皮肉青肿、骨折、器官破裂、脑震荡等损伤，甚至死亡。长时间使用振动工具也会引起以末梢循环障碍为主的局部振动病，还可累及肢体神经及运动功能。其主要症状为一指和多指指端麻木、僵硬、发胀、疼痛等。

5）人的姿势的影响。人的姿势对振动的敏感程度不同，如站着的人对于垂直振动敏感；坐着的人对于横向和纵向振动敏感；而斜立或仰卧的人对纵向振动敏感，而对于横向振动会感到舒服。

（2）振动控制方法

振动控制方法有以下五种：

1）消振，即消除或减弱振源，这是治本的方法。例如对不平衡的刚性或柔性转子，采用动平衡方法消除或减弱其在转动时因质量不平衡产生的离心力及力矩；又如对高烟囱、热交换器等结构，由于卡门涡引起的流激振动，可通过加扰流器的方法破坏卡门涡的生成，减弱涡激振动强度；再如车刀颤振，可通过加冷却剂的方法减小车削时的刀具与工件之间的摩擦力，破坏出现颤振的条件。

2）隔振，在振源与受控对象之间串联一个称之为隔振器的装置，以减小受控对象对振源激励的响应。例如飞机座舱内仪表板通过隔振器与机体相连，以减小机体振动向仪表板的传递；动力机械通过隔振器与基础相连，以减小机械运转时交变扰力和力矩向基础的传递。隔振有主动隔振和被动隔振之分，其原理如图 4-45 所示。主动隔振就是通过隔振器或隔振材料的作用将由机器干扰力

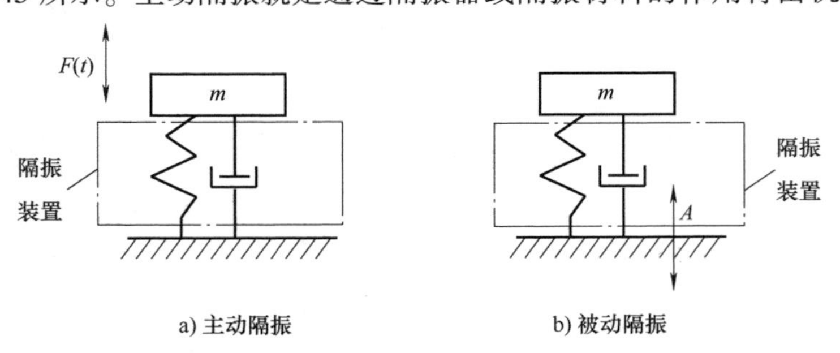

图 4-45　主动隔振与被动隔振原理示意图

$F(t)$作用而产生的振动大部分隔离掉，使之不传给周围环境。被动隔振则是将外来的振动位移A，通过隔振器大部分消除。

3）吸振，在受控对象上附加动力吸振器，用它产生吸振力以减小受控对象对振源激励的响应。例如为减小直升机在飞行中的机体振动而采用的连于驾驶舱内的弹簧—质量块型吸振器、连于桨毂处的双线摆型吸振器及连于桨叶根部的摆式吸振器。又如高层建筑顶部安装有阻尼动力吸振器，又称调谐质量阻尼器（TMD）。

4）阻振，在受控对象上附加阻尼器或阻尼元件，通过消耗能量而使响应减小。例如粘贴阻尼材料的汽车壁板能有效地降低车辆在不平路面上行驶引起的随机激励响应；直升机增加桨叶减摆器的阻尼以防止出现振动不稳定现象。

5）结构修改，这是通过修改受控对象的动力学特性参数使振动满足预定要求的振动控制方案。所谓动力学特性参数是指影响受控对象质量、刚度与阻尼特性的参数，如惯性元件的质量、转动惯量及其分布。以内燃机为例，往复式内燃机都存在着往复惯性力及其力矩的平衡、曲轴系统扭转振动等问题。为了预防内燃机有害振动的出现，就必须针对影响内燃机平衡及扭转振动的各种结构因素，如曲轴结构、曲轴系统质量的配置、与发动机的连接方式、多列式内燃机的气缸夹角、发火顺序、发火配合角等，进行动力学分析，达到合理的匹配，使内燃机的有害振动消除或减轻。

（3）有毒有害环境及其控制

1）有毒有害环境。在产品使用过程中，有时不可避免会使用有毒有害的物质。这些有毒有害物质常以固体、液体、气体和气溶胶的形态存在。其中以固体和液体形态存在的毒物，若不挥发又不经皮肤进入人体，则对人体危害较小。因此，就其对人体的危害来说，则以空气污染为主。而造成操作者作业环境空气污染和安全问题的主要物质包括有毒气体、有毒蒸气、工业粉尘以及烟雾等。

有毒气体是指在常温、常压下呈气态的有害物质，如冶炼过程和发动机排出的一氧化碳，由化工管道、容器逸出的氯气、三氧化硫等。

有毒蒸气是指有毒固体升华、有毒液体蒸发或挥发时形成的蒸气，如喷漆作业中的苯和汽油等。

工业粉尘是指能长时间漂浮在作业场所空气中的固体微粒，其粒子大小多在0.1～10μm。例如固体物质机械粉碎，粉状原料在混合、筛选时均可产生粉尘。

烟（尘）是指悬浮在空气中直径小于0.1μm的固体微粒。例如熔炼铅时形成的铅烟，农药熏蒸剂燃烧时产生的烟等。

雾为悬浮在空气中的液体微滴，多由于蒸气冷凝或液体喷洒形成。例如喷漆时产生的漆物等。

有毒环境若不加以控制，轻则造成人的不快，并引起一些轻微反应，如头痛、心跳加快、咳嗽、流泪等；重则使人昏迷，造成人的各种伤害甚至死亡。目前国家标准已经对有毒环境的检测和评定方法以及各种有毒物的最高限度进行了规范。表 4-31 给出了车间空气中有害物质最高容许浓度。

表 4-31　车间空气中有害物质最高容许浓度

编号	物质名称	最高允许浓度/（mg/m^3）	编号	物质名称	最高允许浓度/（mg/m^3）
有毒物质			生产性粉尘		
1	一氧化碳	30	1	含有 10% 以上游离二氧化硅粉尘（石英、石英岩等）	2
2	一甲胺	5	2	石棉粉尘及含有 10% 以上石棉粉尘	2
3	乙醚	500	3	含有 10% 以下游离二氧化硅的滑石粉尘	4
4	乙腈	3	4	含有 10% 以下游离二氧化硅水泥粉尘	6
5	二甲胺	10	5	含有 10% 以下游离二氧化硅的煤尘	10
6	二甲苯	100	6	铝、氧化铝、铝合金粉尘	4
7	二甲基二氯甲烷	2	7	玻璃和矿渣粉尘	5
8	二甲基甲酰胺（皮）	10	8	烟草及茶叶粉尘	3
9	二氧化硫	15	9	其他粉尘	10
…	…	…	…	…	…

2）有毒有害环境对人体健康和安全的影响控制。有毒有害环境的控制方法可以是防止泄漏，也可以是加强作业环境的管理，但更重要的是从产品或设备源头尽可能去替代。由于不同产品使用环境不一样，控制方法也迥异，因此下面以船舶钢板切割设备为例做一个说明。

船舶钢板切割经常在船舱密闭空间进行，切割机采用乙炔作为工艺气体。乙炔是一种无色、极易燃的气体，也是很好的切割工艺气体。乙炔燃烧的火焰温度为 3150℃，热值为 12800kcal/m^3（1kcal = 4.186J），在氧气中燃烧速度 7.5m/s。但纯乙炔为无色无味的易燃、有毒气体。自电石制取的乙炔还因含有磷化氢、砷化氢、硫化氢等杂质而具有特殊的刺激性蒜臭和毒性。乙炔与空气混合形成爆炸混合物，在压力超过 0.15MPa 时易发生爆炸。美军曾研究乙炔弹，一枚 500g 的乙炔弹可使坦克丧失作战能力。所以在密闭的船舱中用氧乙炔焰切割机，存在乙炔泄漏毒性和爆炸的双重危险。

为此，国内船厂以天然气为新型气体母气，研制出了天然气添加剂、新型切割气体供气系统配套设备、新型气体专用高效割嘴，催化促使甲烷完全燃烧、催化加速甲烷燃烧速度、催化切割过程中铁的氧化速度，使气体燃烧温度可以达到3050℃以上。这个气体燃烧温度接近乙炔的燃烧温度，比单纯天然气2000℃的燃烧温度，高出了1000℃，基本接近乙炔气的切割性能。以天然气为母气的新型气体和乙炔气体切割的性能对比见表4-32。

表4-32　船舶密闭空间新型气体和乙炔气体切割性能对比

气体名称		新型气体（CH_4）	乙炔（C_2H_2）	新型气体优势
安全	1）着火点/℃	645	335	着火点高，更加安全
	2）爆炸范围（空气中）	5.3%～14%	2.5%～81%	范围小，不易爆炸
	3）毒性	无	有	对人身体无害
	4）加臭	有	无	气味明显，泄漏更易发现
	5）密度（标况下）/$kg \cdot m^{-3}$	0.71	1.17	不会产生低凹沉积
	6）相对密度（空气的相对密度为1）	0.58	0.91	在空气中易挥发、飘散
节能	1）能耗	天然组成	电石生产、耗能大	无能耗
	2）污染	无	电石生产、废渣、废水多	无污染
	3）实际耗氧量（氧-燃气体积比）	1.5	1.1	相当
	4）总热值/（kJ/kg）	56230	50208	单位质量热值高

可见，切割机及其工艺气体的改进，在保证切割性能的基础上改变了切割的有毒环境，还减小了爆炸的风险。不过，有毒有害物质对人体的危害形式各式各样，需要结合具体情况进行相关设备安全性设计。

（4）设备安全性设计

因设计不当或维修、调整不良等原因而造成设备安全隐患常常是企业生产中安全事故的罪魁祸首。安全性应该在设备开发初期就纳入设计方案，具体的设计内容包括以下几个方面。

1）生产设备安全性设计。生产设备是指在生产中所用的各种机械、设备及其附件。GB 5083—1999《生产设备安全卫生设计总则》对各类生产设备的安全卫生设计提出了基础要求。按照该标准可以归纳出安全设计的准则如下：

① 生产设备及其零部件应具有足够的强度、刚度和稳定性，应合理选择各种受力零部件的结构、材料、工艺、安全系数和连接方式，以确保在规定使用寿命内按规定条件使用时，不会发生断裂和破碎等失效。

② 生产设备设计应符合人机工程学。人与机器特性之间的匹配不仅决定着人-机系统的工作效率，而且影响着人-机系统的整体安全性。例如在不影响功能

的前提下，生产设备及其零部件应避免出现易伤人的锐角、利棱、凸凹不平的表面和较凸出的部分。

③ 在整个生命周期内生产设备应符合安全卫生要求。生产设备在其使用阶段不得排放超过标准规定的有害物质，如果生产设备本身不能完全消除有害物质的排放，则必须额外增加处理有害物质的设备。例如为处理汽车尾气，汽车厂商开发了以三元催化转化器为代表的催化转化装置、微粒捕集系统、燃油蒸发控制装置等机外净化措施。生产设备在其报废后回收处理阶段也不能产生环境污染。例如设备中的电控部件因含有欧盟 RoHS 指令中限定的 10 种有毒有害物质，所以其综合利用需要配套专门的处理设备。

④ 应优先采用安全本质化措施。生产设备安全本质化的最主要特点是强调采用先进的技术手段和物质条件保障安全。保障的途径主要有：

a. 从根本上消除危害的存在及其转化条件，如用机器人代替人在有害作业环境中工作，以保证操作者的安全。采用机器人实现喷涂生产线的自动化，减少漆雾等有害物质对作业人员的伤害就是一个很好的例子。又如，在设备设计时选择对人无害的材料，或禁止使用能与工作介质发生反应而造成危险（爆炸、生成有害物质等）的材料等，前面介绍的用天然气代替乙炔切割就是这样的例子。

b. 使生产设备具有自动防止误操作而导致设备故障或工艺异常的能力。例如，大型冲压设备上设置有光线反射式安全装置。

⑤ 应对生产设备设计进行安全评价，以防止生产设备先天就存在隐患。当安全技术措施与经济利益发生矛盾时，应优先考虑安全要求，并按照下列顺序选择安全技术措施：

a. 应力求通过直接的安全技术措施去满足安全要求，即生产设备本身具有安全性能，从一开始就不会产生危险。

b. 只有在直接安全技术措施不能完全避免危险时，方可考虑采用间接安全措施，如可靠的安全保护装置。

c. 应在设计时适当采用指示性安全技术措施，如信号灯、报警器等信号装置。信号装置应布置在操作者或监视人员易于发现和感觉到的位置；信号装置的作用能力（如闪烁频率、持续时间、声压和响度等）应保证操作者能够迅速和果断地反应出信号的最佳可能性；信号装置发出的信号应该简单、明显、清晰、单一，以保证操作者迅速反应和正确地采取措施等。但应指出的是，对仅仅在发生危险前发出警告，并通过指示器说明危险部位的提示性安全技术措施，不应作为解决安全问题的手段，更不允许因其方便而加以滥用，只能作为主要安全装置的补充。

2）机床安全控制装置。机床的安全隐患主要来自机床的旋转部件、飞出的切屑或工件等。为了避免这些危害因素可能带来的人体伤害，除了可以安装防护罩和防护栏杆外，还必须设计必要的安全控制装置。机床的安全控制装置设计主要考虑下面几方面的措施：

① 过载保险装置。机床的过载保险装置多由三部分组成，即感受元件、中间环节和执行机构。感受元件对所检参数的变化起反应，并通过中间环节传给执行机构以实现保险。机床过载不仅指力过载，其工作规范和使用条件被破坏，如刀具折断、零部件温度超限等都称为过载，如图 4-46 所示。过载保险装置按照能量形式和工作特性可以分为下列几种：a. 中断传动链中的能流，如中断电能的装置、带有破坏元件的装置和脱开装置；b. 吸收能量并将其转变为另一形式，如摩擦式离合器；c. 积累能量并在过载停止后，或在作用过程中利用连续的脉冲循环作用将其还给对象，如保护拉杆和连杆的弹簧装置、爪形和滚珠式离合器和带有弯曲弹性元件的装置等；d. 从保护对象中放出全部或局部能量，如液压保险装置。

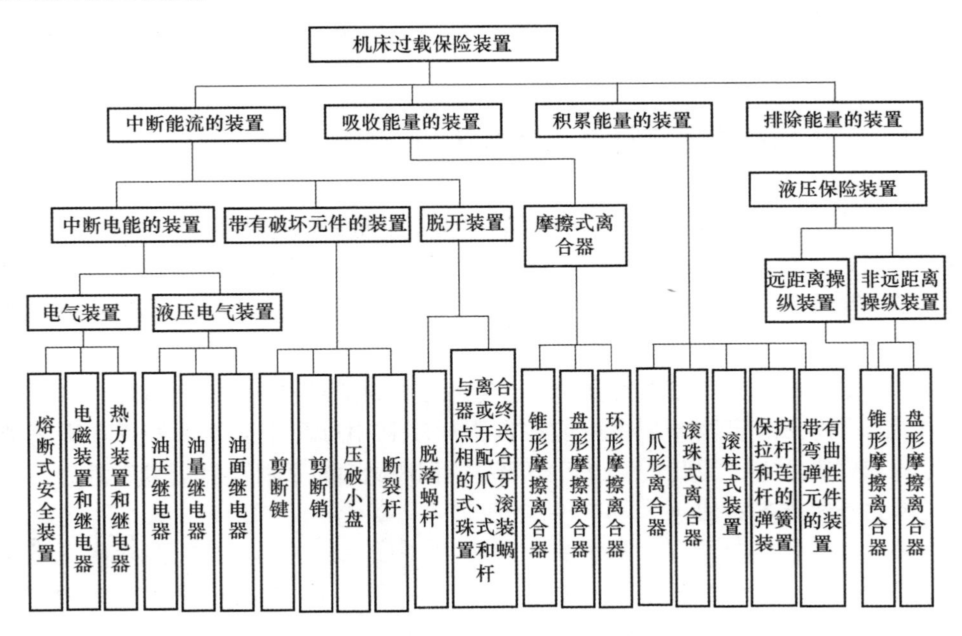

图 4-46　过载保险装置分类

② 行程限位保险装置。为了保证运动部件在到达预定位置后自动停止，在机床上常采用行程限位保险装置。当工作台到达预定位置时，挡块压下行程开关，工作台就自动停止或返回。

③ 动作联锁装置。动作联锁装置的作用之一是控制机床运动按照指定的顺序进行，即上一个动作未完成之前，下一个动作不能进行。例如压力机联锁式

防护罩，这种防护罩是将带防护罩门的杠杆通过螺栓铰接在压力机的机身上，踩动踏板，通过防护罩拉杆带动罩门下降，只有下降到安全位置（操作者手不能进入危险区）时，才可能通过离合器联锁装置带动离合器拉杆，使离合器接合并完成冲压。动作联锁装置另一作用是实现机构互锁的功能。例如，车床包括纵向机动进给、横向机动进给和车螺纹进给三种进给方式，分别用光杠、丝杠传动完成。车床工作时只能允许以其中一种方式工作。为了避免发生事故，车床溜板箱内设置了互锁机构。

④ 意外事故联锁保险装置。当机床突然断电时，其补偿机构（如蓄能器、止回阀等）立即起作用，使机床停车。

⑤ 制动装置。为了确保装卸工件或有突发事件时能及时停机，机床都被要求设置制动装置。制动装置的类型很多，按照制动装置结构分块状闸、具有活动套圈的圆筒闸或内块状闸、带闸、锥形闸及圆盘闸等；按照制动力分手动、液压、电力或气压等。可根据使用要求及其特点来选用。

⑥ 防护装置。为了防止加工中磨屑、切屑、工件等飞射物伤害操作者，往往还会在机床上设置防护装置。

4.5 面向维修与回收处理的拆卸

工业创造了经济的繁荣，创造了琳琅满目的商品。这些商品，无论生产资料还是消费品都会有寿命终结之时。例如按照中国家用电器研究院有关主要电器电子产品理论报废量的计算，每年有五六百万 t 的废弃电器电子产品需要被处理。

这些退役的机电产品因富含金属、塑料等材料而被称为“城市矿山”，但同时因为其含有毒有害物质，也可能在资源循环利用过程中因处理处置不当而带来环境和健康危害。因此，退役机电产品的回收处理受到社会的普遍关注。

拆卸是实现退役机电产品的资源化的第一步，受到普遍关注。例如苹果公司为拆卸其 iPhone 手机开发了两台拆卸机器人——Daisy（见图 4-47）和 Dave，分别用于拆卸 iPhone 整机和触感引擎。当然，机器人的拆卸工艺，iPhone 手机是否易拆，面向拆卸的设计是基础。

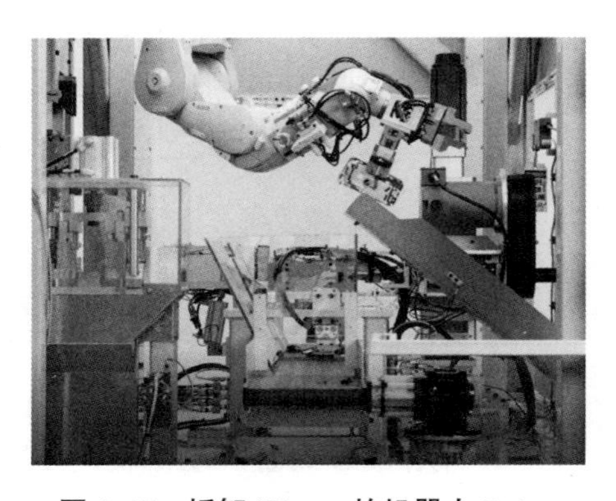

图 4-47　拆卸 iPhone 的机器人 Daisy

对于退役机电产品，在资源循环利用之前进行一定程度的拆解是因为：

1）获得产品中的贵重材料和有价值

的零部件，以便直接或经过再制造重新利用。

2）减少需要粉碎处理的零部件的材料组成，简化分选工艺，提高回收材料的纯度。

3）剔除可能损害处理设备（如破碎机、粉碎机等）的高强度零部件。

4）产品中分离对环境和人体有害的材料和零部件。

对于退役机电产品拆卸是不可少的步骤，被称为面向回收的拆卸。同样，对于产品维修来讲，拆卸通常也是不可或缺的必要环节，被称为面向维修的拆卸，只是面向维修的拆卸多为目标拆卸。

4.5.1 拆卸的基本概念

拆卸是指从产品上系统地分离零件、组件、部件或其他零件集合体的方法。按照不同的标准拆卸有不同的分类。

按照拆卸操作对零部件的损伤程度，可以分为非破坏性拆卸（即不损伤任何零件，如螺钉连接、搭扣连接等的解除）、部分破坏性拆卸（即通过破坏一些低价值的零件实现产品拆卸，如激光切割等）和完全破坏性拆卸（即产品被完全破坏，如粉碎等）。

按照产品拆卸的深度，可以分为完全拆卸（即所有零件均被拆卸）和部分拆卸（即只拆卸部分零件）。

按照拆卸工艺的安排，可以分为顺序拆卸（即一个一个地拆卸零件）和并行拆卸（即同时拆卸若干个零件）。

按照拆卸的自动化程度，可以分为自动拆卸、半自动拆卸和手工拆卸。

按照拆卸目的，可以分为回收性拆卸（面向回收的拆卸）、维修性拆卸（面向维修的拆卸）和研究性拆卸等，其比较见表4-33。

表4-33 回收性拆卸、维修性拆卸和研究性拆卸的比较

	回收性拆卸	维修性拆卸	研究性拆卸
拆卸目的	为产品回收做准备	获得需要修理或替换的零部件	研究产品的组成、结构等
研究内容	在拆卸成本与环境影响之间进行权衡	降低拆卸成本或缩短拆卸时间	获得产品及其零部件的组成、结构等信息
拆卸程度	以部分拆卸为主	部分拆卸	完全拆卸
拆卸方式	非破坏性拆卸，破坏性拆卸	非破坏性拆卸	非破坏性拆卸

拆卸与装配在操作上互为逆过程，因此理论上讲也可以利用装配的逆过程研究拆卸问题。不过，实际中拆卸与装配逆过程之间仍存在显著的差别：首先，由于产品长期使用中的腐蚀、磨损、更换和丢失等原因，会造成待拆卸产品零

部件状态会有较大的不确定性，从而带来拆卸目标的不确定性；其次，在拆卸线上拆卸的产品往往是不同类型、不同品牌、不同型号的，势必造成同一拆卸工位的操作任务的复杂性大于装配环节；另外，拆卸过程往往不需要进行完全拆卸。由于拆卸对精度的要求不高，拆卸的自动化水平比装配低等，因此面向拆卸的设计也没有面向装配的设计那样被广泛接受和采纳。

4.5.2 面向拆卸的设计

面向拆卸的设计（Design for Disassembly，DfD），目的是改善产品的拆卸性能、降低拆卸成本、提高拆卸过程对环境和操作工人的友好性。由于拆卸和装配的逆过程存在较大的区别，因此尽管面向拆卸的设计与面向装配的设计之间有许多可以相互借鉴的准则，但是两者之间也有显著差别。例如，一些连接方式很适于装配，如铆接、点焊等，但难以拆卸。面向拆卸的设计研究的主要内容包括供设计人员使用的设计准则和产品拆卸性评估方法及工具。

1. 影响产品拆卸性能的主要因素分析

即分析产品及其零部件组成、连接关系与状态，发现影响产品拆卸性能的主要因素。

（1）分析待拆零部件的数量

通常，待拆零部件的数量越多，产品拆卸所需要的时间就越长。因此，在产品设计过程中，应尽可能减少需要拆卸的零部件数量，如通过功能集成，将若干需要拆卸的零件合并成一个零件等。

（2）分析待拆零部件在产品中所处的深度

所谓待拆卸零部件在产品中所处的深度，与拆卸它所牵涉的其他零部件和连接件数量有关，数量越多就越深，拆卸过程所需的时间也就越长。因此，在设计的时候要尽量减小待拆卸零部件在产品结构中的深度，或将回收价值高、环境影响大的待拆卸零部件的位置设计在易于获取的地方。

（3）分析零件或连接件所关联的零件数量

一个零件或连接件所关联或紧固的零件越多，则同时拆卸的零件数量也就越多。这不仅提高了拆卸的效率，也减少了连接件的数量。

（4）分析拆卸过程的独立性

拆卸过程的独立性是指某些零部件的拆卸过程是相互独立、互不影响的，也就是说这些零部件的拆卸可以并行。增加产品并行拆卸的零部件数量，将有效提高拆卸效率。

（5）分析待拆连接的数量

拆卸主要就是破坏零件间的连接关系。为获得目标拆卸零部件，需要拆卸的连接数量越多，拆卸工作量就越大，拆卸时间也就越长。

(6) 分析待拆连接在产品中所处的深度

这与分析待拆零件在产品结构中所处的深度是一个道理。待拆连接在产品结构中所处的层次越深，解除它就需要更多的前期拆卸工作。

(7) 分析连接关系解除的拆卸时间

不同连接形式的拆卸时间是不同的。设计过程中，在满足设计要求的前提下，应尽量选择拆卸时间短的连接方式。同时，应采取措施减少连接的拆卸时间。

(8) 分析连接的种类和拆卸所需工具的数量

产品中连接的种类、规格越多，拆卸过程中工具的更换次数也就越多，拆卸效率自然也低。设计中应尽量减少连接种类，并尽可能采用规格一致的连接件。

(9) 分析连接拆卸的可达性

即分析待拆卸连接关系在产品中的位置是否具有可达性，以及拆卸时是否具有足够的操作空间。

(10) 分析拆卸时连接件和被连接件的可能状态

即分析产品在长期使用后连接件和被连接件可能发生的锈蚀、老化等物理化学变化，并提出解决对策。

2. 面向拆卸的设计准则

为辅助产品设计人员在产品设计时全面、系统地进行面向拆卸的设计，研究人员在产品分析和开发实践中总结出了一些行之有效的面向拆卸的设计准则，总结如下：

(1) 减少拆卸的工作量

1) 减少产品中材料的种类。减少产品中材料的种类，可以有效减少不同材料零件之间的分离操作，简化拆卸过程。但是，通过限制材料种类而使产品拆卸性获得改善是需要付出代价的，即部分零件不得不采用安全系数、成本更高的材料。例如，如果计算机的包装主体使用聚碳酸酯制造，只有一个内部小零件使用相对便宜的 ABS 材料，那么就可以采用聚碳酸酯替代 ABS，以减少因不同材料分离而进行的拆卸工作量。当然选择安全系数更高的聚碳酸酯会增加产品的初始成本，但若将拆卸和回收处理成本考虑在成本核算之中，则生命周期成本会有所减小。

2) 合并需要拆卸的零件。将不同零件的功能合并，集成为一个零件可以有效减少零件数量，从而减少拆卸零件的数量和拆卸时间。不过，零件功能合并要考虑材料的特性和零件的可制造性。例如由于工程塑料通过模具易于制造复杂零件，因此有利于零件功能集成。美国德州仪器公司的十字轴总成就使用工程塑料制造复杂的基座，将零件数量大幅减少，既利于装配也利于拆解。

3）使需要拆卸的零件易于获得。设计时应将有毒零件、贵重零件和可重用零件等目标拆卸零件布置在易拆卸的位置，尽量减少不能拆卸或不需回收的零件，以减少拆卸工作量，降低拆卸成本。

4）采用相容性好的材料。材料相容性是指两种或多种材料共混时各组分相互容纳，形成宏观均匀材料的能力。产品和部件中的零件采用相容性好的材料，可因在循环利用时这些材料能够加工出宏观均匀的新材料，从而减少了不必要的零件拆卸工作。材料的相容性分完全相容、基本相容、部分相容和不相容，热塑性材料的相容性示例见表 4-34。因材料不相容难以回收最典型的例子就是由环氧树脂、玻璃纤维和铜箔压制而成的印制电路板。

表 4-34　热塑性材料的相容性示例

基本材料	添加剂								
	聚乙烯（A）	聚氯乙烯（B）	聚苯乙烯（C）	聚碳酸酯（D）	聚丙烯（E）	聚酰胺（F）	聚甲醛（G）	SAN（H）	PBT（I）
聚乙烯（A）	●	○	○	○	●	○	○	○	○
聚氯乙烯（B）	○	●	○	○	○	○	○	○	○
聚苯乙烯（C）	○	○	●	○	○	○	○	○	○
聚碳酸酯（D）	○	⊙	○	●	○	○	○	●	●
聚丙烯（E）	⊙	○	○	○	●	○	○	○	○
聚酰胺（F）	○	○	⊙	○	○	●	○	○	⊙
聚甲醛（G）	○	○	○	○	○	○	●	○	⊙
SAN（H）	○	●	○	●	○	○	○	●	○
PBT（I）	○	○	○	●	○	⊙	○	○	●

注：●表示兼容；⊙表示少量兼容；○表示不兼容。

5）产品模块化。模块化设计方法在前面寿命设计一节已有介绍。此处只谈谈模块化设计对拆卸的好处。首先模块化后的功能模块有独立性，可以有针对地从材料、结构等角度进行易拆卸性和易回收性设计；其次，标准化策略下开发的模块因通用性好，拆卸工具和拆卸方法也易标准化，有助于提高拆卸效率；还有模块之间的标准化接口设计也便于拆解等。

（2）防止产品结构的改变，减小产品长期使用后零件结构的不确定性

1）应合理优化材料的组合，应避免能相互作用、产生老化和腐蚀的材料组合。

2）应尽可能避免易腐蚀材料处于腐蚀环境。若腐蚀环境不可避免，应做好防护，如密封，以防水、防尘、防沙、防盐雾等。

3）应尽可能避免零部件被污染。需要拆卸的零部件应当避免与易老化、易

腐蚀的零件和材料邻接。

（3）易于拆卸

1）保证零部件在拆卸过程中具有稳定性，以有利于自动拆解。设计时应尽可能保证待拆零部件在一系列拆卸操作之后，仍能稳定地处于某个零件之上或保持某种稳定的姿态，只有这样才方便机械手抓取拆卸。

2）合理设置废液的排放口位置。退役产品中的废液，如汽油、柴油、润滑油、冷却液等，是拆卸的障碍，甚至有些废液属于危险废物，因此，应合理设置废液的排放口，以便于废液排放。

3）使用易于拆卸或破坏的连接方式。不同材料的零部件因服役环境不一样会选择不同连接方式。比如，对于金属零件的连接，螺纹紧固件是一种易拆卸的连接件。对于塑料零件，则需要根据具体情况对各种连接方式仔细评估，如可以选择搭扣连接。仔细研究现在的电器电子产品，会发现其中的螺纹连接明显较 2000 年左右的少，多被更易拆卸的搭扣连接所替代了。

4）减少紧固件数量和种类。被连接零件之间的紧固件数量越少，则所需的拆卸操作越少；减少紧固件的种类，则可以有效减少拆卸工具的更换。

5）应尽量实现一个操作拆卸多个零件。利用少数连接件或连接方式把多个零件固定在一起，可有效减少总的拆卸时间。例如装有多个零件的轴的拆卸。

6）应保证拆卸的可达性。应为拆卸、切割、分离等操作设计合适的操作空间，以便于获取有毒零件、贵重零件、可重用零件、易损件等目标拆卸零件。

7）应避免复杂的零件拆卸路径。复杂的拆卸路径、拆卸动作（如旋转等）以及长的拆卸行程，都不利于自动拆卸。

8）应避免在塑料件内嵌入金属。这一条与前面介绍的材料相容性有关。为了材料循环利用，嵌有金属的塑料在回收之前需要拆除金属，而这样的拆卸费时费力。

9）零部件表面应易于抓取。零件应设计供机械手、人抓持的结构和表面。

10）待拆卸零件应尽量采用刚性结构。从拆卸，尤其是自动拆卸的角度看，柔性零件的拆卸操作比较麻烦，应尽可能避免。

11）应对有毒有害物质进行封装。最好将含有毒有害物质，且可能造成较大环境和健康影响的零部件用一个密封的单元体封装起来，以便于单独处理。

（4）易于分离

1）应尽量采用一次表面准则。即零件表面最好一次加工而成，尽量避免在其表面上再进行诸如电镀、涂覆、油漆等二次加工。二次加工表面通常引起额外的材料去除操作，除非它的特性或浓度不对循环利用产生影响，而且二次加工后的附加材料往往分离困难，它们残留在零件表面则会成为材料循环利用时的杂质，影响材料的回收质量。

2）应对零件材料进行标识。通过对材料进行标识，可以辅助拆卸者快速判别需要进行拆卸的零部件以及对其进行分类。例如图 4-48 所示为塑料的标识。主要的标识方法有在产品的不可见面标明对材料的描述、刻印条形码、设置颜色编码、利用化学示踪物等。

1 PET　2 HDPE　3 PVC　4 LDPE　5 PP　6 PS　7 其他

图 4-48　塑料的标识

3. 可拆卸性评估

面向拆卸的设计准则是定性的、前置的辅助设计手段，而在产品设计基本完成时，还需要对设计方案的可拆卸性进行评估。可拆卸性主要是指产品易于拆卸的程度。可拆卸性评估，对于找出影响产品拆卸性的关键薄弱环节，指导产品的再设计是有益的。

关于可拆卸性评估，日本东京大学的 Suga 早在 1996 年就提出了一种与实际拆卸操作无关的拆卸性定量评价方法。Suga 引入了拆卸能和拆卸熵两个定量描述拆卸性的参数。拆卸能为解除产品所有连接所消耗的能量之和；拆卸熵取决于连接方式种类、数量，以及拆卸操作中拆卸方向的数量。之后，日立公司开发了一套可拆卸性评估方法（Disassembleability Evaluation Method，DEM），用以定量评估新产品的可拆卸性等级。DEM 可以根据拆卸零件的连接方式和零件数量定量评估拆卸时间和拆卸成本指数，并可以按顺序输出一个百分制的拆卸分值。从而方便评估者和设计者了解产品中的哪些零件拆卸困难，哪些环节具有较大改进潜力。以表 4-35 所示的洗衣机背板零件拆卸为例，通过改进前后设计方案的可拆卸性评估，发现减少螺钉数量（从 6 个减少至 4 个）可以大幅提高拆卸时间和拆卸分值。

表 4-35　DEM 评估程序对洗衣机背板零件拆卸的改进

洗　衣　机	改　善　前	改　善　后
结构	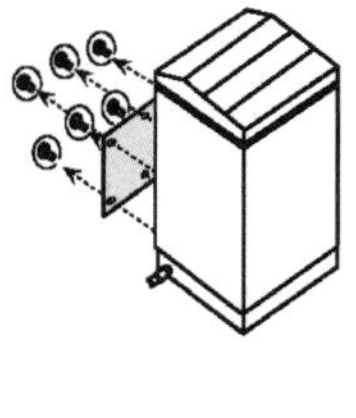	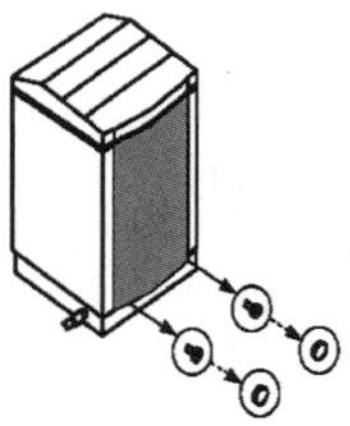
零件数量	7（100%）	5（71%）
拆卸时间	1.64min（100%）	0.67min（41%）
零件评估的平均值	47	82

美国新泽西理工学院的 Das 提出用拆卸难度指标（Disassembly Effort Index，DEI）来评估产品的可拆卸性。Das 认为拆卸难度指标与时间、工具、夹具、可达性、所需要的指导、危险和拆卸力等因素相关，故将 DEI 的值定义在 0 ~ 100 之间，并在这个范围内分配分值给每一个因素。分配的方案为：时间 25%，工具 10%，夹具 15%，可达性 15%，指导 10%，危险 5%，拆卸力 20%。每一因素按照这个分配比例给出了具体的评分尺，如图 4-49 所示。

因素							
时间/s	>210	140	90	50	25	<5	分值
	25	20	15	10	5	0	
工具	临时性	特殊	OEM	机修	气动	无需	分值
	10	8	6	4	2	0	
夹具	自动夹具	绞盘	台钳	双手	单手	无需	分值
	15	12	9	6	3	0	
可达性	不可见	二轴间	从下部	6in以上	*X/Y*轴	*Z*轴	分值
	15	12	9	6	3	0	
指导	培训	与OEM联系	小组讨论	30s以上	10~20s	无需	分值
	10	8	6	4	2	0	
危险	工作套装	空气供给	防火	面罩与套袖	手套	无危险	分值
	5	4	3	2	1	0	
拆卸力							分值
—气枪	强冲击	弱冲击	杠杆作用	直角的	扭转的	轴向的	
—手工	>50lb	35	24	15	7	2	
—机械	>300lb	220	160	110	75	50	
	20	16	12	8	4	0	

图 4-49　DEI 评分卡

注：1in = 2.54cm；1lb = 0.454kg。

也有学者引入虚拟现实技术来评估产品的可拆卸性，即操作者借助虚拟外设（如数据手套、头盔等），对虚拟环境下的产品进行模拟实地拆卸操作。图 4-50 所示为基于虚拟现实技术的产品可装配性/可拆卸性分析过程，其关键技术有产品约束关系的建立、手操作方式的分类、拆卸信息的记录及力反馈的弥补等。具体步骤包括：设计者首先根据设计要求在 CAD 系统（如 Pro/E、UG）下进行产品设计；然后将 CAD 模型进行预处理，并转换到虚拟环境下；接着操作者借助虚拟外设对虚拟环境下的产品进行装配或拆卸操作，并记录装配或拆卸操作中的信息，如拆卸顺序、路径和拆卸时间等；最后将操作信息进行提取、分析，并反馈给 CAD 系统，以进行产品的再设计。

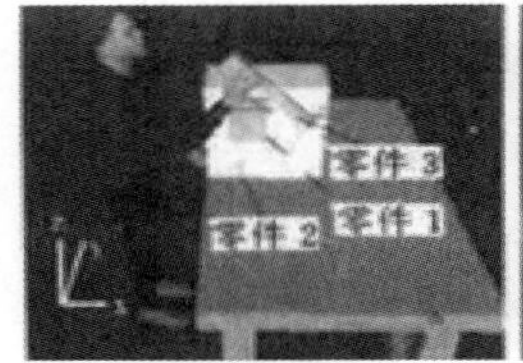

a) 解除挡板对插板的约束

b) 放置挡板

c) 抽取插板

d) 插板放置

图 4-50 虚拟人工拆卸

下面对可拆卸性评估中常用的指标进行详细介绍。

（1）标准拆卸时间

拆卸时间是拆下某一零件所需的时间。拆卸时间因人、因拆卸设备而异，故为了更客观地评价可拆卸性，常用标准拆卸时间来评价。标准拆卸时间是指一个一般熟练的工人（手工拆卸）或者一台拆卸机器人的平均拆卸时间，是可拆卸性评价的重要指标之一。标准拆卸时间越长，说明该结构的复杂程度越高，拆卸性能也就越差。标准拆卸时间的确定常采用梅纳德操作排序技术（Maynard Operation Sequence Technique，MOST）。MOST 对标准动作进行分析、汇总，对待评价动作进行分解，使之变成一系列标准动作，其中标准动作系列由字母加下标表示。例如一个松开螺栓的工艺可以由下面的标准动作顺序组成：

$$A_1B_0G_1A_1B_0P_3L_{6+16}A_1B_0P_1A_1 \rightarrow A_1B_0G_1A_1B_0P_1A_1$$

第一个序列表示拿起一把螺钉旋具，靠近螺栓，拧松螺栓，然后将螺钉旋具拿开。第二个序列表示抓住并移走松开的螺栓。每个参数标明拆卸工艺中的一个标准动作。例如：A_1 表示抓取一个伸手可以触及的物体。字母的数字下标表明该标准动作消耗的标准时间单元值（单位为 TMU，1TMU = 0.036s）。当标准动作系列建立之后，就可以将每个工艺动作分解，对其进行计算了。每个工艺的实际操作时间是将所有数字下标之和乘以 10（单位为 TMU）。例如上面松开螺栓的时间为

$$(1+0+1+1+0+3+6+16+1+0+1+1) \times 10\text{TMU} = 310\text{TMU}$$

作为一种定量分析方法，MOST 能有效地描述产品的拆卸时间，不过界定标准动作工作量也不小。在实际应用中也有一些简化的方法，如将拆卸时间分为两部分，即基本拆卸时间和辅助时间。基本拆卸时间是指松开连接件，将待拆卸零件和相关连接件分离所花费的时间。辅助拆卸时间是指为拆卸所做的辅助工作所花费的时间，如工具准备时间、将拆卸工具或人的手臂接近拆卸部位的时间、工具复位时间等。

（2）拆卸能

拆卸能是指拆卸过程中消耗的能量。拆卸能的大小可以用来衡量拆卸操作

的难易程度。有些研究中常采用拆卸力来代替拆卸能作为评价可拆卸性的指标。但应该指出的是，有时候拆卸力达到或超过破坏连接强度的大小，但并不能把零部件拆卸下来，具体例子可参考文献《基于拆解能模型的废弃电路板元器件拆解方法研究》。产品中采用的连接方式多种多样，如螺纹连接、搭扣连接等机械连接方式，以及粘结、焊接等化学连接方式。下面以螺栓连接为例说明拆卸能的计算方法。

螺栓连接是通过施加一定的拧紧力矩 M，产生相应的预紧力 Q_p 来实现紧固的。根据机械原理知识可知，对于 M10 ~ M68 粗牙普通螺纹的钢制螺栓，拧紧力矩 $M \approx 0.2Q_pd$，式中 d 是螺栓直径。由于松开螺栓所需的力矩是拧紧力矩的80%，因而松开螺栓的能量 $E = 0.8M\theta$，式中 θ 为螺纹的旋转角。

（3）拆卸的几何约束

拆卸的几何约束也影响拆卸的难度，约束越少，拆卸越容易。拆卸的几何约束评价较难量化，而拆卸的几何约束与拆卸方向具有密切的关系，因此可采用拆卸方向范围来近似地描述拆卸的几何约束。拆卸方向范围在人工拆卸中多采用定性分析的方法，为了便于自动拆卸，为机械手臂规划出合理的路径，也有研究者将零部件所有可能的拆卸方向映射到高斯球（单位半径的球面）上，在高斯球面上的映射面积即称为该零部件的拆卸方向范围。拆卸方向范围越大，拆卸的操作空间越容易保证，也就越容易设计零件拆卸时所需的工具，拆卸成本随之降低。

4.5.3 拆卸过程规划与拆卸工艺生成

拆卸过程规划主要是指在一定的目标和约束条件下拆卸废弃产品，获得待拆卸零部件和材料的操作序列的规划。

一般来讲，拆卸过程规划包括拆卸过程建模、拆卸序列生成和拆卸序列评价三个步骤。在拆卸过程建模时，需要产品材料、结构、连接方式等设计信息的输入。设计信息的输入主要有两条途径，一是从 CAD 系统读取数据交换文件，二是通过交互方式由用户输入。不过，实际中设计信息的输入通常是这两条途径结合使用。首先从 CAD 系统输入产品及其零部件之间的隶属关系、几何结构、装配关系等信息，然后交互式输入或补全产品的其他设计信息，如材料信息、连接方式、物理属性等。完整的设计信息输入之后，就可建立起产品的拆卸过程模型。拆卸序列生成是指获得产品可能的拆卸方案，以形成拆卸过程评价和优化的搜索域。拆卸序列评价是指在一定的评价指标体系和评价方法的基础上，对产品可能的拆卸方案进行评价，以从中获得最优（或较优）的拆卸方案。

拆卸过程规划的方法主要有基于图的拆卸过程规划、线性规划方法、优先关系矩阵法、AHP 法等。不过，现在主要都采用基于图的拆卸过程规划。

1. 基于图的拆卸过程规划

(1) 图论的一些基本概念

一个图 G 定义为一个偶对 (V,E)，记作 $G=(V,E)$，其中 V 是一个集合，其中的元素称为顶点，E 是无序积 $V \circ V$ 中的一个子集合，其元素称为边。集合 $V \circ V$ 中的元素可在 E 中出现不止一次。$V(G)$ 和 $E(G)$ 分别表示图 G 的顶点集合与边的集合。

在图 G 中，一条边的端点称为与这条边关联（Incident），与同一条边关联的两个端点称为邻接（Adjacent）。图中顶点的个数称为图的阶（Order）。连接同一对顶点的边数称为边的重数（Multiplicity）。

对于图 H 和 G，如果 $V(H) \subseteq V(G)$，$E(H) \subseteq E(G)$，且 H 中边的重数不超过 G 中对应边的重数，那么 H 称为 G 的子图（Subgraph），记作 $H \subseteq G$。在图 G 中，一个满足 $V(H)=V(G)$ 和 $E(H) \subset E(G)$ 的真子图称为 G 的生成子图（Spanning Subgraph）。在图 $G=(V,E)$ 中，V' 是 V 的一个非空子集，以 V' 为顶点集，以两个端点均在 V' 中的边的全体为边集的子图，称为由 V' 导出的 G 的子图，记作 $G[V']$，并称之为 G 的导出子图（Induced Subgraph）。

一个图 G 的一条途径（Way）是一个顶点和边的交替序列 $\mu = v_0 e_1 v_1 e_2 \cdots e_{n-1} v_{n-1} e_n v_n$，且 e_i（$1 \leqslant i \leqslant n$）的端点是 v_{i-1} 和 v_i。v_0 和 v_n 分别成为途径 μ 的起点和终点。如果 $v_0 = v_n$，则称该途径是闭的。若途径 μ 中的边 $e_1 e_2 \cdots e_n$ 均不相同，则称为链（Chain）。所有顶点均不相同（从而所有边必然都不相同）的途径称为道路（Path）。一条闭道路称为圈（Cycle）。

对于图 G 中的两个顶点，若存在一条从 u 到 v 的道路，则称顶点 u 和 v 是连通的（Connected）。如果图 G 中每一对不同的顶点 u 和 v 都有一条道路，则称图 G 是连通的。

上面是图论的基本概念，更详细的知识可以参考图论的相关专著。基于图的拆卸过程规划主要基于此，只是图的形式不一样，如用树状图、无向图、有向图、与或图，或者将不同的图结合，如有向图和无向图结合等。为了便于理解，下面以手电筒为对象，如图 4-51 所示，对拆卸过程的无向图模型进行说明。

(2) 基于无向图的拆卸过程建模

在图论中，若无特殊说明，图一般是指无向图。在基于无向图 $G=(V,E)$ 的拆卸过程模型中，零件用顶点 $V=\{v_1,v_2,\cdots,v_n\}$ 表示，其中 n 是零件的数量，零件之间的关系表示为边 $E=\{e_1,e_2,\cdots,e_m\}$，其中 m 是边的数量。顶点包含零件信息，如名称、重量、材料；边包含紧固件信息，如紧固件数量、紧固件类型，紧固件对应着零件之间的拆卸方法。据此，可建立图 4-51 所示手电筒的无向图模型，如图 4-52 所示。

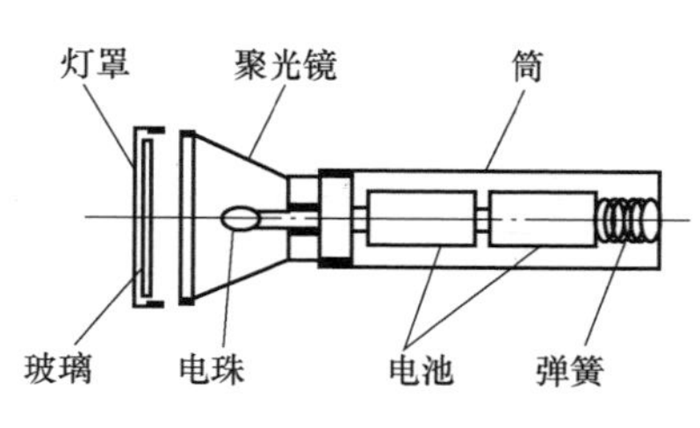

图 4-51 手电筒

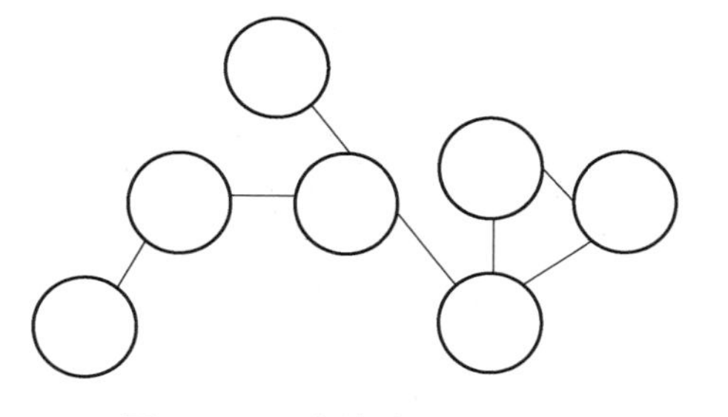

图 4-52 手电筒的无向图模型

对于复杂的机电产品，其包含的零件往往较多。为降低这种复杂性，可把一个部件（也有称装配体或模块）分解为几个组件（也有称子装配体、子模块），组件还可继续被分解成更简单的组件。部件的这种分解可采用成熟的割集算法。所谓割集，是指这样的一个边集 S：在图 G 中去掉 S 的所有的边后，G 变成具有两个以上分支的分离图，但只去掉 S 中的部分边，图将仍然是连通的。具体的割集算法可参考相关文献。

一旦部件被分解成一组组件，就需要判断这样的分解过程是否可行，这可通过拆卸优先权矩阵来完成。拆卸优先权定义为“如果一个零件的缺失会使另一个零件获得更多的运动自由度，那么前者就具有相对于后者的拆卸优先权”。优先权关系是针对相关零件的局部概念，可以确定拆卸的局部顺序。假设采用六个拆卸方向（$\pm x$，$\pm y$，$\pm z$），拆卸优先权矩阵分别表示为：$\boldsymbol{DP}_{+x}$，$\boldsymbol{DP}_{-x}$，$\boldsymbol{DP}_{+y}$，$\boldsymbol{DP}_{-y}$，$\boldsymbol{DP}_{+z}$，$\boldsymbol{DP}_{-z}$，具体形式如下面的矩阵。

$$\boldsymbol{DP}_d = \begin{pmatrix} D_{11} & D_{12} & \cdots & D_{1j} \\ D_{21} & D_{22} & \cdots & D_{2j} \\ \vdots & \vdots & & \vdots \\ D_{i1} & D_{i2} & \cdots & D_{ij} \end{pmatrix}$$

式中，d 表示方向 $\pm x$，$\pm y$，$\pm z$。若零件 j 需要先于零件 i 被拆卸，则 $D_{ij}=1$；否则，$D_{ij}=0$。

（3）基于有向图的拆卸过程建模

有向图是在无向图的基础上通过定义边的方向而生成的图模型。一个有向图（Digraph）D 定义为一个偶对 $D=(V,U)$，其中 V 是一个非空集合，其元素称为顶点，U 是有序积 $V\times V$ 的一个子集，其元素称为弧。弧 $u=(a,b)$ 是顶点 a 和 b 的有序对，称 a 为 u 的起点，b 为 u 的终点。图 4-51 所示手电筒的有向图模型见图 4-53。

拆卸过程规划的有向图模型也可记为 $D=(V,E,DE)$，其中 V 表示零件集，E 为无向边集，表示两个零件之间的拆卸约束，也表示最终的拆卸序列中用以释放约束的某个拆卸操作，DE 是有向边集，表示有关两个零件的优先关系信息。与无向图模型相比，有向图模型明确提出了非接触的邻接顶点（Non-Contact Adjacent Node）的概念。非接触的邻接顶点是有向图中发出有向边到给定顶点的顶点，如灯罩 1 就是电珠 3 的一个非接触的邻接顶点。这样，图模型中就增加了零件之间非接触的拆卸干涉信息。

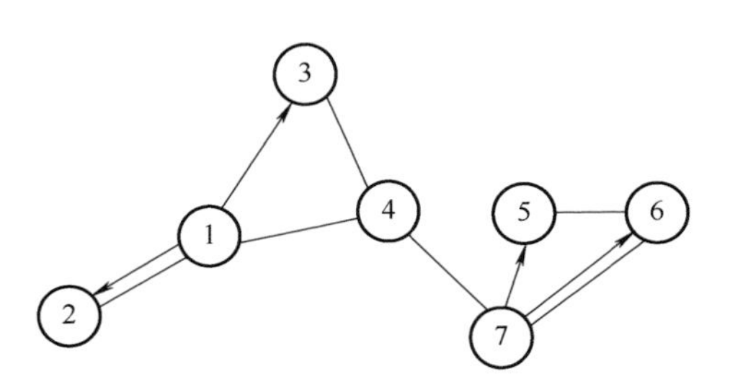

图 4-53　手电筒的有向图模型

(4) 基于与/或图（AND/OR 图）的拆卸过程建模

图 4-51 所示手电筒的与/或图模型如图 4-54 所示。在与/或图模型中，顶点表示产品及其零部件，超边表示技术上可行的拆卸操作。图 4-54 中，超边 a 表示手电筒零件集合体 {1,2,3,4,5,6,7} 可以分解为两个子零件集合体 {1,2,3,4} 和 {5,6,7}，这样一种关系被称为与关系。从图 4-54 中还可看出，手电筒不仅可以按照 a 边的分解方式进行拆解，也可以按照 b 边的分解方式进行拆解，即被拆解为 {1,2} 和 {3,4,5,6,7}。超边 a 和超边 b 的这种关系被称为或关系。

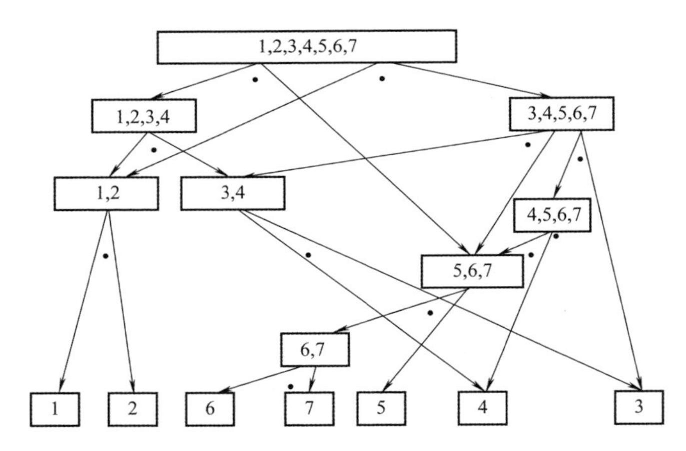

图 4-54　手电筒的与/或图模型

在获得与/或图模型之后，可以采用传统的与/或图搜索算法进行拆卸序列的生成，也可通过转换矩阵，把图搜索问题转换成整数规划问题，以求得最优的拆卸序列。

(5) 基于 Petri 网的拆卸过程建模

拆卸 Petri 网（Disassembly Petri Net，DPN）被定义为一个 5 元组：

$$\mathrm{DPN} = (S, T, I, O, M_0)$$

式中，S 表示库所集；T 表示变迁集；I 表示 $S \times T \rightarrow \{0,1\}$；$O$ 表示 $T \times S \rightarrow \{0,1\}$，$M_0$ 表示初始标记。在拆卸 Petri 网中，每一个库所代表子装配体的状态，包含构成子装配体的零件集、位置、子装配体的定位和固定零件等信息。每一个变迁表示一项任务：装载、卸载或拆卸。

Zussman 指出 DPN 就是与/或图的变形，如图 4-55 所示的手电筒拆卸 Petri 网模型，于是他在考虑拆卸过程特性的基础上，DPN 可被扩展成一个 9 元组：

$$\mathrm{DPN} = (S, T, I, O, M_0, \pi, \tau, \delta, \rho)$$

式中，(S, T, I, O, M_0) 是一个非循环的 Petri 网；π：$P \rightarrow R$ 是库所的价值函数；τ：$T \rightarrow R^+$ 是变迁的成本方程；δ：$T \rightarrow N$ 是变迁的决策函数；ρ：$T \rightarrow [0,1]$ 是变迁的概率函数。

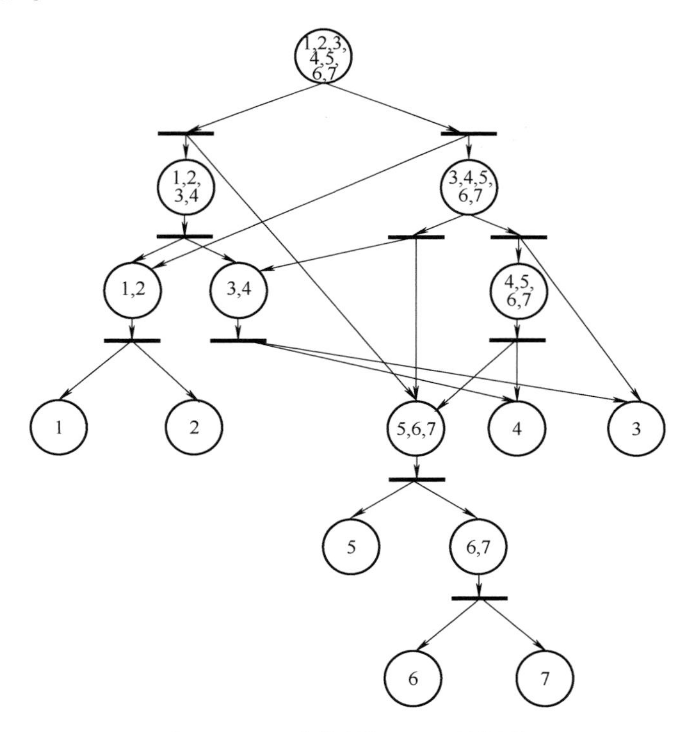

图 4-55　手电筒拆卸 Petri 网模型

实际中，产品及其零部件在使用中的腐蚀、污损、缺失、替换等现象，会造成拆卸过程模型具有不确定性，通常的解决办法是为不同拆卸操作赋予不同优先级的策略。当一个拆卸规划执行到库所 p 时，系统就会选择具有最高优先级的变迁。如果拆卸操作失败，系统就会选择执行次高优先级的变迁，以此类推。不过，模型在计算时可能存在这样一种现象：假定库所 p 有两个输出变迁 t 和 t'，$\delta(t)$ 大于 $\delta(t')$，但是 t 的失败率高于 t' 的失败率。那么系统可能会经常地

消耗资源来执行与 t 相关的操作，但不会成功，然后执行 t'，获得成功。这将增加系统的操作成本。换句话说，如果系统先选择 t'，那么总成本将降低。把成功率引入拆卸操作，并把它们集成到 DPN 的决策值中，将使系统能够得到调整，从而获得可能的最低拆卸成本。

（6）多视图的拆卸过程建模

无向图、有向图、与/或图和 Petri 网作为拆卸过程规划模型各有优缺点，一些研究人员认为既然利用单一的图模型无法完整、准确地描述产品的整个拆卸过程，而每种图模型都有其优势，何不针对拆卸过程的不同阶段使用不同类型的图模型，从而建立起尽可能完善的数学模型。图 4-56 就是日本北海道大学 Satoshi Kanai 基于这种思想构建的多视图拆卸过程模型。

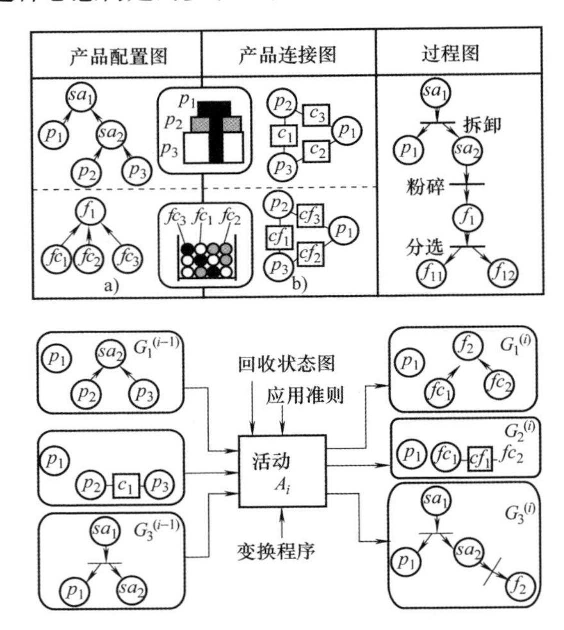

图 4-56　多视图拆卸过程建模

Satoshi Kanai 采用四种不同的图（产品配置图、产品连接图、过程图和回收状态图），对产品和过程（回收状态的确定、拆卸、粉碎、材料分选、回收状态的检查）进行统一建模。产品配置图（Product Configuration Graph）采用有向树，表示装配体和零件或粉碎体和组分之间的父子关系，根顶点代表一个装配体、一个零件或一堆粉碎体，叶顶点表示零件或粉碎体的组分。产品连接图（Product Connection Graph）采用一组无向图，表示零件之间或粉碎体组分之间的连接关系。过程图（Process Graph）采用 Petri 网，表示拆卸、粉碎和分选活动的序列，并显示每一活动的输入输出。回收状态图（Retrieval Condition

Graph）是产品配置图的简单扩展，表示零部件的重用、回收或废弃的组合，在规划过程中是不变化的，用来决定一项活动是否能够应用。

2. 拆卸序列生成和评价

在拆卸过程建模的基础上便可进行拆卸序列生成和拆卸序列评价了，其方法有波传播法、遗传算法、蚁群算法、人工蜂群算法、花朵授粉算法、生物地理学算法等。由于类似的文献很多，此处以蚁群算法谈谈拆卸序列的生成及应用。

（1）定义基于有向图的拆卸过程模型

为了保证产品拆卸规划问题在变换过程中的数学完备性，此处在传统有向图的基础上增加了优先权重关系，并将其定义为拆卸可行性信息图（Disassembly Feasibility Information Graph，DFIG），相关定义如下：

定义：G = {V，W，D} 为一个非负值的加权简单有向图，其中有向图 D = {V，D(E)}，并且：

- G 在数学（图论）意义上是一棵树，有一个根节点，记为 Start Point 。
- 集合 $V=\{V_i \mid i \in M\}$ 表示图上 M 个节点的集合；D 表示有向边的集合；W 表示加载在相关边上的权重。
- 函数 $\xi(V * V)$ 表示集合 V 的元素（产品中的零部件）之间的约束关系。
- 集合 $\Omega=\{a_i \mid i \in N\}$ 表示一个给定的产品（装配体）中各零部件的集合，N 表示零部件的数量。
- 当一个零部件a_i放置在 DFIG 的图上节点V_j上时，此时的节点V_j将具有这样的技术含义：按照从 Start Point 到V_j所定义的节点序列，零部件a_i的拆卸/装配操作将在节点V_j所代表的步骤执行。
- 集合 $D(E)$，或者表述为$\overrightarrow{E}=\{\overrightarrow{E}_1,\overrightarrow{E}_2,\cdots,\overrightarrow{E}_i\}$，表示有序对簇 $V \times V$ 中各个有序对形成的有向边的集合。正向关系$\overrightarrow{E}_i$为连接$(a_i,a_j),(i,j) \in \Omega$ 间的边，表示两个零部件 $a_i \rightarrow a_j$之间的拆卸关系可行；$\overleftarrow{E}_i$表示不可行。
- 顶点集合 V 通过映射关系 $\psi(\xi(V \times V),V \times V)$确定有向边集合$\overrightarrow{E}=\{\overrightarrow{E}_1,\overrightarrow{E}_2,\cdots,\overrightarrow{E}_i\}$中的元素。
- 权重 w（$W=\{w_{ij},i \in M,j \in M,i \neq j\}$），暗示了连接两个节点的边的长度，其物理意义在于通过可行边上的权值 w 代表拆卸操作的优异程度，取值大小受到诸如操作成本等因素的影响。并且定义启发式信息 Heuristic Information$(\eta)=1/w$，$\eta=\{\eta_{ij},i \in M,j \in M,i \neq j\}$ 。

定义：路径 Tour $=\vartheta(\overrightarrow{V}_i)$为一个向量，包括了 DFIG$(D，w)$中的一系列有序节点，起自 Start Point 节点并且能够对 $\Omega=\{a_i \mid i \in N\}$ 中的所有元素进行一次有且唯一的遍历。如此则可以将产品拆卸方案表征为其 DFIG 图上的一条可行路径。

图4-57是一个5个零部件的拆卸可行性信息图（DFIG）模型的逻辑示意。依照对DFIG模型的定义以及图4-57的结构，可以知道DFIG模型在图论意义上是一个典型的树。

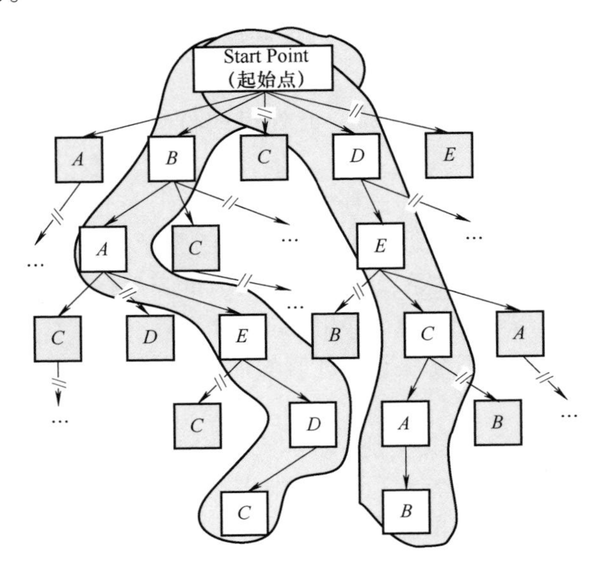

图4-57　拆卸可行性信息图模型的逻辑示意

图中产品包含了A、B、C、D、E五个零部件，记为$\Omega=\{A,B,C,D,E\}$；图中二十多个节点构成了集合V；有向边“－‖→”表示该路径（序列）下的零部件拆卸不可行；有向边“→”表示该路径（序列）下的零部件拆卸可行。图4-57中有两条完整的可行路径，即代表两个在拆卸操作上可行的产品完全拆卸序列方案，分别是Tour1 = “Start Point →D→E→C→A→B”，Tour2 = “Start Point→B→A→E→D→C”。

用DFIG模型来表征产品拆卸方案的解空间，在数学上具有如下意义：

- 合法性，解空间对方案的描述是合法的。方案空间和拆卸方案解集不会出现不对应的情况，即映射过程不会出现合法性畸变的情况。
- 充分性，解空间能够描述出所有拆卸方案解。
- 可行性，解空间是一个数学意义的简单空间（或者说平滑的空间），从而能够容易的执行随机搜索。

依据上述定义，拆卸序列规划问题被映射成为DFIG图上的一个最优路径搜索问题，即：找到一个具有最佳表现值$\mathrm{Max}\xi(\vartheta(\vec{V}_i))$的有向路径Tour，式中，$\xi(*)$是目标函数，表征有向路径（或者拆卸方案）的性能。

（2）基于蚁群算法的拆卸序列规划

拆卸序列规划的实质就是解决DFIG图路径搜索和寻优的问题。相关的搜索寻优方法较多，此处只介绍蚁群算法，即基于蚁群优化（ACO）算法的综合启发式方法来实现对 DFIG 图的构造和对优化路径的搜索，最后得到优化的产品拆卸序列方案。具体的算法流程如图 4-58 所示，图 4-58 中的主要符号说明见表 4-36，具体步骤主要包括群体初始化、蚁群的并行随机搜索以及系统更新三个部分。

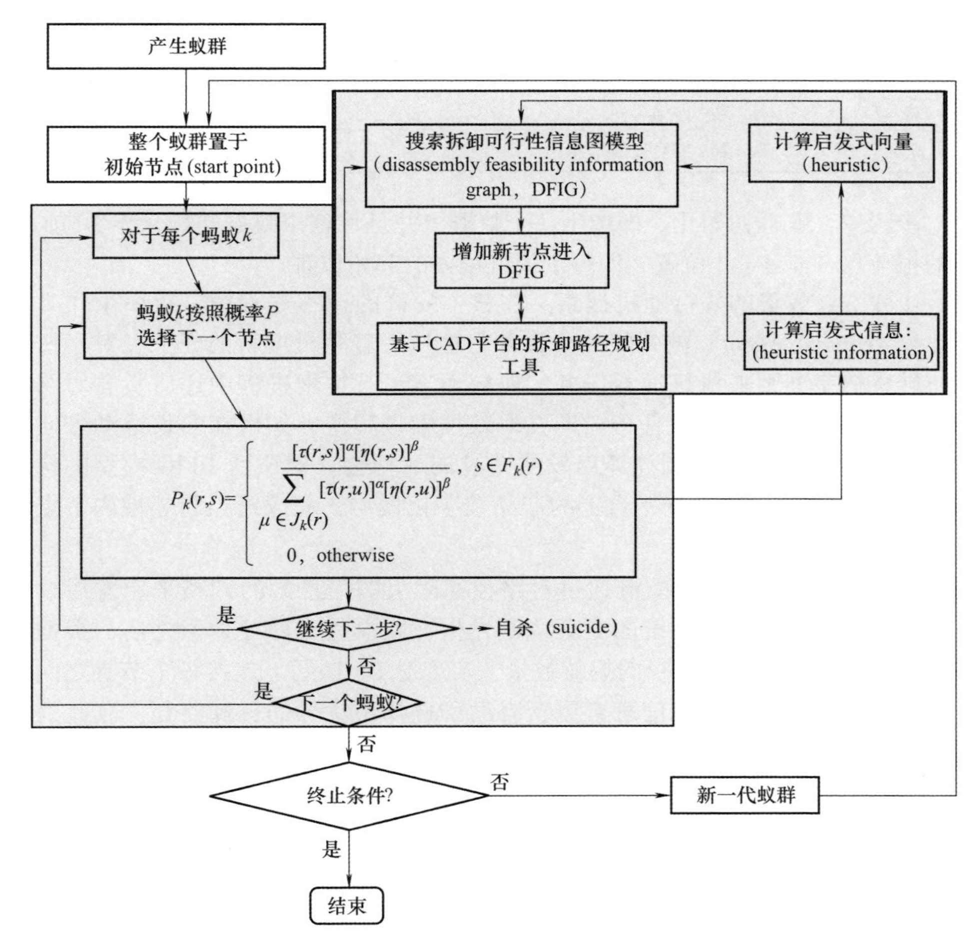

图 4-58 基于拆卸可行性信息图的蚁群算法流程

表 4-36 图 4-58 中的符号说明

代　号	含　义
r	蚂蚁 k 当前的位置（节点）
s	蚂蚁 k 行进的目标位置（节点）
M	蚁群的大小

（续）

代　号	含　义
$J_k(r)$	蚂蚁 k 可能移向的节点的集合，包括了蚂蚁 k 当前的还没有访问过的节点（对应了不在当前的部分拆卸/装配序列中的相应的零部件）
$F_k(r)$	$F_k(r) \subseteq J_k(r)$，包括了 $J_k(r)$ 中（其对应的零部件的）拆卸可行性全部为“是”的节点。$F_k(r)$ 中的节点能够被加入蚂蚁 k 的当前部分路径，并且使得当前的对应的方案不破坏任何的优先（约束）关系
$\tau(r,s)$	从 r 到 s 的信息素
$\eta(r,s)$	从 r 到 s 的启发式信息

步骤一：蚁群初始化。即产生一个蚁群，并且将整个蚁群初始化于 DFIG 模型的根节点 Start Point 位置，即整个蚁群搜索的起始位置。

步骤二：蚁群的并行随机搜索。在整个蚁群的搜索进程中，每一个作为智能体（Artificial Agent）的蚂蚁独立且并行地执行着随机搜索的任务。对于按照随机转移概率准则来执行搜索任务的蚂蚁而言，其搜索进程中还肩负着对路径空间（方案空间）的构造任务。即在蚂蚁搜索进程中，如果在蚂蚁运动方向上 DFIG 模型不完整的话，则计算启发式信息的活动会立即激活 DFIG 模型的构建进程，通过分析计算 CAD 平台上的产品数字化模型，完成对当前邻域内节点的构造和信息处理。

步骤三：系统更新。蚁群通过对路径空间上的信息素的调整来启发后续的蚁群搜索优化路径的。系统的更新机制发生在蚁群完成路径搜索之后，根据在路径空间上通过每一条路径的蚂蚁数量，实现对 DFIG 图上连接各个节点之间的路径的信息素更新。因为信息素更新有助于选择出优异的拆卸路径，故此处将其方法多介绍一下。

1）信息素更新。当一代蚁群中的所有蚂蚁都完成了其行程，路径上的信息素就会被更新。搜索刚开始的时候，各段路径都存在着相同的一个微量的信息素。然后，根据曾经通过该段路径的蚂蚁数量来增加有关信息素的值。

假设用 $\Delta\tau_{ij}^k$ 来表示一代蚁群中蚂蚁 k 经过路径（$i \to j$）时留在路径段上面的信息素的值，则可以引用式（4-6）：

$$\Delta\tau_{ij}^k = \begin{cases} \delta^k, & \text{if}(i,j) \in L; \\ 0, & \text{otherwise}; \end{cases} \tag{4-6}$$

式中，L 为路径段集合；δ^k 为一个由蚂蚁 k 走过的路径决定的值，作为信息素的增量。这个值是随着蚂蚁完成路径的优异程度而增大的值，定义为 $\delta^k = 0.4K$，其中 K 表示蚂蚁已经遍历过的操作上可行的节点数。通过路径段的信息素记录了该路径部分的优异特性。

当总数为 M 的一代蚁群完成了全路径遍历之后，就可按照式（4-7）完成每段路径上总的信息素的更新：

$$\tau_{ij}(t+1) \leftarrow \tau_{ij}(t) + \sum_{k=1}^{M} \Delta\tau_{ij}^{k} \tag{4-7}$$

同时，信息素也有衰减过程，可用式（4-8）表示：

$$\tau_{ij} \leftarrow (1-\rho)\tau_{ij} \tag{4-8}$$

式中，$\forall (i,j) \in L$。

按照上述蚁群优化算法，开始时整个图模型中各条边上的信息素是均匀分布的。随着蚁群搜索的开展，蚁群每完成一次搜索就按照式（4-7）更新一次整个图模型上各条边的信息素。这样反复多次后，表现优异的路径上就会积累越来越多的信息素，而表现较差的路径上的信息素就比较少。同时，由于信息素的衰减，会使得部分路径上的信息素减少。那些信息素微小的路径（节点）实际上就不会在图模型上发挥作用了，从而简化图模型。图 4-59 显示了信息素在 DFIG 图模型上的更新进程。

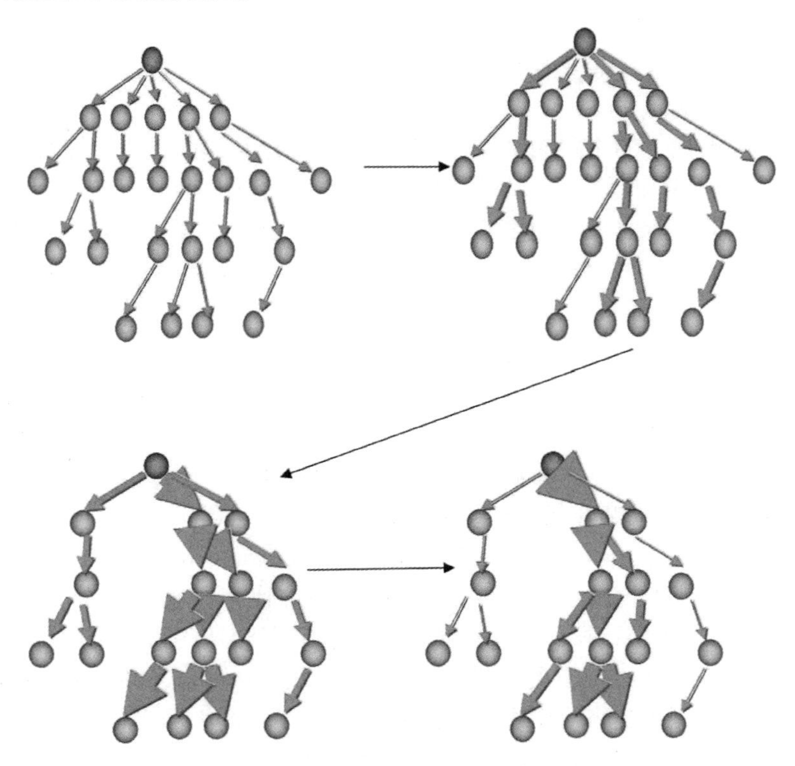

图 4-59　信息素在 DFIG 图模型上的更新进程

由此可见，在产品拆卸序列规划中所选择某路径段的优异程度，是和蚂蚁已经走过的路径段的信息直接相关的，即零部件的拆卸可行性以及优异程度是和它所在的序列息息相关的。也就是说，用来为选择下一个行进路径提供指导的启发式信息（Heuristic Information）是和蚂蚁 k 已经走过的路径 $\vec{T}'(k)$ 相关的。

2）启发式信息的设计。启发式信息代表了相应方案的可行性和优异程度，也是将产品拆卸序列规划问题和纯粹的优化算法联系起来的桥梁。启发式信息主要通过两个步骤来实现：一是定义启发式向量（Heuristic），通过它表征蚂蚁 k 的行进路径（即表达相应的拆卸操作方案）的基本状态信息，也就是用向量 Heuristic 来记录节点序列（拆卸操作）的可行性；第二是通过 Heuristic 所记录的拆卸操作序列来求出当前操作的启发式信息。这样一方面可以做到将拆卸可行性属性作为方案判定的重要控制参数，即先判断可行之后再做进一步评价，否则直接中断；另一方面，当操作可行后，便可通过对当前方案的整体评价来区分方案的性能优劣，体现为启发式信息值的大小。同时还可以通过对启发式信息中控制参数的调节实现对寻优过程的加速或者减速，以实现对搜索过程进行控制。

① 计算启发式信息值。启发式向量，表达了行进路径（拆卸操作）的基本状态信息，而启发式信息的值 η，表达了所执行的拆卸方案的可行性与优异程度，这与拆卸操作顺序和操作成本相关（这里的成本包括对操作复杂性等因素的评判），定义如下：

假设当前蚂蚁 k 的旅程为 $\vec{T}'(k)$，遍历了 $N-1$ 个节点，即拆卸方案完成了 $N-1$ 个操作，并且都可行。如果蚂蚁 k 要移动向的下一个节点，其拆卸操作的可行性被判为否（操作不可行节点），则启发式信息 η 为 0。否则，其当前路径状态下 Heuristic(k) 为 $[1,1,\cdots,1]$，共有 N 位为 1，则启发式信息的值 η 可用式（4-9）表示：

$$\eta = \lambda N / (\mathrm{Time}_{\mathrm{process}} \textstyle\sum_{j=0}^{N} \mathrm{Cost}(a_i, j)) \tag{4-9}$$

式中，λ 为控制算法收敛速度的参数，控制参数 λ 的取值会影响搜索的深度和广度，是一个有待于进一步研究的问题；N 为拆卸深度，$\mathrm{Time}_{\mathrm{process}}$ 的计算是一个工作流调度的问题，可以用前面计算拆卸时间的 MOST 方法计算；$\mathrm{Cost}(a_i, j)$ 为零部件 a_i 在第 j 步被拆卸时候的操作成本，可由式（4-10）表示：

$$\mathrm{Cost}(a_j, j) = A\mathrm{Time} + B(\mathrm{Directions} + \mathrm{Reorientations}) + C\mathrm{Tool} \tag{4-10}$$

式中，Time 代表完成该操作的需要的时间；Tool 代表了执行操作的工具（设备），一般而言，如果该操作使用的工具（设备）是通用的话，则成本较低，而如果使用了专用工具或者设备的话，则成本较高；Directions 和 Reorientations 代表从方案的起始操作到当前操作的这部分 $(\vec{T}'(k)+s)$ 的方向和操作的重定向数，是两个重要的拆卸工艺性因素；A、B、C 为控制参数。

② 方案的优劣分化。启发式信息的值 η 表征了从 start point 到当前节点 a_i 的这一部分序列的性能表现。由式（4-9）知启发式信息 η 在数值意义上，与完成了拆卸深度 N 成正比，与拆卸时间（$\mathrm{Time}_{\mathrm{process}}$）成反比，与拆卸操作成本成反

比。N 是对拆卸操作可行性的累计，$\mathrm{Time}_{\mathrm{process}}\sum_{j=0}^{N}\mathrm{Cost}(a_i,j)$ 是对拆卸时间和拆卸成本的累计。如果部分的操作方案 $\vec{T}'(k)$ 可行，则拆卸路径优劣受到拆卸时间和成本的较大影响。拆卸时间长、拆卸成本高，则 η 小，总的表现差。也就是说，$\mathrm{Time}_{\mathrm{process}}\sum_{j=0}^{N}\mathrm{Cost}(a_i,j)$ 所发挥的作用相当于一个惩罚量，即实现了对劣质方案的惩罚。

显然，在设计规划过程中，追求的目标是方案可行并且成本尽可能低。这里就体现为期望启发式信息值尽可能大。

3）设置拆卸优先关系。上面的步骤虽然理论上可以完成拆卸路径的生成和评价，但因在模型中未反映实际工程设计经验，优化效率较低。因此需要在拆卸路径规划中纳入专家知识和经验。根据连接关系、零部件的空间位置将拆卸的先后关系作为拆卸的约束条件建立拆卸可行性信息模型 DFIG，被称为设置拆卸优先关系。例如，假定部件由 A、B、C、D、E 五个零件构成，表示为 Assembly = $\{A, B, C, D, E\}$，如果其中有拆卸优先关系 Precedence = $\{A\rightarrow B, C\rightarrow D\}$，则在对产品进行拆卸序列规划时，只有符合了优先关系，且集中所有优先关系条件的解才会进一步优化，从而在一定程度上减小规划过程中的计算量，提高优化效率。

（3）基于蚁群算法拆卸序列规划应用案例

以电视机为具体应用对象，首先从 CAD 系统中导入电视机的数字化模型以及其他的产品信息，如图 4-60 所示，并根据实际需要确定拆卸策略，本案例的

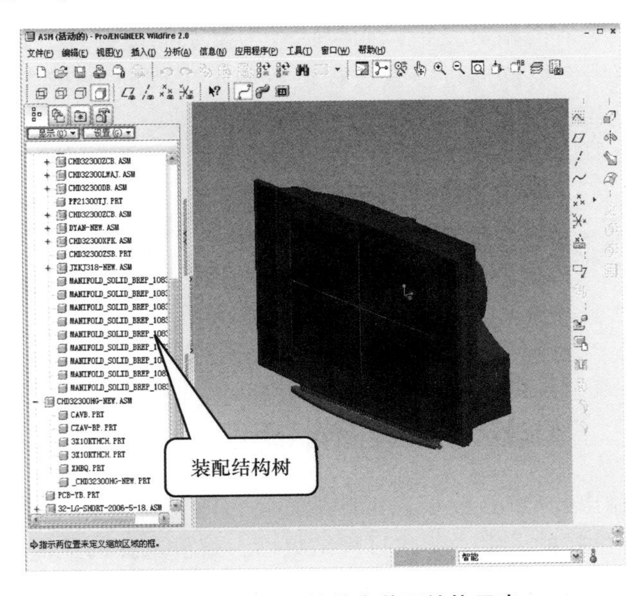

图 4-60　电视机的基本装配结构示意

目标策略为完全拆卸。然后根据产品的数字化模型，并通过交互式方式补充相关的连接关系信息，并定义零部件的拆卸优先关系。例如电视机左、右音箱→电视机 Y 板，电视机 Y 板→偏转线圈，偏转线圈→消磁线圈等，其过程如图 4-61 所示。基于此，便可进行拆卸可行性信息图模型的构建了。

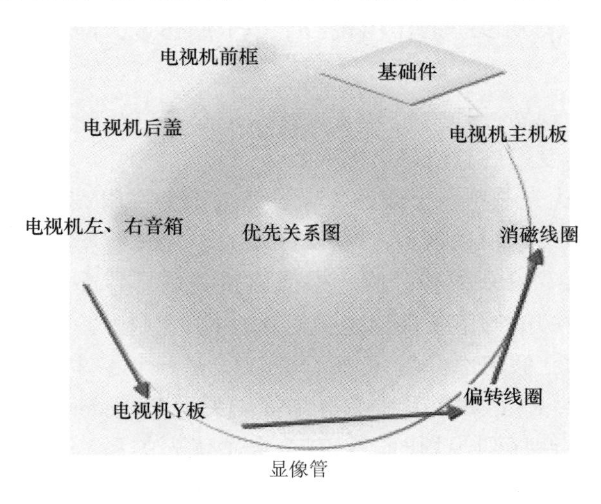

图 4-61　电视机优先关系的设置

图 4-62 是在 CAD 平台上几何路径规划计算进程中，DFIG 逐步构建的过程示意。随着蚁群搜索的进行，DFIG 模型（解空间）逐渐生成，这也为后续蚁群（蚂蚁）提供启发，引导它们向综合表现好的邻域进一步地搜索。由于电视机的主要零部件的几何结构相对复杂，如包括较为复杂的曲面等，几何计算相对比较慢。计算结束后，蚁群通过搜索过程最后确定生成的 DFIG 模型的结构示例（只显示了部件层级）如图 4-63 所示。

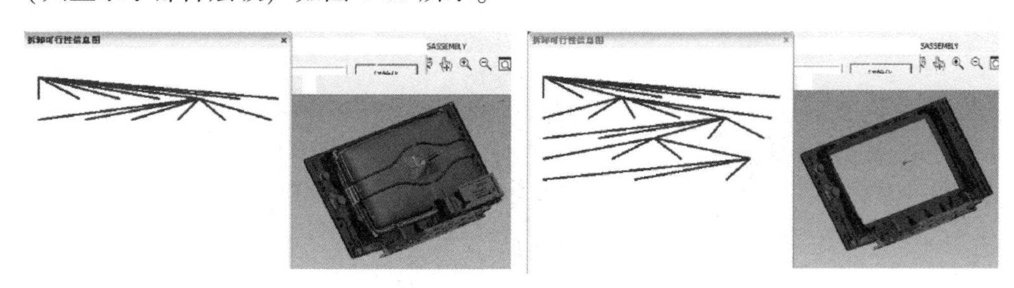

图 4-62　优化计算过程中逐渐生成 DFIG 模型

对图 4-63 输出的 DFIG 模型进行评估优化，图 4-64 所示的饼图给出了蚁群最后评价结果和选择的方案。优化过程结束后，蚁群选择的最优方案的为：

电视机后盖→ 电视机左、右音箱→ 电视机 Y 板→ 电视机主机板→ 偏转线圈→ 消磁线圈→ 显像管→ 电视机前框。

图 4-63　输出 DFIG 模型的图示

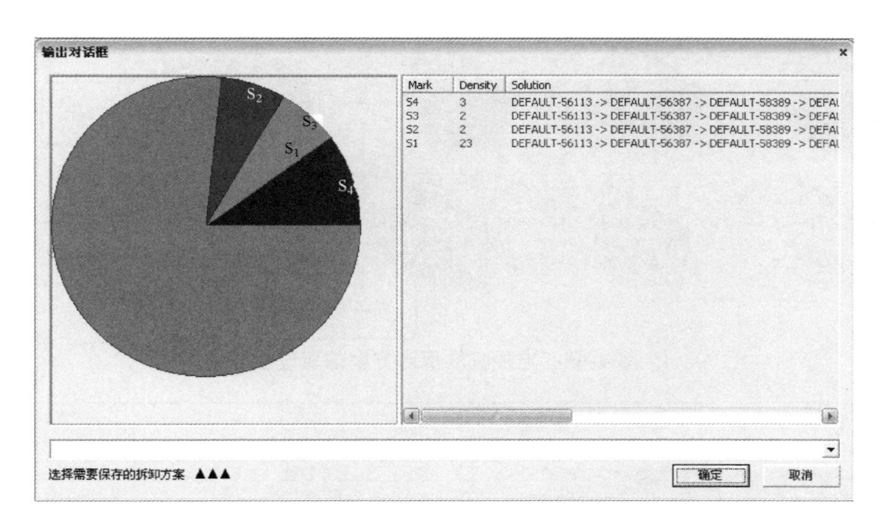

图 4-64　输出方案

该方案与实际的工程技术人员依据自身的工艺知识和经验，推荐的产品最后拆卸方案一致。图 4-65 显示的是经过规划计算和优化分析之后，所得到的电视机的最后拆卸方案仿真过程。

基于上述的优化拆卸路径，便可结合零部件的材料属性、重量、连接方式、回收处理方式等，确定拆卸工具、辅助工具、工位、工时定额和人员等工艺信息，制定如图 4-66 所示的拆卸工艺卡片，以指导实际拆卸工作。

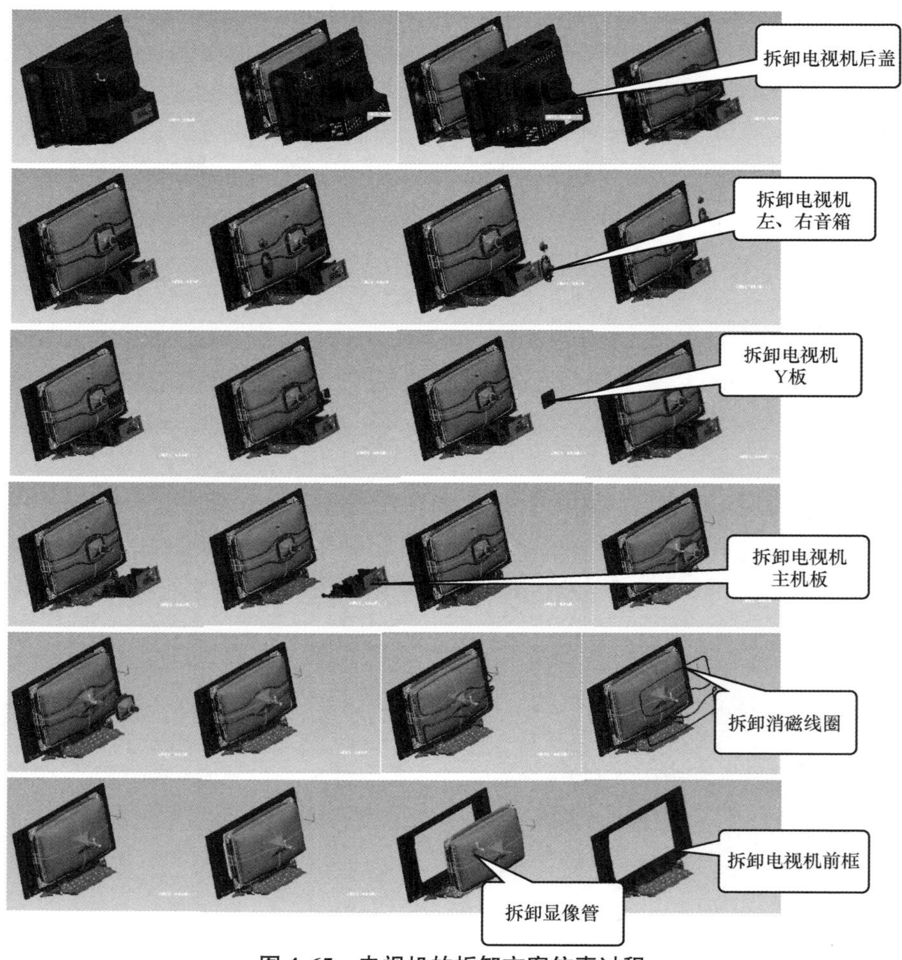

图 4-65　电视机的拆卸方案仿真过程

清华大学制造工程研究所	拆卸工艺规程工序卡片	零件名称与编号	电视机后盖(chd32300hg-new)	材料	牌号	塑料	工序编号
							1
		工序	拆卸后盖		力学性能		
				使用工具			型号
				普通螺钉旋具			T8或者T10
				辅助工具			
				测量工具			
				零件毛重	2.0kg		
				零件净重	2.0kg		
				工人等级	普通		
				一个人看管的机器台数			
				同时加工的零件件数			
				一批零件的件数			
				填写者	日期	验收者	日期
功能	链接方式	环境性评价			操作（加工）时间		
		易操作性	回收重用模式	环境影响		机动时间	辅助时间
	螺纹连接方式	操作简单	粉碎后重用材料	旧式塑料		6×5s/个	120s
	共使用了6个螺钉			可能含有禁用、有害物质			

图 4-66　系统输出的工艺文件卡示例

4.6 再制造与再制造设计和主动再制造

4.6.1 再制造与再制造设计

面对大量失效、报废的机电产品，再制造工程作为资源循环利用的重要途径，应运而生。国外许多大学都开展再制造工程的研究和教学。例如美国罗切斯特理工学院有一个专门从事再制造工程研究的全国再制造和资源恢复中心，田纳西大学无污染产品和技术研究中心有开展汽车行业的再制造技术研究，凯南-弗拉格勒商学院开展了面向再制造的逆向后勤学的教学。美国军队是世界上最大的再制造者，其车辆和武器常使用再制造部件，不但节约军用装备，而且提高装备的寿命和维修能力。美国波士顿大学罗伯特·伦德教授的统计调查表明，早在1996年，美国再制造部件公司构成了一个价值530亿美元、雇佣48万人的产业。在中国，虽然再制造工程的研究与应用起步较晚，但是因政府、工业界和学术界的重视，废旧汽车、工程机械、矿山机械、机床、文化办公设备等产品的再制造逐步形成了新的产业，成为循环经济的重要组成部分。

1. 再制造的定义

再制造是指对旧产品进行专业化修复或升级改造，使其质量特性达到或优于原有新品水平的制造过程。这里所说的质量特性包括产品功能、技术性能、绿色性和经济性等。再制造过程一般包括再制造毛坯的回收、检测、拆解、清洗、分类、评估、修复加工、再装配、检测、标识及包装等。再制造被认为是先进制造的补充和发展。由于再制造所采用的技术与维修中的技术有类似之处，所以容易让人混淆。区分维修与再制造主要从其所处的生命周期阶段来看，如图4-67所示。

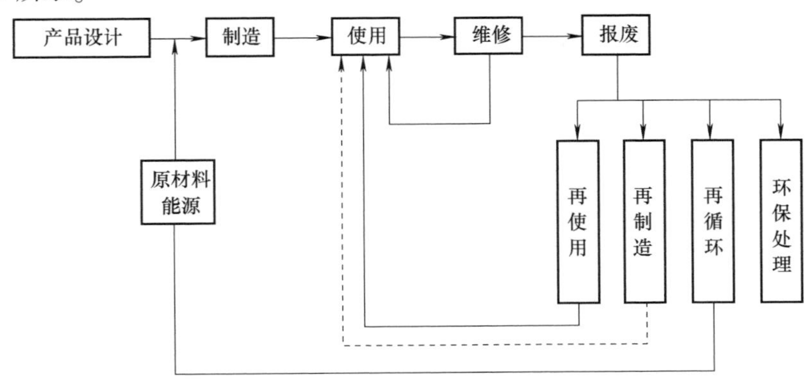

图4-67 再制造在产品生命周期过程简图

由图4-67可以看出，维修主要是针对在使用过程中因磨损或腐蚀等原因而不能正常使用的个别零件的修复。而再制造则是在整个产品报废后，通过采用先进的技术手段对其进行专业化修复或升级改造，使报废产品达到或超过原有新产品性能的过程。再制造期望从废弃产品中获取零部件的最高价值，甚至获得更高性能的再制造产品。一个典型的零部件再制造案例是装甲兵工程学院完成的装甲车行星框架再制造。制造案例中的一个行星框架的毛坯质量为71.3kg，而零件质量只有19.5kg，价格为1200元，使用寿命为6000km，在旧件上再制造一个行星框架只需消耗铁基合金粉末0.25kg，费用只有新品的1/10，而使用寿命可以延长一倍，达12 000km，节约材料率为99.65%。因此，有人把再制造称为是对产品的第二次投资。不过，要真正经济地实现废旧产品的再制造，很大程度取决于再制造设计。

2. 再制造设计

再制造设计是指在产品设计阶段考虑产品再制造性要求的设计方法。再制造性是再制造毛坯可以再制造的属性和能力。再制造性代表的是产品退役后的一种性能，所以它也应该和现有产品功能性能设计流程融合，即在产品设计过程考虑必要的设计元素以实现再制造性。因此，再制造性设计的流程如图4-68所示。

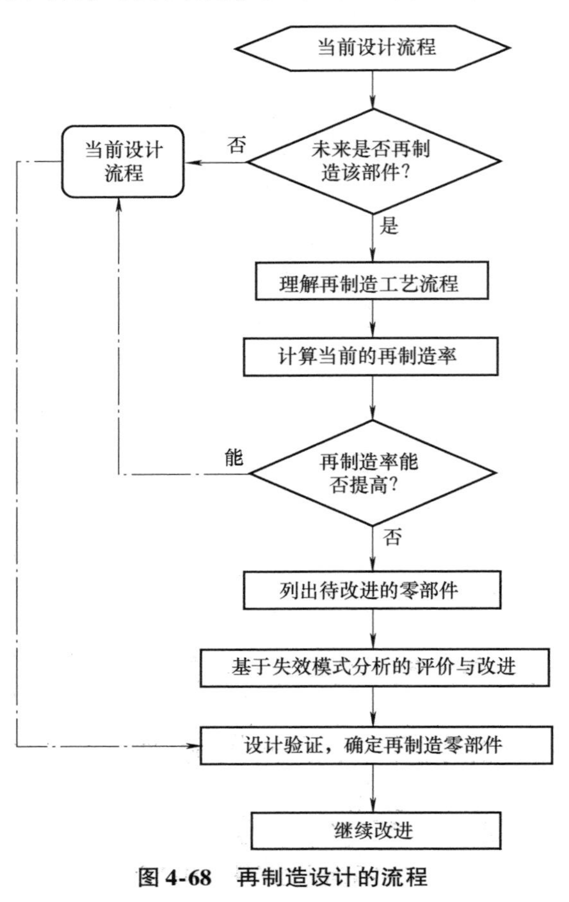

图4-68　再制造设计的流程

从图4-68中可以看出，再制造性设计首先强调对再制造工艺流程的理解。主要的再制造过程如图4-69所示，只有了解产品清洗、目标对象拆卸、目标对象清洗、目标对象检测、再制造零部件分类、再制造技术选择、再制造、检验等再制造工艺流程，才能设计出再制造性优异的产品。其次在再制造设计中对产品再制造率的评估和提高。再制造率的计算可分为按数量或按价值两种指标评估。例如，如果一个部件60%的零件可以再制造，则数量上评估其再制造率为 60%；如果该部件的价值 300 元，其中价值 240 元的零部件可以再制造，则价值上评估其再制造率为 80%。如果评估决定继续提高再制造率，则需要列出可能再制造的零部件，并进行材料性能、连接方式、公差和寿命等方面的设计和试验，以提高其再制造性。

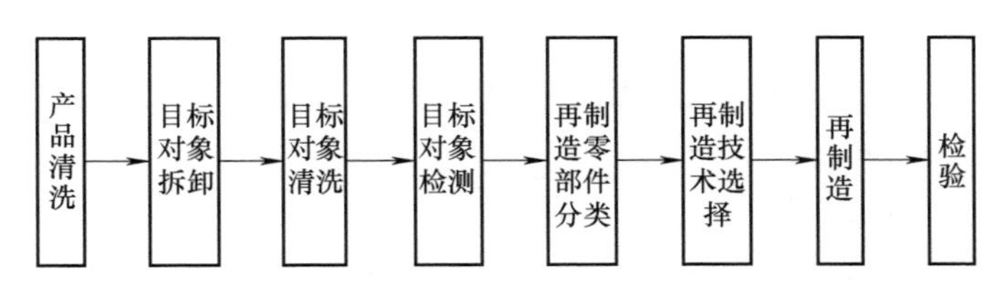

图 4-69 主要的再制造过程

再制造设计主要包括面向再制造的材料选择、面向再制造的产品结构设计、面向再制造的工艺设计和面向再制造的梯度寿命设计等。

（1）面向再制造的材料选择

材料选择是再制造性能的基础，在材料设计和选择时，应遵循如下原则：

1）面向零部件多生命周期的材料选择，再制造要实现产品或者其零部件的多生命周期，需要在设计时根据产品及其零部件的功能属性、服役工况及失效形式，综合设计关键核心件的使用寿命，选用满足多生命周期服役性能的材料，或者选用零部件失效后便于再制造的材料。但应该强调的是，面向零部件多生命周期的材料选择策略，有可能增加零件的材料种类。因此需要平衡零件材料种类增多给可制造性、易维修性、易拆卸性和易回收性等带来的影响。

2）面向再制造的材料反演设计，再制造加工主要是针对失效零件开展的修复工作，因此，再制造关于产品在不同服役工况下的材料失效分析，及其相对应的工艺分析，是推演零部件应具有的材料组织结构和材料组分的基本要求，由此进行材料的反演设计和选择，有助于改进原产品设计中的材料缺陷，提升产品零部件服役性能。

3）面向再制造的材料智能化设计，针对产品服役过程中零部件的多模式损伤形式，以及损伤在发生位置和时间上的不确定性，可以采用材料的智能化设计技术，实现在线再制造。例如在材料中添加微胶囊以在零件运行过程自动感知微裂纹的形成，并通过释放相应元素来实现裂纹的自愈合，从而实现零件损伤的原位智能修复。

4）面向再制造的绿色材料选择，即在产品多寿命服役过程中或者在再制造过程中，尽量选用对环境无污染、对健康无损害、易于循环利用或无害化处理的材料。

（2）面向再制造的产品结构设计

再制造生产能力的提升依赖于拆解、清洗、恢复、升级、物流等再制造环节对产品结构的诸多特有要求，面向再制造的产品结构设计方法重点包括易拆卸性设计、易升级性设计、易清洗性设计、易恢复性设计、易运输性设计等5个方面。由于易拆卸性设计和易升级性设计前面已论及，这里重点介绍另外3个方面。

1）易清洗性的产品结构设计，应尽可能简化结构，避免异形面和管路等不易清洗结构；应避免易老化、易腐蚀的零件与要再制造的零件邻接，应采用合适的表面材料和涂料等。

2）易恢复性的产品结构设计，应根据产品失效模式，改进结构形式，提升零部件的可靠性；从结构上保证损伤出现后，能够提供便于恢复加工的定位支撑结构等。

3）易运输性的产品结构设计，如尽量减小产品体积，提供产品或零部件易于运输的支撑结构，避免在运输过程中有易于损坏的尖锐结构等。例如风电装备再制造的一个挑战就是这些大型零部件的运输性。

（3）面向再制造的工艺设计

面向再制造的工艺设计应能充分调动生产要素来提升再制造效益，主要的设计内容包括：

1）再制造零部件分类设计，高效的再制造分类能够显著提升再制造生产效率。因此，设计时，除了考虑分类方法、分类编码的设计外，还应增加零件结构外形等易于辨识的特征或标识。例如在产品或关键零部件上设计永久性标识或条码，实现对产品及其零部件功能性能、材料类别、服役工况与时间、失效与运维等的全生命周期信息追溯，便于对零件快速分类和性能检测。

2）绿色再制造工艺设计，主要是优化应用高效绿色的再制造生产工艺及装备，采用更加宜人的生产环境，以节省能源和资源，减少环境污染和对人体健康的损害。

3）标准化再制造生产设计，主要是标准化再制造工艺方法与流程，建立完善再制造标准体系，形成标准化的质量保证机制。

（4）面向再制造的梯度寿命设计

面向再制造的梯度寿命设计是以产品功能性能为目标，以服役工况为约束，采用寿命梯度基准来量化设计产品中不同零部件的寿命。产品及其零部件再制造是为了实现多生命周期使用，因此，面向再制造寿命设计也应基于此动机和目的。例如对于低价值的或再制造中需要更换的零部件按照产品的单次使用寿命设计，而对于高价值的、需要重新利用的零部件则根据工况及性能要求按照产品单次寿命的不同梯度倍数进行设计，这样有助于使产品具有优化的再制造性能。也就是说，产品在第 N 次再制造中只要替换一次寿命和达到 N 倍寿命的零部件。面向再制造的梯度寿命设计方法可参考4.4.2节。

4.6.2 主动再制造

当前在工业界开展的再制造都是在产品退役后根据产品的失效状态制定再制造方案的，所以被学术界称为被动再制造（Reactive Remanufacturing）。由于退役产品在服役工况、服役时间以及零部件的失效模式等方面往往千差万别，即在数量和质量上存在不确定性，从而增加了再制造的复杂性，影响生产效率和成本。虽然再制造设计和再制造过程管理可以有效地降低再制造的不确定性，但并不能从本质上解决这一问题。为此，学术界提出了主动再制造的概念。

主动再制造是相对于被动再制造而言的，是通过对产品服役规律的分析，预先设定主动再制造时机，当产品服役到预设时间点时，即对其进行再制造，以保证其整个服役周期内的性能最佳。显然，主动再制造与产品的服役周期有着重要的关联性。

1. 产品服役周期与主动再制造

（1）产品性能与服役周期的关系

产品的性能与服役周期的关系如图4-70所示。产品在服役过程中，其性能随着服役时间下降，但经过适当的维修，衰退的性能可以小幅度改善。由于维修过程中技术、生产作业条件等的限制，产品维修的性能存在一个上限和下限。所谓维修性能上限是指在役产品通过维修所能达到的最佳性能。随着维修次数的增加，产品维修性能上限也会随之降低。维修性能下限是指产品维修须满足的最低性能要求。产品维修性能下限通常是一个常量，若产品性能降低至该下限以下，产品就因无法满足要求而退役。退役后的产品通过再制造，性能得以大幅度提升，达到甚至超过产品设计性能，此时产品进入再生服役周期。

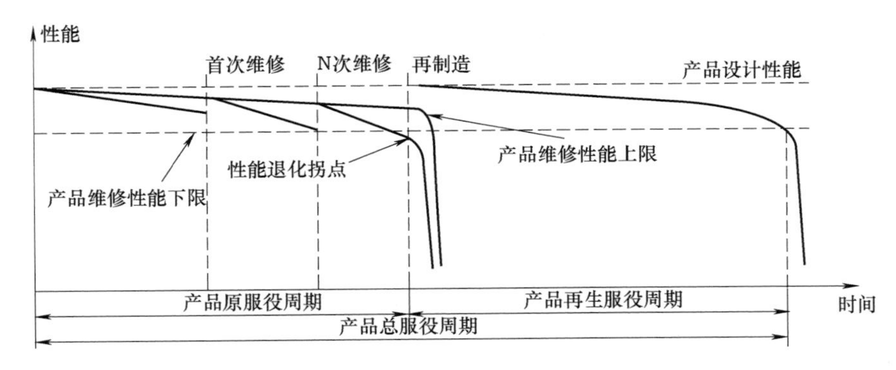

图4-70 产品性能与服役周期的关系

这里称产品由服役初始直至再制造前的服役时段为产品原服役周期，是产品的第一个生命周期，原服役周期内产品的性能在维修性能上限和维修性能下限之间；称产品从再制造后至下一次退役的服役时段为产品再生服役周期，是产品的第二个生命周期。通过再制造，产品性能恢复至设计性能，之后再制造产品的性能按照与新品相近的方式演化。由于产品及其零部件可能再制造多次，因此产品的再生服役周期可能有多个。这就是前面谈到的再制造多生命周期的概念。产品原服役周期与再生服役周期的总和是产品总服役周期，图 4-70 中假设产品只进行一次再制造。主动再制造的目的就是在保证性能的前提下，使其总服役周期最长。

（2）主动再制造

为了讨论主动再制造，可忽略维修过程，将产品性能演化曲线简化为图 4-71。产品的性能随服役时间不断退化，在服役初期，产品整体性能良好，性能退化缓慢，但是到服役后期，产品性能会急剧下降。这里设产品性能急剧退化的初始点为产品性能退化拐点 IP，而性能下降到不适宜再制造的点称为产品性能退化阈值点 TP。显然，IP 和 TP 之间对应的时间差就是产品性能退化区或再制造时间区域 R。

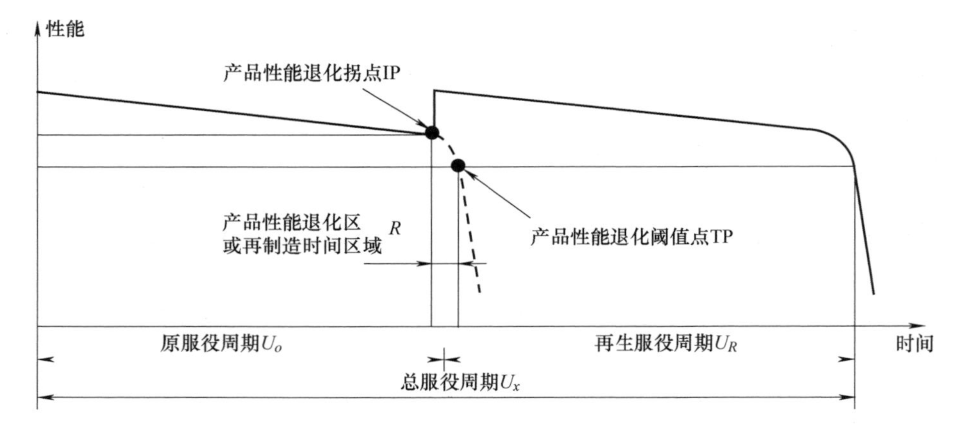

图 4-71　产品性能演化简化曲线

设产品性能退化拐点 IP 与产品性能退化阈值点 TP 对应的时间点分别为 T_{IP} 与 T_{TP}，如图 4-72 所示。因此产品的再制造时间区域（简称再制造时域）可表示为 $R=[T_{IP}, T_{TP}]$。产品处于再制造时域内时，适合再制造。目前的被动再制造模式由于产品退役时机不同，其再制造时机可能落在 R 区间内，也有可能超出 T_{TP}无法进行再制造，不确定性较大。

当产品处于产品性能退化拐点 IP 时进行再制造，其经济性、环境性、技术性最佳，故 T_{IP}可称为主动再制造理想时间点（即主动再制造时机），而 T_{IP}附近区间 $2\Delta T$ 内可认为是主动再制造时域 $AR=[T_{IP}-\Delta T, T_{IP}+\Delta T]$。主动再制造就是期望在再制造时域 AR 内完成再制造过程。

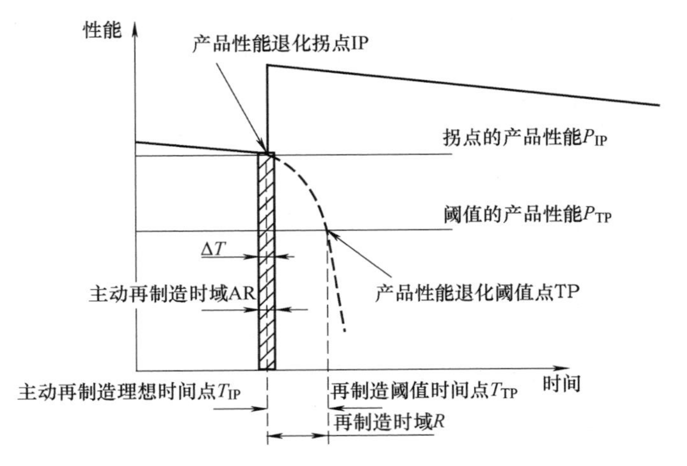

图 4-72　产品主动再制造时域

与被动再制造相比，主动再制造有如下特征：

1）时机最佳性，产品性能退化规律决定了在产品服役过程中客观存在一个再制造最佳时间区域，在该区域内进行再制造，恢复原设计功能、性能的经济性、环境性、技术性最优。而被动再制造则不确定性大，离散度大，无法保证经济性、技术性等。

2）主动性，不是在产品废弃后再被动地对其零部件可再制造性进行单件地、个性化地复杂判断，而是通过综合评判产品整个生命周期的经济性、环境性、技术性，确定再制造时域。当产品服役到该时间区域时，便主动地对其进行再制造。

3）关键件优先性，主动再制造虽然面向的是整个产品，但是产品的零部件有关键零部件和非关键零部件之分。对于主动再制造时机，既需要考虑产品的整机性能退化，也需要考虑关键零部件再制造性，当整机达到产品性能退化阈值点，产品发生失效时，其关键零部件性能必须还没有退化到临界值，还具有较高的再制造价值。即关键件的再制造临界值要高于整机性能的阈值，在产品设计中要给予充分考虑。

4）可批量性，对于同一设计方案、同一批次的产品，在正常的工作状态下，由于再制造时间的主动选择，使得再制造毛坯状态的差异性得到最大限度降低，从而有助于实现再制造工艺的标准化，实现批量再制造。

2. 主动再制造设计

主动再制造是为了科学合理地确定主动再制造时机，以减少被动再制造的不确定性因素，故不能只是面向当前退役的产品开展简单的再制造设计，而是需要进行主动再制造设计。这是因为当前的退役产品设计时没有考虑主动再制造，并未考虑产品内各零部件之间的匹配关系，产品中各零部件间的关系难以实现最佳匹配，所以基于此进行主动再制造就可能会产生部分浪费。

（1）主动再制造设计的概念

主动再制造设计是指在产品设计阶段中考虑产品实施主动再制造，在产品的各个层级（产品、零部件、结构）上对设计内容进行重新设计、改进和优化的过程，其主要目的是使产品中关键零部件在其主动再制造时域可实现优质、高效、节能、节材和环保的再制造。

（2）主动再制造设计的流程

主动再制造设计是建立在主动再制造时机确定的基础上对产品进行设计。在正常服役条件下同一设计方案下的同一型号产品，主动再制造时机 T_{IP}通常是确定的，因此，主动再制造设计重点关注的是当产品服役至 T_{IP}时，如何保证产品中各零部件间的关系是最佳匹配，即实现同时、同状态再制造。同时是指产品中的各关键零部件在 T_{IP}时刻全部适合再制造，同状态是指各关键零部件服役至 T_{IP}时刻时失效状态、失效程度等相同或相近，并都适合进行再制造。各关键零部件同时、同状态再制造是一个理论状态。主动再制造设计其实就是希望设计方案逼近这一理论状态。

产品是由各零部件通过装配约束组成的，同时为了实现产品的功能性能，零部件中不同结构还存在设计参数、性能参数上的耦合关系，如配合零件的等寿命或倍数寿命要求。为了逼近同时、同状态再制造的目标，主动再制造设计需要厘清产品及其零部件的装配约束和耦合约束，以实现零部件的匹配，具体流程框架如图 4-73 所示。由图 4-73 可知，主动再制造设计主要分为产品级设计、零部件级设计和结构级设计三个部分。

产品级设计——针对关键零部件及与其配合的非关键零部件之间的关系进行设计，使其寿命达到最佳匹配。

零部件级设计——考虑零部件各结构间的关系，合理配置零部件中不同结构，降低不同结构间寿命的差异性。

结构级设计——针对具体的结构参数进行改进优化，通过结构设计参数的调整使零部件达到强度要求。

根据主动再制造设计流程框架可得出主动再制造设计的一般流程：

1）性能要求的确定。通过监测产品整个服役过程，获取其状态、负载、失效及结构这四个主要方面的演化规律。在此基础上，分析得出产品服役性能演化规律，结合产品实施再制造的经济性、环境性、技术性分析，综合确定产品的主动再制造时机 T_{IP}。

同时，根据产品性能演化规律和主动再制造时机产品需要达到的性能，得出设计时的性能要求，即设计目标性能 **PR**。其中 $\mathbf{PR}=[\mathrm{PR}_1, \mathrm{PR}_2, \cdots, \mathrm{PR}_n]^{\mathrm{T}}$，

n 为性能要求的数量。

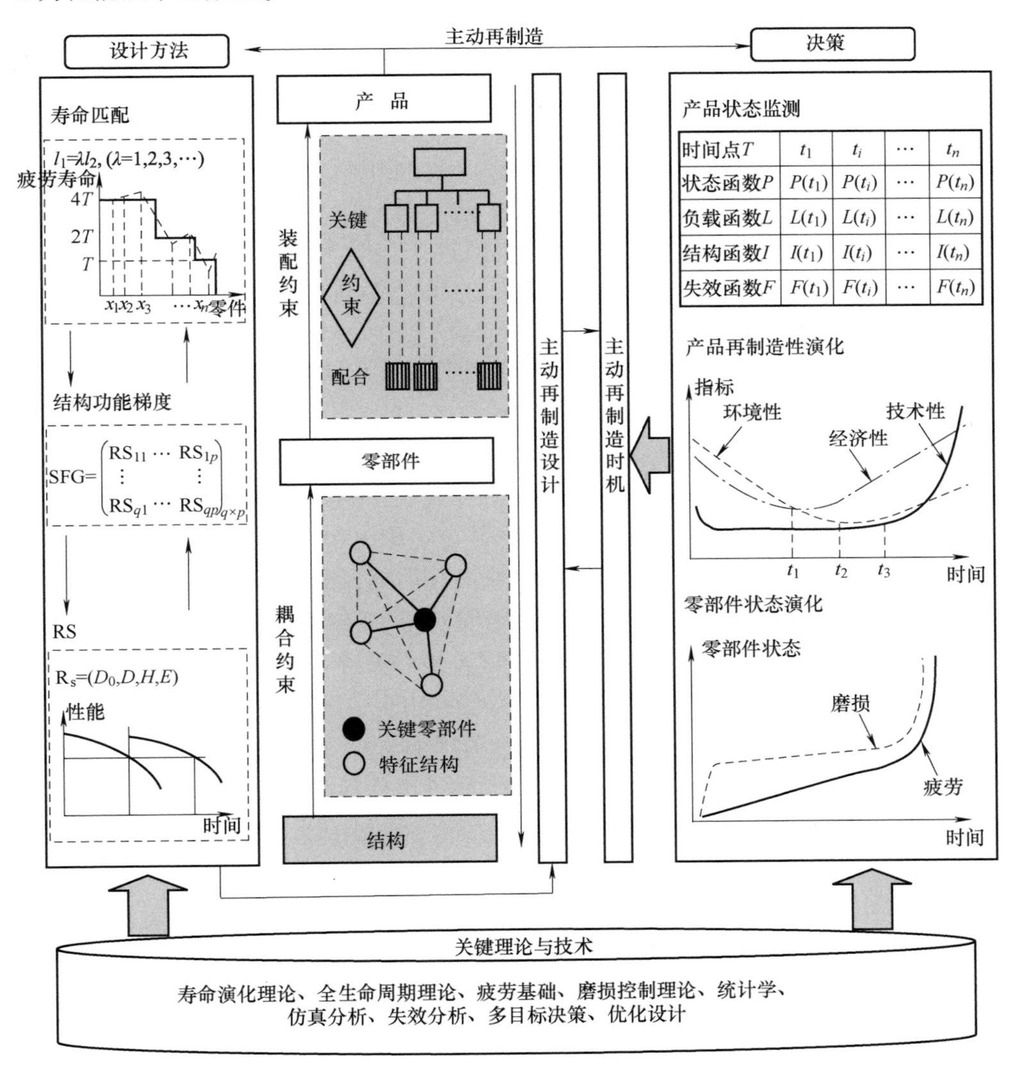

图 4-73　主动再制造设计流程框架

2）产品级设计。为满足设计时的性能要求，产品中各关键零部件及其配合件的寿命应达到一定的条件，使其满足同时、同状态再制造。性能与零部件组成以及约束关系可表示为式（4-11）的形式：

$$\mathbf{PR} = \boldsymbol{A} \cdot \mathbf{CP} \tag{4-11}$$

式中，$\mathbf{CP} = (\mathrm{CP}_1, \mathrm{CP}_2, \cdots, \mathrm{CP}_m)^{\mathrm{T}}$，$\mathbf{CP}$ 表示产品中的关键零部件及其配合件组成的组件系统，m 表示其数量；矩阵 $\boldsymbol{A}$ 表示为达到各性能要求，各关键零部件及

其配合件之间的装配约束，如两者的寿命关系、配合关系等，可表示为式（4-12）的矩阵形式：

$$\boldsymbol{A}=\begin{pmatrix} A_{11} & A_{12} & \cdots & A_{1m} \\ A_{21} & A_{22} & \cdots & A_{2m} \\ \vdots & \vdots & & \vdots \\ A_{n1} & A_{n2} & \cdots & A_{nm} \end{pmatrix} \tag{4-12}$$

3）零部件级设计。为满足耦合约束条件，关键零部件的结构需重新进行设计。

$$\mathbf{CP}=\boldsymbol{B}\cdot\mathbf{ST} \tag{4-13}$$

式中，$\mathbf{ST}=(\mathrm{ST}_1, \mathrm{ST}_2, \cdots, \mathrm{ST}_p)^{\mathrm{T}}$，**ST** 表示零部件中的结构，$p$ 为其种类；

$$\boldsymbol{B}=\begin{pmatrix} B_{11} & B_{12} & \cdots & B_{1p} \\ B_{21} & B_{22} & \cdots & B_{2p} \\ \vdots & \vdots & & \vdots \\ B_{m1} & B_{m2} & \cdots & B_{mp} \end{pmatrix} \tag{4-14}$$

矩阵 $\boldsymbol{B}$ 表示关键零部件中各结构间的耦合约束，即零部件中不同结构间的关系，如轴类零件中，轴肩高度、轴颈大小以及过渡圆角之间的关系。

4）结构级设计。此项设计是详细设计，是对关键零部件中结构参数的具体优化。

$$\mathbf{ST}=\boldsymbol{C}\cdot\mathbf{DP} \tag{4-15}$$

式中，$\mathbf{DP}=(\mathrm{DP}_1, \mathrm{DP}_2, \cdots, \mathrm{DP}_s)^{\mathrm{T}}$，**DP** 表示各结构的设计参量，$s$ 为其数量；

$$\boldsymbol{C}=\begin{pmatrix} C_{11} & C_{12} & \cdots & C_{1s} \\ C_{21} & C_{22} & \cdots & C_{2s} \\ \vdots & \vdots & & \vdots \\ C_{p1} & C_{p2} & \cdots & C_{ps} \end{pmatrix} \tag{4-16}$$

矩阵 $\boldsymbol{C}$ 表示设计参量的具体数值。

综上所述，对产品的主动再制造设计主要是对矩阵 $\boldsymbol{A}$、$\boldsymbol{B}$、$\boldsymbol{C}$ 的设计与优化，式中，矩阵 $\boldsymbol{A}$ 表示产品中零部件间的装配约束，矩阵 $\boldsymbol{B}$ 表示零部件中各结构间的耦合约束，而矩阵 $\boldsymbol{C}$ 表示不同结构的具体设计参数数值。通过矩阵 $\boldsymbol{A}$、$\boldsymbol{B}$、$\boldsymbol{C}$ 的优化，实现产品级设计、零部件级设计和结构级设计，并最终实现产品的主动再制造设计。

（3）主动再制造设计的关键性能确定

矩阵 $\boldsymbol{A}$、$\boldsymbol{B}$、$\boldsymbol{C}$ 的确定需要通过具体的设计方法，对应于主动再制造设计中的结构级设计、零部件级设计和产品级设计，分别提出冗余强度、结构功能梯度和寿命匹配的设计方法。

1）冗余强度（Residual Strength，RS）。冗余强度对应结构级设计，是主动再制造设计中最基础的设计，主要研究具体的结构参数与再制造性之间的关系。冗余强度是通过对现役零部件“设计、服役、再制造”三个阶段强度损伤变化的分析，综合考虑零部件结构设计、再制造方案等内容，提取出的用于表征零部件再制造可行性的参数指标。

根据零部件性能随服役时间的变化，如图 4-74 所示，冗余强度 RS 可表示为式（4-17）的形式：

$$\begin{aligned}\mathrm{RS} &= F(I_1,\cdots,I_j,\cdots,I_n)\\ &= F\{\varphi(D_0^1,D^1,H^1),\cdots,\varphi(D_0^j,D^j,H^j),\cdots,\varphi(D_0^n,D^n,H^n)\}\\ &= F\{\varphi[\psi(E^1,\cdots,E^j,\cdots,E^n)]\}\end{aligned} \tag{4-17}$$

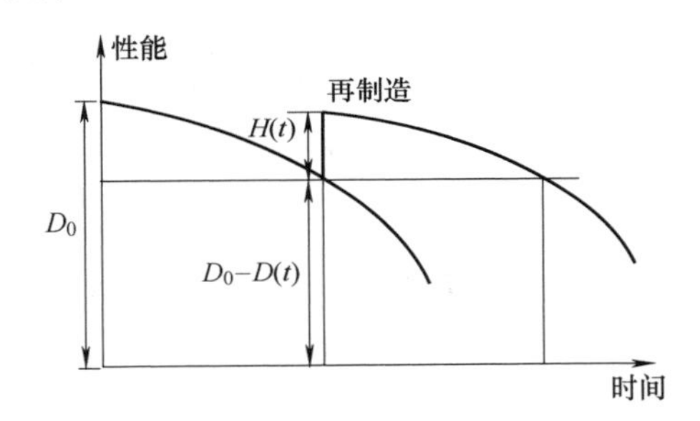

图 4-74　零部件性能随服役时间变化

式中，I_j（$j=1, 2, \cdots, n$）表示零部件强度指标，由零部件的主要失效形式确定；对于某一强度指标 I_j，分别对应一组 D_0、D、H、E；D_0为最大允许损失量，即设计初期的强度；D 为服役 t 时间后的损伤量；H 为再制造后的性能提升量；E 为对应的设计参数。

为了定量表示冗余强度的相对大小，采用冗余因子 r，如式（4-18）所示：

$$r_j(t) = \frac{D_0^j - D^j(t) + H^j(t)}{D_1^j} \tag{4-18}$$

式中，D_1^j 表示零部件服役一个生命周期的强度指标 I_j损伤量。再制造后的性能提升量 $H(t)$因强度指标 I_j的不同而不同，如对于一般轴类零部件的疲劳断裂和磨损损伤两种失效形式对应的强度指标疲劳强度 I_1和磨损量 I_2，按照目前的再制造技术水平，一般可完全修复其磨损损伤，而疲劳断裂则无法修复，因此$H_1(t)\approx 0$，$H_2(t)\approx D(t)$。

由此可见，当 t 为一个寿命周期时，若 $r_j(t)\geqslant 1$，则零部件可再制造。

由冗余强度可确定零部件中结构的薄弱环节，并进而得出矩阵 $\boldsymbol{C}$。

2）结构功能梯度（Structural Functionally Gradient，SFG）。结构功能梯度对应于零部件级设计，主要研究关键零部件中不同结构的耦合约束关系。结构功能梯度表征零部件不同结构不同位置的再制造性分布，是衡量零部件整体再制造性的信息集合。结合冗余强度的概念，结构功能梯度可表示为式（4-19）的形式：

$$\mathbf{SFG}=\begin{pmatrix}\mathrm{RS}_{11} & \cdots & \mathrm{RS}_{1p}\\ \vdots & & \vdots\\ \mathrm{RS}_{q1} & \cdots & \mathrm{RS}_{qp}\end{pmatrix} \tag{4-19}$$

或者利用冗余因子表示为式（4-20）的形式：

$$\mathbf{SFG}=\begin{pmatrix}r_{11} & \cdots & r_{1p}\\ \vdots & & \vdots\\ r_{q1} & \cdots & r_{qp}\end{pmatrix} \tag{4-20}$$

式中，p 表示零件中的典型结构的种类；q 表示零部件中各典型结构数量的总和。例如对于图 4-75 所示的某轴类零件，选取其中的轴颈、过渡圆角两种典型结构，则 $p=2$，其数量分别 3、2，则 $q=5$。因此，其结构功能梯度可表示为

$$\mathbf{SFG}=\begin{pmatrix}r_{11} & 0\\ r_{21} & 0\\ r_{31} & 0\\ 0 & r_{42}\\ 0 & r_{52}\end{pmatrix}$$

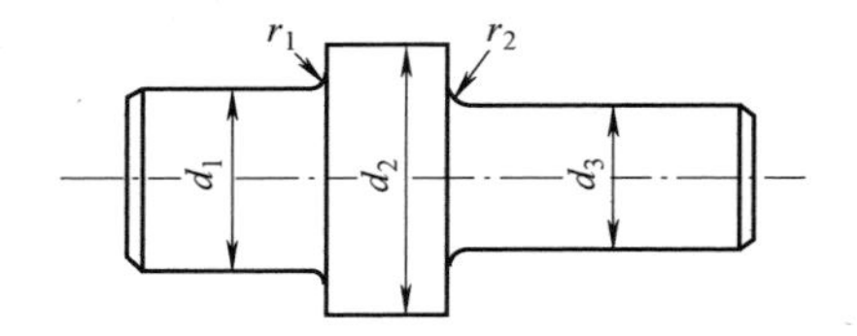

图 4-75　轴类零件中的典型结构

矩阵 $\boldsymbol{B}$ 表示零部件中不同结构间的耦合约束，**SFG** 表示同一零部件中不同结构间的关系，m 表示零部件的数量，从而矩阵 $\boldsymbol{B}=(\mathbf{SFG}_1, \mathbf{SFG}_2, \cdots, \mathbf{SFG}_m]^{\mathrm{T}}$。

3）寿命匹配（Life Matching，LM）。产品级设计主要研究产品中关键零部件及其配合件之间的相互关系。寿命匹配是根据机械产品零部件之间的寿命差异，通过对装配在一起的零部件进行设计改进，使得产品中零部件的寿命相互之间符合一定规律的匹配关系，从而在满足性能要求的前提下得到更充分利用，提高产品的再制造经济效益。因此，对产品采用寿命匹配的方法进行产品级设计。

根据配合零部件间的寿命关系不同，寿命匹配又分为均值匹配法和倍数匹配法。假设零部件 1 与其配合零部件 2 的寿命分别为 l_1和 l_2。通过改变两者的设

计参数，可以使其寿命满足一定的关系，即 $l_1=\lambda l_2$，（$\lambda=1, 2, 3, \cdots$）。当两者寿命悬殊，即配合件为易损件时，采用倍数匹配法。当两者的寿命相差不大时，采用均值匹配法，取 $\lambda=1$，即 $l_1=l_2$；针对主动再制造，均值匹配法应为 $l_1-T_{IP}=l_2-T_{IP}$，而倍数匹配法应为 $l_1-T_{IP}=\lambda(l_2-T_{IP})$，其中 T_{IP} 为产品的主动再制造时机。

3. 主动再制造设计实例分析

发动机是再制造工程中的重要研究对象，但由于目前的再制造是在产品退役后进行的，即被动再制造，毛坯质量和数量的不确定性造成其再制造率偏低。通过对某再制造公司45台发动机拆解情况的调研，得出其中关键零部件的再制造率分别为：曲轴40%，连杆81.3%，缸体51.1%，缸盖57.6%，凸轮轴51.1%。由此可见，被动再制造造成了严重浪费，从而为主动再制造的应用奠定了基础，而主动再制造设计将为主动再制造的顺利实现提供保障。

以某型号发动机中曲轴-连杆系统为例，简要说明主动再制造设计。假定该型号发动机的主动再制造时机为 T_{IP}。根据主动再制造设计的要求，该曲轴-连杆系统应达到的性能要求为：①曲轴与连杆达到最佳匹配，即在 T_{IP} 时，曲轴与连杆可同时再制造，且两者的寿命相近或存在倍数关系；②曲轴与连杆服役寿命最长且整体性能最佳。

对应于产品级设计，通过统计分析报废发动机的被动再制造时间，获得发动机主动再制造时机 T_{IP}。根据实际生产经验，该型号发动机在60万km时一般都需要进行大修或者已经退役，可将此作为被动再制造时机。曲轴转速 n 为2600 r/min，假设平均行车速度 v 为80 km/h，则行驶60万km时曲轴-连杆系统当量转数为 $60\times10^4\times60\times2600/80=1.17\times10^9$。另外，额定载荷下该型号发动机连杆的循环工作次数为 6.325×10^9。根据目前的再制造状况可知，关键零部件的再制造时机应当在产品的再制造时机之后，并且主动再制造时机一般在被动再制造时机之前。通过上述分析已知曲轴和连杆的被动再制造时机为 1.17×10^9，因此，可假定该发动机主动再制造时机 T_{IP} 为 1×10^9，进而对曲轴-连杆系统进行寿命匹配。曲轴为关键零部件，连杆为其配合件，按照寿命匹配的原则 $l_{曲轴}-T_{IP}=\lambda(l_{连杆}-T_{IP})$ 或者 $l_{连杆}-T_{IP}=\lambda(l_{曲轴}-T_{IP})$。

对于当前曲轴，建立三维模型，并利用ABAQUS进行有限元分析，得到其应力云图，如图4-76所示，并导入FE-SAFE计算可得出其疲劳寿命云图，如图4-77所示。

由图4-77可知，当前曲轴的疲劳寿命为 $10^{9.95}$，即 8.91×10^9。与连杆的疲劳寿命相近，因此，可以令 $\lambda=1$，$l_{曲轴}=l_{连杆}=6.325\times10^9$，进行等寿命设计。

根据上述分析，曲轴-连杆系统的产品级设计可表示为：

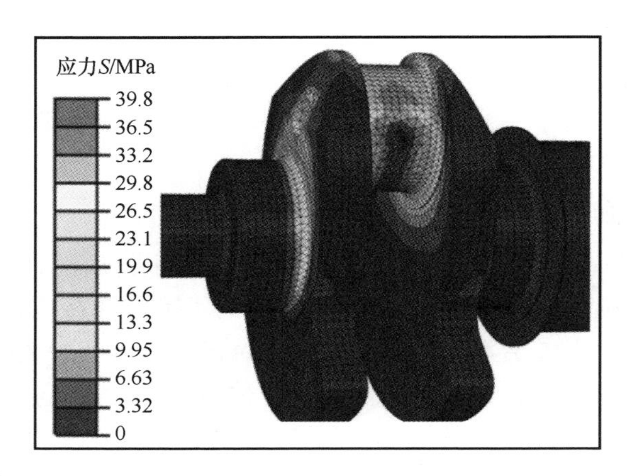

图 4-76　曲轴应力云图

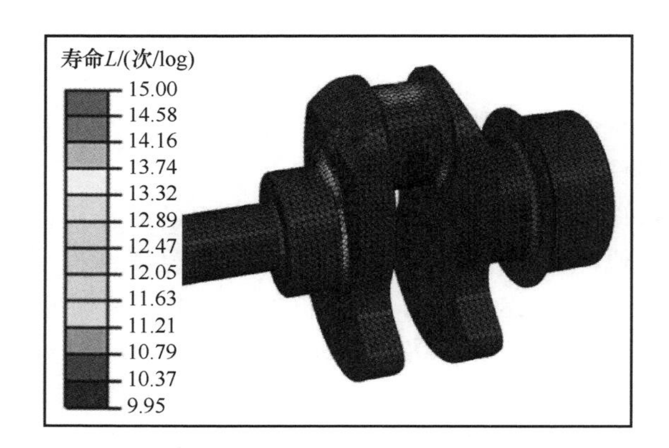

图 4-77　曲轴疲劳寿命云图

PR 为寿命要求，其中 $n=1$；

CP = （曲轴，连杆）^{T}，其中，$m=2$；

从而，

$\boldsymbol{A}=[1,1]$。

曲轴的典型结构有油孔、圆角以及轴颈三种，则零部件级设计中，**ST** = （油孔，圆角，轴颈），其中，$p=3$。如图 4-78 所示，在该简化的曲轴结构中，油孔、圆角、轴颈的数量分别为 1、4、3，即油孔 O_h，圆角 R_1、R_2、R_3、R_4，轴颈 J_1、J_2、J_3，因此，$q=8$。由图 4-77 得出各结构不同位置处的最小寿命，并代入式（4-18），计算各位置处的冗余因子，由式（4-20），其结构功能梯度可表示为

$$
\mathbf{SFG}=\begin{pmatrix} r_{11} & 0 & 0 \\ 0 & r_{22} & 0 \\ 0 & r_{32} & 0 \\ 0 & r_{42} & 0 \\ 0 & r_{52} & 0 \\ 0 & 0 & r_{63} \\ 0 & 0 & r_{73} \\ 0 & 0 & r_{83} \end{pmatrix}=\begin{pmatrix} 4378.2 & 0 & 0 \\ 0 & 3.72 & 0 \\ 0 & 2.67 & 0 \\ 0 & 3.32 & 0 \\ 0 & 6.48 & 0 \\ 0 & 0 & 1878 \\ 0 & 0 & 2107.27 \\ 0 & 0 & 2977 \end{pmatrix}
$$

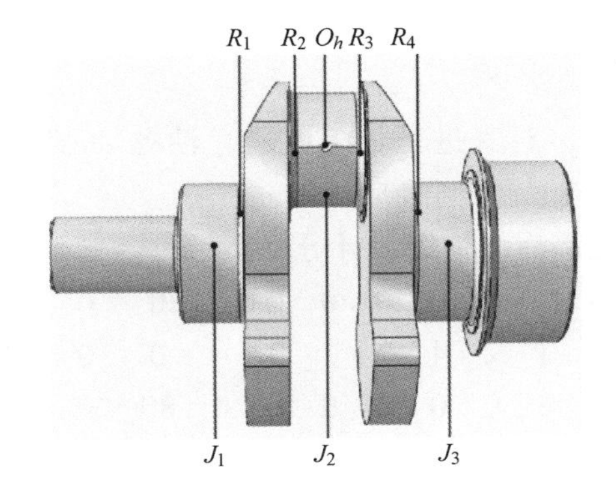

图 4-78　曲轴的典型结构

针对曲轴零部件级设计：

$$
\boldsymbol{B}=\mathbf{SFG}^{\mathrm{T}}=\begin{pmatrix} 4378.2 & 0 & 0 & 0 & 0 & 0 & 0 & 0 \\ 0 & 3.72 & 2.67 & 3.32 & 6.48 & 0 & 0 & 0 \\ 0 & 0 & 0 & 0 & 0 & 1878 & 2107.27 & 2977 \end{pmatrix}
$$

由此可得，曲轴的三种典型结构油孔与轴颈具有较大的冗余量，而圆角处的冗余量相对较小。不过，曲轴的期望寿命是 6.325×10^{9}，而当前的疲劳寿命为 8.91×10^{9} 是大于期望寿命的，因此，可在保证圆角的基础上对油孔和轴颈结构进行适当削弱。

对于油孔、圆角、轴颈三种典型结构，除去材料属性、载荷状况、工作条件等因素，其对应的主要结构设计参数有：

$\mathbf{DP}_{油孔}$ =（油孔 O_h 形式，油孔 O_h 直径，油孔 O_h 角度）

$\mathbf{DP}_{圆角}$ =（圆角 R_1 类型，圆角 R_1 半径，圆角 R_2 类型，圆角 R_2 半径，圆角 R_3 类型，圆角 R_3 半径，圆角 R_4 类型，圆角 R_4 半径）

$\mathbf{DP}_{轴颈}$ =（轴颈 J_1 直径，轴颈 J_1 宽度，轴颈 J_2 直径，轴颈 J_2 宽度，轴颈 J_3 直径，轴颈 J_3 宽度）

综合三者，可得 $\mathbf{DP}=(\mathbf{DP}_{油孔}, \mathbf{DP}_{圆角}, \mathbf{DP}_{轴颈})^T$，其中 $s=17$。

对于油孔形式，有斜油孔及其他形式，分别表示为1、2。

对于圆角类型，分为沉割圆角与过渡圆角，分别表示为1、2。

根据曲轴的初始设计方案，其主要结构的设计参数分别为：

油孔 O_h：斜油孔1，直径2 mm，角度53°；圆角 R_1、R_4：过渡圆角2，半径3 mm；圆角 R_2、R_3：过渡圆角2，半径4 mm；轴颈 J_1、J_3：直径80 mm，宽度35 mm；轴颈 J_2：直径66 mm，宽度40 mm。

同时，基于曲轴的功能需求，结合曲轴结构设计经验，以上各结构参数有一定的浮动范围：圆角半径 R 与连杆轴颈直径 $D_{连}$ 关系为：$R=(0.05\sim0.08)D_{连}$；主轴颈直径 $D_{主}$ 与连杆轴颈 $D_{连}$ 关系为：$D_{主}=(1.05\sim1.25)D_{连}$；油孔直径 > 2mm，一般取5～8mm。

基于以上设计约束，对其进行如下改进：油孔 O_h 直径增大0.5 mm，轴颈 J_1、J_3 直径减小4 mm，轴颈 J_2 直径减小6mm。

因此，该曲轴优化前后结构级设计分别表示为：

$$\boldsymbol{C}_1=\begin{pmatrix}1 & 2 & 53 & 0 & 0 & 0 & 0 & 0 & 0 & 0 & 0 & 0 & 0 & 0 & 0 & 0 & 0\\0 & 0 & 0 & 2 & 3 & 2 & 4 & 2 & 3 & 2 & 4 & 0 & 0 & 0 & 0 & 0 & 0\\0 & 0 & 0 & 0 & 0 & 0 & 0 & 0 & 0 & 0 & 0 & 80 & 35 & 66 & 40 & 80 & 35\end{pmatrix}^{\mathrm{T}}$$

$$\boldsymbol{C}_2=\begin{pmatrix}1 & 2.5 & 53 & 0 & 0 & 0 & 0 & 0 & 0 & 0 & 0 & 0 & 0 & 0 & 0 & 0 & 0\\0 & 0 & 0 & 2 & 3 & 2 & 4 & 2 & 3 & 2 & 4 & 0 & 0 & 0 & 0 & 0 & 0\\0 & 0 & 0 & 0 & 0 & 0 & 0 & 0 & 0 & 0 & 0 & 76 & 35 & 60 & 40 & 76 & 35\end{pmatrix}^{\mathrm{T}}$$

经过参数优化，曲轴的疲劳寿命为 $l_{曲轴}=10^{9.81}\approx6.46\times10^9$，接近期望寿命。此设计方案是在主动再制造的前提下按照产品级设计、零部件级设计和结构级设计确定的，是面向主动再制造的设计。综上所述，主动再制造设计理论与设计方法是有效可行的。

主动再制造是因退役产品的不确定性阻碍再制造工程的产业化进程而提出的。但应该指出的是，本书只是介绍了主动再制造的概念与主动再制造设计的框架，并不完善，主动再制造中涉及的关键理论与技术还有待更加深入的研究。

参考文献

[1] 濮良贵. 机械设计 [M]. 北京：高等教育出版社，1960.

[2] 彭杰. 实用价值工程 [M]. 太原：山西科学教育出版社，1986.

[3] 钟裕高. 价值工程原理·方法·应用 [M]. 南宁：广西人民出版社，1986.

[4] 尹海清，刘国权，姜雪，等. 中国材料数据库与公共服务平台建设 [J]. 科技导报，2015，33 (10)：50-59.

[5] 刘芳宁，王越，孙瑞侠．材料数据库的现状与发展趋势［J］．科技创新导报，2018，15（34）：149-151.
[6] 李小青，龚先政，聂祚仁，等．中国材料生命周期评价数据模型及数据库开发［J］．中国材料进展，2016，35（3）：171-178.
[7] 郭启雯，才鸿年，王富耻，等．材料数据库系统在选材评价中的综合应用研究［J］．材料工程，2012（1）：1-4.
[8] 门煜童，刘洪涛，许广兴，等．适用于飞机数字化设计的选材系统研究［J］．飞机设计，2016，36（5）：62-65.
[9] 张瑾，贾彦敏，徐树杰，等．AMASS 车用材料基础数据库助力汽车绿色选材管理的研究［J］．工业技术创新，2015（6）：627-631.
[10] 史捍民．企业清洁生产实施指南［M］．北京：化学工业出版社，1997.
[11] 王守兰．清洁生产理论与实务［M］．北京：机械工业出版社，2002.
[12] Apple. 2020 年环境进展报告：对 2019 财年的全面回顾［R/OL］．［2021-12-06］．https：//www. apple. com. cn/environment/pdf/Apple_Environment_Progress_Report_2020. pdf.
[13] Apple. 2021 年环境进展报告：对 2020 财年的全面回顾［R/OL］．［2021-12-06］．https：//www. apple. com. cn/environment/pdf/Apple_Environment_Progress_Report. 2021. pdf.
[14] 田民波，马鹏飞．电子封装无铅化技术进展（待续）［J］．电子工艺技术，2003，24（6）：231-233；237.
[15] 熊胜虎，黄卓，田民波．电子封装无铅化趋势及瓶颈［J］．电子元件与材料，2004，23（3）：29-31.
[16] 田民波．电子封装中的无铅化［J］．印制电路信息，2002（10）：3-10.
[17] 史耀武，夏志东，雷永平．电子组装生产的无铅技术与发展趋势［J］．电子工艺技术，2005，26（1）：6-9；20.
[18] 罗道军．无铅工艺的标准化进展（待续）［J］．电子工艺技术，2010，31（1）：9-11；19.
[19] 罗道军．无铅工艺的标准化进展（续完）［J］．电子工艺技术，2010，31（2）：68-71；97.
[20] 武军，李和平．绿色包装［M］．北京：中国轻工业出版社，2000.
[21] 戴宏民．绿色包装［M］．北京：化学工业出版社，2002.
[22] 华为投资控股有限公司．2020 年可持续发展报告［R/OL］．［2021-12-06］．https//www-file. huawei. com/-/media/corp2020/pdf/sustainability/sustainability report-2020-cn. pdf.
[23] 2021 年太阳能和氢能将大发展［J］．中外能源．2021，26（5）：93-94.
[24] 武正弯．德澳加日四国氢能战略比较研究［J］．国际石油经济，2021，29（4）：60-66.
[25] 刘培基，刘霜，刘飞．数控机床主动力系统载荷能量损耗系数的计算获取方法［J］．机械工程学报，2016，52（11）：121-128.
[26] 魏小林，黄俊钦，李森，等．工业炉窑燃烧过程中节能减排问题的研究进展与发展方向［J］．热科学与技术，2021，20（1）：1-13.
[27] 林宗虎．节能减排与工业锅炉技术创新［J］．工业锅炉，2020（1）：1-4.
[28] 石永．工业锅炉节能减排现状存在问题及对策［J］．资源节约与环保，2021（6）：5-6.

[29] 联合国开发计划署. 2007/2008 年人类发展报告：应对气候变化 分化世界中的人类团结 [R/OL]. [2021-12-06]. hdr. undp. org/sites/default/files/hdr_20072008_ch_complete. pdf.

[30] 黄志远，徐象国，邵俊强. 家用空调节能控制算法综述 [J]. 家电科技，2019 (5)：58-61；89.

[31] 崔培培，马长州，刘全义. 冰箱新欧盟能效标准解读及节能应对策略综述 [J]. 日用电器. 2019 (6)：11-15；20.

[32] 姜立峰，向东，王洪磊，等. 基于正面碰撞仿真的轿车关重零件分析及改进 [J]. 机械设计与制造，2011 (6)：128-130.

[33] 江建，陈宗渝，段广洪，等. 汽车偏置正面碰撞的数值仿真及结构改进 [J]. 中国公路学报，2009，22 (5)：118-121.

[34] 杨进，向东，姜立峰，等. 基于响应面法的汽车车架耐撞性优化 [J]. 机械强度，2010，32 (5)：754-759.

[35] 向东，张根保，汪永超，等. 绿色产品长寿命设计原则初探 [J]. 机械设计与制造工程，1999 (6)：23-24；27.

[36] 施进发，梁锡昌. 机械模块学理论 [J]. 中国机械工程，1997 (8)：53-58.

[37] PRENTIS E，WATCHMAKER R. 北方电讯公司 (Nortel) 的产品寿命管理 [J]. UNEP 产业与环境，1997 (3)：63-65.

[38] 余红燕，刘国平. 汽车尾气排放的控制及治理 [J]. 汽车实用技术，2020，45 (22)：211-213.

[39] 中国家用电器研究院. 中国废弃电器电子产品回收处理及综合利用行业白皮书 2019 [R]. 北京：中国家用电器研究院，2020.

[40] 刘俊晓. 电子垃圾拆解区儿童重金属暴露及气质评估 [D]. 汕头：汕头大学. 2009.

[41] SUGA T，SANESHIGE K，FUJIMOTO J. Quantitative disassembly evaluation [C]. Proceedings of the 1996 IEEE International Symposium on Electronics and the Environment. New York：IEEE，1996.

[42] SUGA T. Disassemblability assessment for IM [C]. Proceedings of First International Symposium on Environmentally Conscious Design and Inverse Manufacturing. New York：IEEE，1999.

[43] UNO M，NAKAJIMA T. Recycling technologies in Hitachi [C]. Proceedings of First International Symposium on Environmentally Conscious Design and Inverse Manufacturing. New York：IEEE，1999.

[44] DAS S K，YEDLARAJIAH P，NARENDRA R. An approach for estimating the end-of-life products disassembly effort and cost [J]. International Journal of Production Research，2000，38 (3)：657-673.

[45] 周炜，刘继红. 虚拟环境下人工拆卸的实现 [J]. 华中理工大学学报，2000，28 (2)：45-47.

[46] 杨继平. 基于拆解能模型的废弃电路板元器件拆解方法研究 [D]. 北京：清华大学，2009.

[47] 吴宗泽. 机械设计 [M]. 北京：高等教育出版社，2006.

[48] 刘学平. 机电产品拆卸分析基础理论及回收评估方法的研究 [D]. 合肥: 合肥工业大学, 2000.

[49] ZHANG H C, KUO T C. A graph-based approach to disassembly model for end-of-life product recycling [C]. 1996 IEEE/CPMT Int'l Electronics Manufacturing Technology Symposium. New York: IEEE, 1996.

[50] ZHANG H C, KUO T C. A graph-based disassembly sequence planning for EOL product recycling [C]. 1997 IEEE/CPMT Int'l Electronics Manufacturing Technology Symposium. New York: IEEE, 1997.

[51] KUO T C. Disassembly sequence and cost analysis for electromechanical products [J]. Robotics and Computer Integrated Manufacturing, 2000, 16 (1): 43-54.

[52] PLOOG M, SPENGLER T. Integrated planning of electronic scrap disassembly and bulk recycling [C]. Proceedings of the 2002 IEEE International Symposium on Electronics and the Environment. New York: IEEE, 2002.

[53] KONGAR E, GUPTA S M. Disassembly-to-order system using linear physical programming [C]. Proceedings of the 2002 IEEE International Symposium on Electronics and the Environment. New York: IEEE, 2002.

[54] JOHNSON M R, WANG M H. Economical evaluation of disassembly operations for recycling, remanufacturing and reuse [J]. International Journal of Production Research, 1998, 36 (12): 3227-3252.

[55] GUNGOR A, GUPTA S M. Disassembly sequence planning for products with defective parts in product recovery [J]. Computers and Industrial Engineering, 1998, 35 (1-2): 161-164.

[56] LOU S, LEU J, JORJANI S. Comparing different disassembly strategies [C]. Proceedings of the 1996 IEEE International Symposium on Electronics and the Environment. Dallas, New York: IEEE, 1996.

[57] 王朝瑞. 图论 [M]. 2版. 北京: 北京理工大学出版社, 1997.

[58] MOORE K E, GUNGOR A, GUPTA S M. Disassembly Petri net generation in the process of XOR precedence relations [C]. 1998 IEEE International conference on Systems, Man, and Cybernetics. New York: IEEE, 1998.

[59] KANG J G, LEE D H, XIROUCHAKIS P, et al. Parallel disassembly sequencing with sequence- dependent operation times [J]. CIRP Annals, 2001, 50 (1): 343-346.

[60] MOORE K E, GUNGOR A, GUPTA S M. Disassembly process planning using Petri net [C]. Proceedings of the 1998 IEEE International Symposium on Electronics and the Environment. New York: IEEE, 1998.

[61] MOORE K E, GUNGOR A, GUPTA S M. A Petri net approach to disassembly process planning [J]. Computers and Industrial Engineering, 1998, 35 (1-2): 165-168.

[62] ZUSSMAN E, ZHOU M C. A methodology for modeling and adaptive planning of disassembly processes [J]. IEEE Transactions on Robotics and Automation, 1999, 15 (1): 190-194.

[63] ZUSSMAN E, ZHOU M C, CAUDILL R. Disassembly Petri net approach to modeling and planning disassembly processes of electronic products [C]. Proceedings of the 1998 IEEE Interna-

tional Symposium on Electronics and the Environment. New York：IEEE，1998.

[64] 高建刚，武英，向东，等．机电产品拆卸研究综述［J］．机械工程学报．2004，40（7）：1-9；19.

[65] SATOSHI K，RYPHTA S，TAKESHI K. Graph-based information modeling of product-process interactions for disassembly and recycle planning［C］．Proceedings of First International Symposium on Environmentally Conscious Design and Inverse Manufacturing. New York：IEEE，1999.

[66] SATOSHI K，RYOHTA S，TAKESSHI K. Representation of product and processes for planning disassembly，shredding，and material sorting based on graphs［C］．Proceedings of the 1999 IEEE International Symposium on Assembly and Task Planning. New York：IEEE，1999.

[67] 尹凤福，杜泽瑞，李林，等．基于双种群遗传算法的废旧智能手机拆卸序列规划［J］．机械工程学报，2021，57（17）：226-235.

[68] 郭钧，王振东，杜百岗，等．考虑不定拆卸程度的选择性异步并行拆卸序列规划［J］．中国机械工程，2021，32（9）：1080-1090；1101.

[69] PATKI A，左彤梅，侯晓滩，等．再制造设计着眼当今和未来［J］．国外内燃机，2017（6）：20-22.

[70] 姚巨坤，朱胜，时小军，等．再制造设计的创新理论与方法［J］．中国表面工程，2014，27（2）：1-5.

[71] 朱胜，姚巨坤．装备再制造设计及其内容体系［J］．中国表面工程，2011，24（4）：1-6.

[72] 朱胜，徐滨士，姚巨坤．再制造设计基础及方法［J］．中国表面工程，2003，16（3）：27-31.

[73] 宋守许，刘明，刘光复，等．现代产品主动再制造理论与设计方法［J］．机械工程学报，2016，52（7）：133-141.

[74] SONG SX，TAI Y Y，KE Q D. Establishment and application of service mapping model for proactive remanufacturing impeller［J］．Journal of Central South University 2017，23（12）：3143-3152.

[75] 胡锦强．基于在线监测的柴油机曲轴主动再制造时机抉择方法研究［D］．合肥：合肥工业大学，2017.

[76] 宋守许，刘明，柯庆镝，等．基于强度冗余的零部件再制造优化设计方法［J］．机械工程学报，2013，49（9）：121-127.

[77] 刘艺．发动机连杆剩余疲劳寿命预测及再制造可行性研究［D］．济南：山东大学，2010.

第5章

绿色设计集成技术

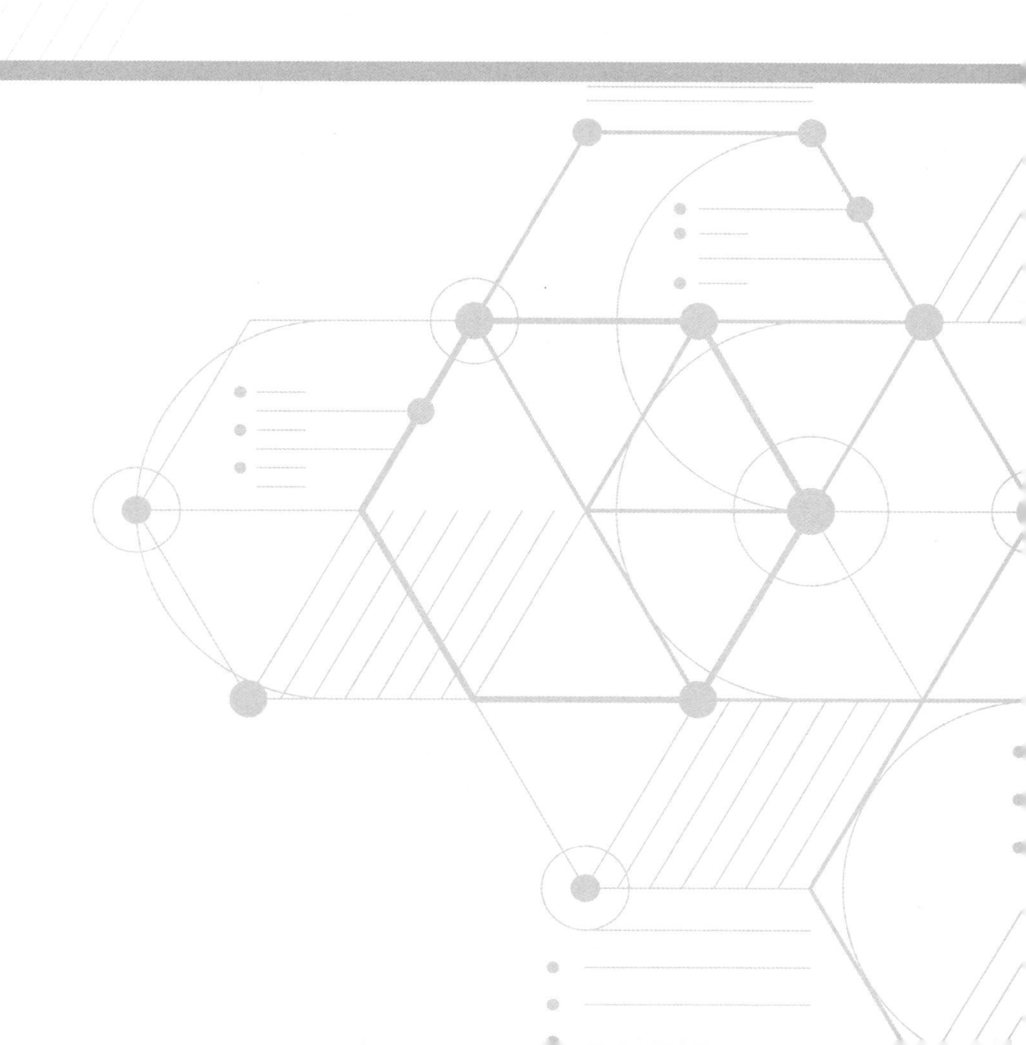

正如前面所述，工业界、学术界针对全生命周期不同阶段，从不同角度形成了相应的绿色设计方法和工具，然而如何将这些绿色设计的策略、准则、方法、工具，与现有的设计工具集成，融入产品的开发流程，已经成为企业实施绿色设计的热点和难点。

5.1 绿色设计集成体系

5.1.1 绿色设计系统集成原则与集成要素

集成的思想应用到企业活动中最早体现为计算机集成制造。这是1974年由约瑟夫·哈林顿（Joseph Harrington）提出的。20世纪90年代中期，刘飞等提出绿色制造需要从系统的角度、集成的角度来考虑和处理有关问题，揭示了绿色制造的一系列集成特性，在此基础上提出了绿色制造系统集成概念。之后，集成的概念在绿色设计与制造领域受到了普遍重视。绿色设计系统集成旨在通过产品全生命周期数据信息采集、整合与匹配，设计方法集成与规范，设计流程协同与管控、使能工具交互与应用，生成绿色产品设计方案。也就是说，绿色设计集成主要包括数据集成、方法集成和使能工具集成三个方面的工作。

1. 绿色设计系统集成原则

在绿色设计系统集成应遵循系统性原则，并行性原则，模块化原则和标准化、规范化原则四大原则。

1）系统性原则，就是强调以产品全生命周期为主线，综合考虑产品功能性、结构性、安全性、绿色性和经济性等设计要求，通过设计数据、方法、流程及软件工具等集成，实现对产品的高效管理、合理决策和优化控制。

2）并行性原则，即支持并行设计。集成体系中各阶段、各功能模块之间可以通过信息流动建立可靠地关联关系，在执行绿色设计过程中实现互相的信息调用与提取，有效地实现流程并行、方法并行、数据并行以及设计协同。

3）模块化原则，集成系统应该在功能分析的基础上划分功能模块，将信息聚合到不同的模块中，通过对知识系统的规范化、有序化梳理，满足针对性、规范性的信息提取与调用，实现绿色设计集成系统的“高内聚、松耦合”。

4）标准化、规范化原则，绿色设计系统集成服务平台必须在规范、标准和接口上统一，即应符合相应的国际标准、国家标准或相关行业规范，以便于系统升级和扩展，便于与厂家其他系统或设备互联互通。

2. 绿色设计系统集成要素

产品绿色设计需系统集成产品全生命周期过程的信息流、物质流和能量流，并涉及企业生产经营活动的各个方面，因此设计时需综合考虑人员、组织方式、设计方法、关键信息及使能工具等多方面要素，如图 5-1 所示。绿色设计过程就是以客户需求为导向，以生产资源为约束，梳理各要素关联机制，通过各要素的有效管理与协同运作，在经济地满足产品功能、质量等基本性能需求的同时，使设计方案对环境的影响最小。

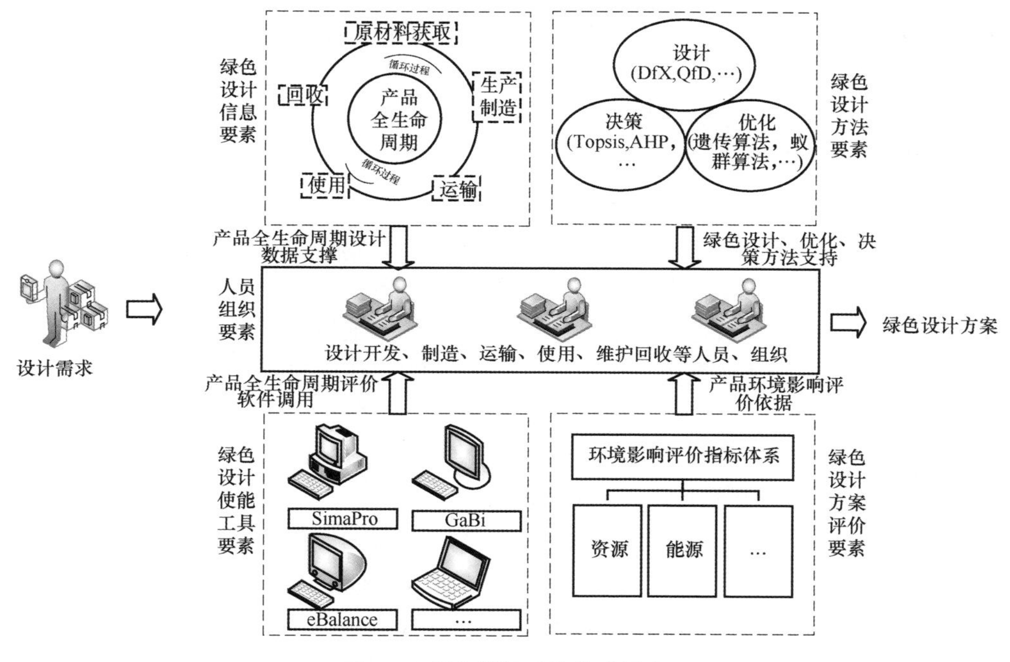

图 5-1　绿色设计系统集成要素

5.1.2　绿色设计系统集成存在的问题

产品绿色设计系统集成技术围绕数据集成、方法集成、流程集成、使能工具集成等方面展开。当前各方面仍存在如下问题：

1. 绿色设计信息数据异构难交换

绿色设计系统除了涉及常规制造系统如 PLM/PDM 等的所有信息管理外，还应特别强调与环境相关信息的获取，并且将制造系统的信息流、物质流和能量流有机地结合，系统地加以利用。然而，在绿色设计信息集成时，存在信息数据多元异构且格式不统一，数据在支撑绿色设计应用软件时信息表达模式和交换标准不兼容等问题。研究绿色设计数据结构与转换格式，实现数据关联、数据通信和数据集成是绿色设计技术开展与落地的关键因素。

2. 绿色设计方法多元不融合

产品全生命周期绿色设计涵盖材料、制造、运输、使用、回收处理等多个单元阶段，目前的绿色设计方法，如面向拆卸的设计、面向回收的设计、面向包装的设计等多局限于单元设计过程。各单元间设计信息存在耦合、冲突等问题，难以从全生命周期的角度对方法进行融合。如何在设计过程中，将各阶段绿色信息进行有效集成，建立可重构、可扩展的产品全生命周期绿色设计表达模型，支持产品的全生命周期绿色设计仿真、优化和决策等应用研究，是绿色设计系统集成的主要挑战。另外，传统的设计模型因多关注产品的技术经济性，缺乏有关资源消耗、能源消耗、环境排放等绿色信息的处理机制，故难以满足企业的绿色设计需求。

3. 绿色设计流程分散难管理

绿色设计覆盖从设计需求分析、概念设计、方案设计、详细设计，再到样品试制、优化再设计等整个设计流程。产品的绿色信息贯穿其中，流动过程复杂，但缺少有效的信息提取方法。同时，因缺乏多主体协同设计，不同环节设计人员目标各异，设计资源、人员缺乏统一管理，在绿色设计与现有设计流程集成中，普遍存在矛盾冲突。因此，流程分散、实施效率低、主体关系复杂和管理难度大是产品绿色设计流程存在的重要问题。

4. 绿色设计使能工具孤立难集成

绿色设计使能工具研发应用方面，目前针对可回收设计、可拆卸设计、轻量化设计、长寿命设计等开发了大量 DfX（Design for X）软件工具，但多集中在对全生命周期某方面单一绿色性能进行分析和改进。企业实施绿色设计需面向全生命周期各个阶段进行，并综合阶段间信息的交互与反馈。现有的绿色设计使能工具缺乏集成性考量，与企业产品的开发设计流程集成度低，难以支持实际绿色生产与应用。

5. 绿色设计系统集成平台缺乏难应用

企业产品开发会应用包括 PLM/PDM 等产品信息管理系统，CAD/UG/SolidWorks 等产品设计系统，NASTRAN/ANSYS 等结构分析系统，以及其他成本、性能方面的分析管理系统，以支持产品的常规设计。企业将绿色设计在引入常规设计过程中因存在设计数据异构、设计方法多元、设计流程分散、设计使能工具孤立等问题，缺乏系统性绿色设计系统集成平台，故难以实现高效、协同、并行的绿色设计，阻碍了绿色设计在企业中的应用。

5.1.3 绿色设计系统集成框架

绿色设计系统集成建立在全生命周期的基础上，通过不同设计要素的关联、协作，围绕共同的设计任务开展产品的绿色设计工作。其主要由绿色设计数据集成、绿色设计方法集成、绿色设计流程集成和绿色设计使能工具集成四部分构成。各部分依托于统一的基础数据之上，并在设计过程中进行充分的集成与应用，通过各部分功能的实现与功能的相互关联，保证各相关工具之间在功能调用、过程衔接与信息传递上的顺畅与协调。构建智能化、集成化绿色设计系统集成平台，从系统的角度，对绿色设计进行协调、控制与优化。

绿色设计系统集成应是具有“高内聚，松耦合”特性的产品绿色设计服务架构系统，其整体框架如图 5-2 所示。集成框架的各部分之间具有较强的独立性，应开发能支持统一的针对集成服务平台的用户管理、数据管理、方法管理、流程管理、使能工具管理等绿色设计微服务。通过微服务技术可以实现对产品全生命周期设计进行独立开发和测试，支持多频次部署改进。另外，通过统一的接口还可以实现模块相互间的无缝集成，支持产品的设计、评价和优化，系统地完成了绿色设计的工程应用实践。

1. 绿色设计方法与数据集成

绿色设计时需要综合考虑全生命周期阶段的信息，尤其关注与环境相关的清单数据等。通过采用统一的数据格式，对有关设计过程各种数据进行筛选、组合、提取、映射，将产品全生命周期中绿色信息进行系统集成，通过对产品各阶段信息的表达、调用和传递，实现设计周期信息共享。进而构建便于进行绿色性评价的方案设计表达模型，为绿色设计过程中的多目标、多学科优化，多属性决策等提供数据与模型基础。

2. 绿色设计流程集成

绿色设计流程集成的核心是将绿色设计融入传统设计流程中，以解决全生命周期设计流程分散、实施效率低、主体关系复杂的问题，从而构建适用的绿色设计流程体系，促进绿色设计在企业中的实际应用。设计阶段包含多个设计主体和设计任务，通过构建绿色设计协同机制，解决绿色设计与常规设计过程融合中的冲突消解问题。

3. 绿色设计使能工具集成及平台开发

绿色设计使能工具集成主要是对产品绿色设计的单元工具以及全生命周期评价工具的集成。以绿色设计数据集成作为底层支撑，以绿色设计方法集成提供设计方案评估与优化共性技术，通过绿色设计流程集成实现设计各阶段流程的统一管控，构建绿色设计系统集成平台，支持产品全生命周期内的等阶段数据访问、方法实施、流程协调、使能工具调用等功能，实现绿色设计企业级高效应用。

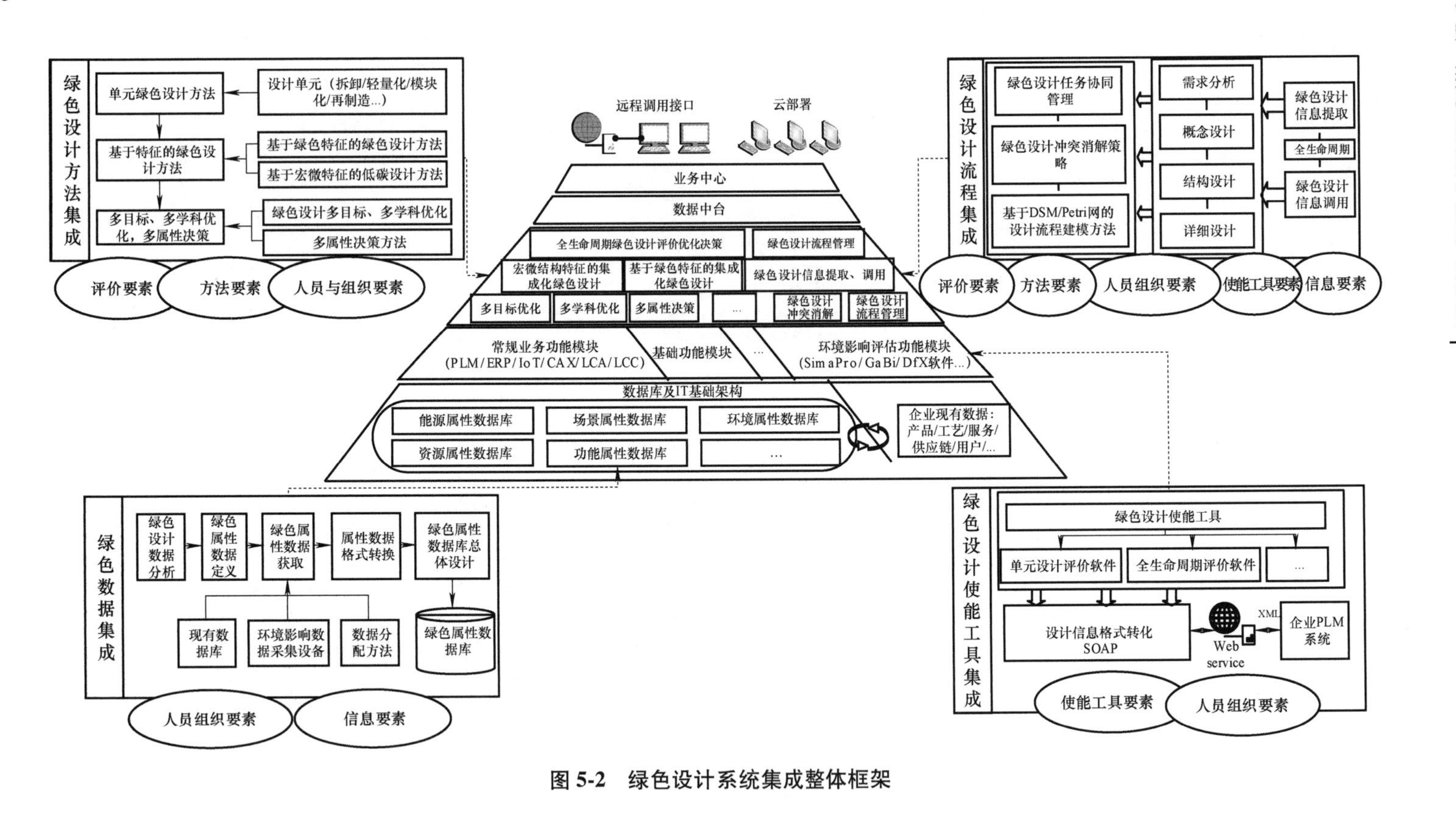

图 5-2 绿色设计系统集成整体框架

5.2 绿色设计信息与方法集成

绿色产品的开发离不开集成化绿色设计方法的有效支撑。现有的绿色设计方法，如DfX（Design for X）大多仅面向产品某一个或者几个生命周期阶段，多关注产品的结构、功能，缺乏资源能源消耗、环境排放等绿色信息的处理机制，无法支持产品全生命周期设计优化改进。基于此，本节提出一种基于特征技术的产品全生命周期绿色设计信息模型，支持产品全生命周期绿色设计方案的表达与优化改进。

5.2.1 单元绿色设计方法

在产品绿色设计过程中，如何将环境属性尽早引入产品信息模型，把环境因素和常规产品设计过程有机结合在一起，是绿色设计研究的一个重点。为此，形成了许多单元绿色设计方法，如：模块化设计、轻量化设计、面向拆卸回收的设计、面向节能的设计、面向包装的设计以及面向再制造的设计等。如图5-3所示，这些单元设计方法能够融合生命周期各阶段流程，通过相关绿色设计技术与工具支持下实现其特定设计目标。

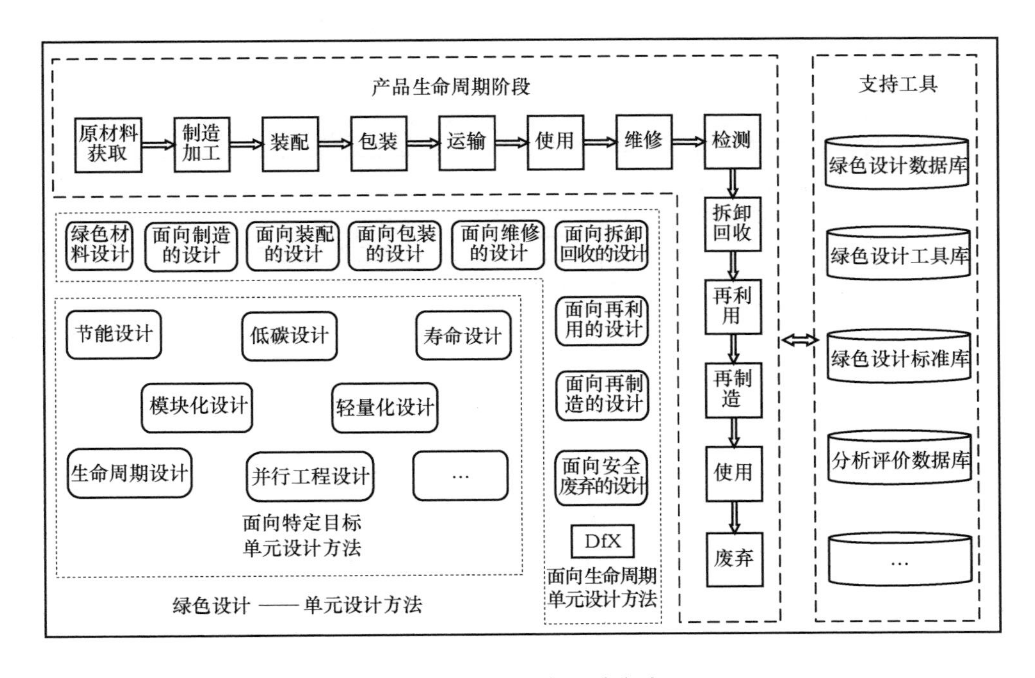

图5-3　单元绿色设计方法

5.2.2 基于绿色特征的产品设计信息集成

产品设计方案一般通过“结构特征 + 数据 + 语言”进行描述，绿色设计单元技术 DfX 对于大量的、跨学科的绿色信息缺乏有效的集成与表达，更难以在设计方案决策中系统、准确地对其进行利用和评价。为此，本小节提出特征技术将产品生命周期中绿色信息进行系统集成，从而构建便于在产品设计早期阶段进行绿色性评价的方案设计表达模型，进行产品方案评价与改进。

1. 绿色特征定义

绿色特征（Green Feature，GF）是一组有关产品环境影响信息的集合，环境影响信息包括资源消耗、生态环境、人体健康等方面的内容。绿色特征与产品其他表现特征之间是交互的关系，其主要内容如图 5-4 所示。绿色特征是建立在产品生命周期过程基础上的，这里所指的“特征”是与产品生命周期有关的活动，含有工程意义的实体或者信息的集合，它反映着设计者对产品的环境期望。

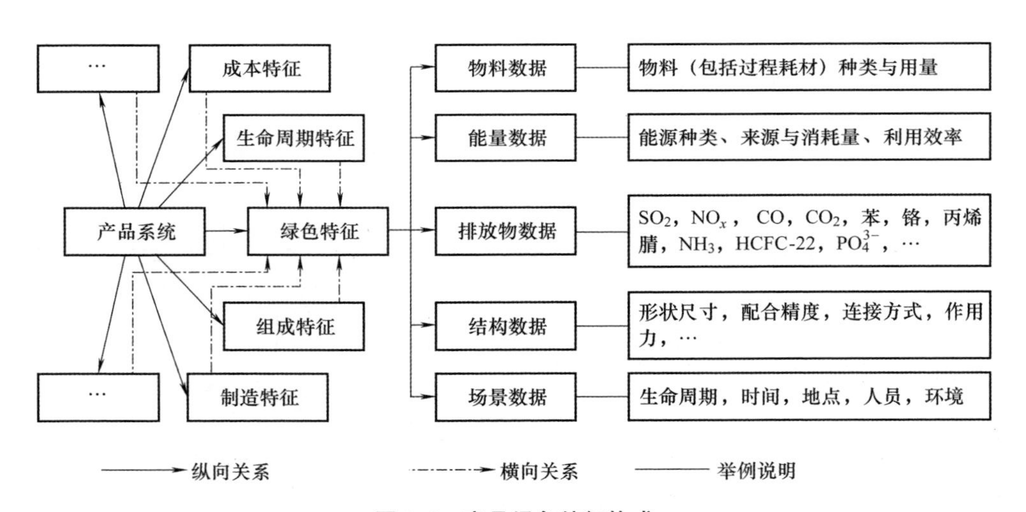

图 5-4 产品绿色特征构成

绿色特征用数学形式描述如下：

$$GF = F_T \cup F_I \cup F_G \tag{5-1}$$

式中，$F_T = \{T_i, i = 1 \sim n \mid$原材料获取,生产制造,包装运输,$\cdots\}$；$F_I = \{I_j, j = 1 \sim m \mid$零部件 1,零部件 2,零部件 3,$\cdots\}$；$F_G = \{G_k, k = 1 \sim p \mid$材料特征,能量特征,排放特征,$\cdots\}$。

（1）F_T为产品全生命周期阶段。产品的绿色设计包含产品从概念形成、材料选取、生产制造、使用乃至废弃后回收、重用、处理等各个阶段。产品的绿色设计信息遍及产品的全生命周期阶段，对产品设计信息按全生命周期阶段进行分类统计，有助于产品设计信息的比较与汇总，有效地保证所收集信息的完整性。

（2）F_I为产品各个零部件。零部件是组成产品的基本单元。产品方案的评价结果受产品零部件设计信息的决定性影响。

（3）F_G为绿色特征与产品设计信息之间的映射关系。绿色特征是对产品绿色性的表征，主要由设计方案的设计信息所决定。方案的绿色特征与设计信息直接存在着一定的映射关系，如产品零部件的选材会影响方案的材料特征，产品加工制造过程会对产品的能耗特征产生影响。通过建立绿色特征与设计信息之间的映射关系，可实现方案表达形式的转换，便于方案的绿色设计与评价。

2. 绿色特征的提取和聚合

通过绿色特征将产品环境影响信息进行抽象表达，这需要对融于全生命周期各个阶段，且存在形式各异的绿色信息进行有效筛选与提取，并进行聚合。

1）绿色特征的提取

在对产品方案的设计信息进行提取时，应以功能部件作为基本单元进行考虑。首先对产品各功能部件的设计信息进行提取，得到各功能部件的 ***IT*** 矩阵；然后将部件 ***IT*** 矩阵进行汇总，获得产品设计方案 ***IT*** 矩阵；最后通过映射矩阵提取产品设计方案绿色特征，如图 5-5 所示。

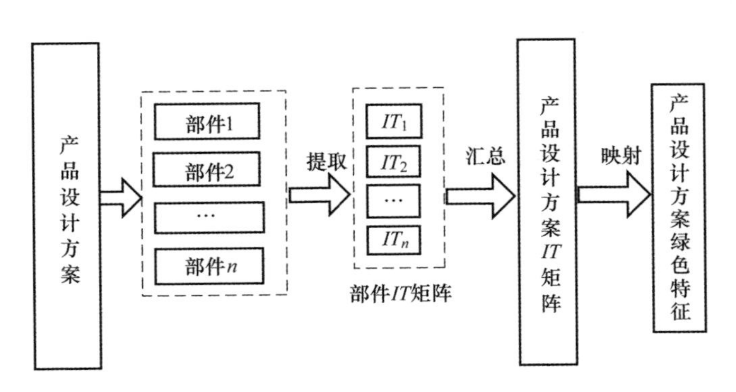

图 5-5　产品设计方案绿色特征提取过程

设计信息矩阵 ***IT*** 将产品设计方案中各部件的常规设计信息按照材料获取、加工制造、存储运输、使用维护、报废处理等全生命周期阶段以矩阵广义相乘的形式表示出来，其表达式为

$$
\boldsymbol{IT}=\begin{array}{c} \text{材料获取} \quad \text{加工制造} \quad \text{存储运输} \quad \text{使用维护} \quad \cdots \quad \text{报废处理} \\ \left(\begin{array}{cccccc} IT_{11} & IT_{12} & IT_{13} & IT_{14} & \cdots & IT_{1n} \\ IT_{21} & IT_{22} & IT_{23} & IT_{24} & \cdots & IT_{2n} \\ IT_{31} & IT_{32} & IT_{33} & IT_{34} & \cdots & IT_{3n} \\ \vdots & \vdots & \vdots & \vdots & & \vdots \\ IT_{m1} & IT_{m2} & IT_{m3} & IT_{m4} & \cdots & IT_{mn} \end{array}\right) \begin{array}{l} \text{部件 } 1 \\ \text{部件 } 2 \\ \text{部件 } 3 \\ \vdots \\ \text{部件 } m \end{array} \end{array} \tag{5-2}
$$

获得产品方案的设计信息矩阵后，根据绿色特征和设计信息间的关联关系，建立产品设计绿色特征映射矩阵 $\boldsymbol{F}_G$，用于从常规设计信息中过滤和选取评价过程所需的绿色特征信息。通过此函数将产品绿色信息筛选出来，并进行聚合，从而完成产品设计方案绿色特征的提取。

综合上述步骤，得到绿色特征矩阵 $\boldsymbol{GF}$，其表达式为

$$
\boldsymbol{GF}=\boldsymbol{IT}\cdot\boldsymbol{F}_G=\begin{pmatrix} \sum_{t=1}^{n}F_1(IT_{1t}) & \sum_{t=1}^{n}F_2(IT_{1t}) & \cdots & \sum_{t=1}^{n}F_k(IT_{1t}) \\ \sum_{t=1}^{n}F_1(IT_{2t}) & \sum_{t=1}^{n}F_1(IT_{2t}) & \cdots & \sum_{t=1}^{n}F_k(IT_{2t}) \\ \vdots & \vdots & & \vdots \\ \sum_{t=1}^{n}F_1(IT_{mt}) & \sum_{t=1}^{n}F_1(IT_{mt}) & \cdots & \sum_{t=1}^{n}F_k(IT_{mt}) \end{pmatrix} \tag{5-3}
$$

2）绿色特征的聚合

将式（5-3）中的绿色特征进行同类聚合，即将矩阵中的每一列进行求和，即可得到产品设计方案绿色特征，其表达式为

$$
\boldsymbol{GF}_k=\sum_{i=1}^{n}F_k(IT_{1t})+\sum_{i=1}^{n}F_k(IT_{2t})+\cdots+\sum_{i=1}^{n}F_k(IT_{mt})=\sum_{j=1}^{m}\sum_{i=1}^{n}F_k(IT_{ht}) \tag{5-4}
$$

最终得到基于绿色特征产品设计方案的表达式为

$$
\mathbf{GF}=(\mathrm{GF}_1 \quad \mathrm{GF}_2 \quad \cdots \quad \mathrm{GF}_k) \tag{5-5}
$$

同类信息的集成，反映了产品域和绿色特征域之间的映射关系，从而在全生命周期的每个阶段建立相应的绿色特征。

3. 基于绿色特征的产品设计方案表达

产品绿色设计是在满足产品功能和结构组成要素的同时，保证组成要素在全生命周期中的环境影响最小化，产品绿色设计方案（Green Design Scheme）的一般形式可表达如下：

$$\text{Green Design Scheme} = \{F_1, F_2, \cdots, F_n \mid \int_T E(F_1, F_2, \cdots, F_n)\mathrm{d}t \to \min\} \quad (5\text{-}6)$$

式中，F_i代表功能单元；$E(F_i)$代表功能单元F_i实现过程中所产生的环境影响函数；T表示产品的全生命周期。

功能F_i的环境影响是指针对该功能的资源输入与环境排放的影响评价，见式（5-7）：

$$\int_T E(F_i)\mathrm{d}t = \int_T [E_{F_i}(\text{Resources}) + E_{F_i}(\text{Emissions})]\mathrm{d}t \quad (5\text{-}7)$$

式中，Resources（输入资源）包括能源、原材料、辅助材料、耗材、水、土地、气体等各种资源；Emissions（环境排放）包括各种废物、废气、废液、噪声、辐射等。

绿色特征对应的单元参数称为绿色特征参数，将设计变量和约束条件中与环境影响相关的参数提取和集成，就构成了绿色特征设计变量和环境影响约束条件，完成产品功能结构与绿色约束条件的关联。产品功能结构特征与绿色特征的映射关系如图 5-6 所示。

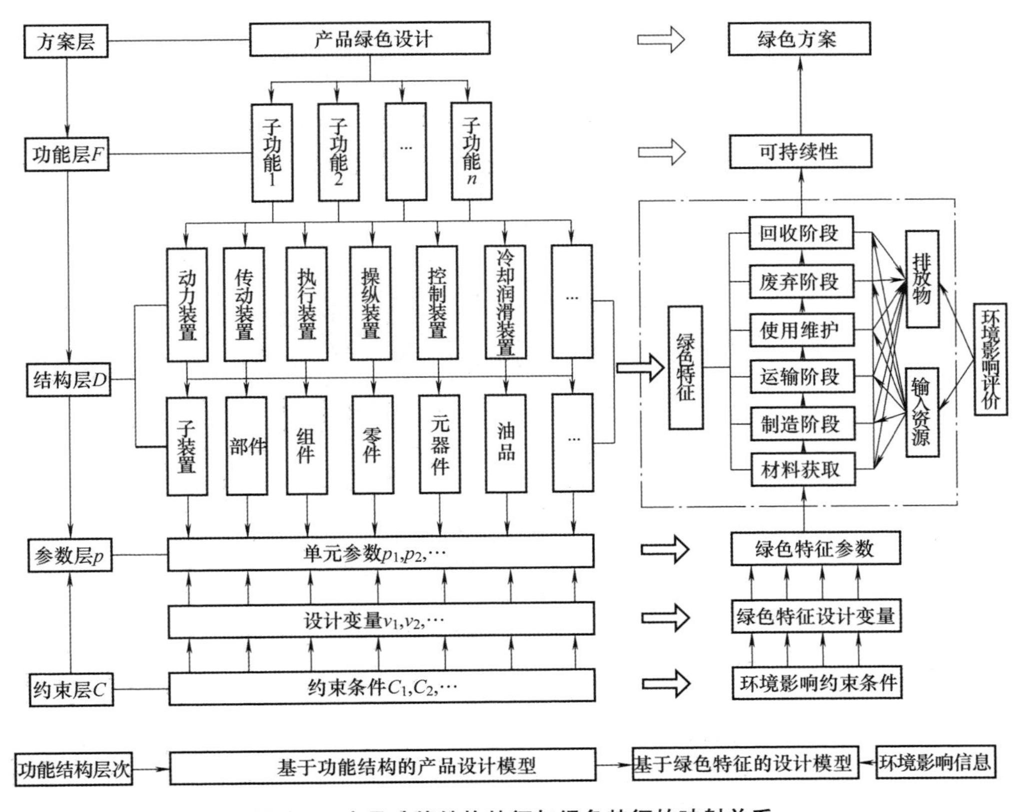

图 5-6　产品功能结构特征与绿色特征的映射关系

绿色特征为产品方案表达提供了一种通用的设计模板。设计者通过绿色特征的实例化及不同特征的组合来进行产品方案的表达，具有较强的灵活性。传统基于功能结构的产品设计方案一般表达形式是静态的，但产品的环境影响属性却是动态的，并体现在全生命周期各个阶段。基于上述研究，本节从产品的全生命周期设计角度出发，建立了绿色特征与设计变量的对应关系，并构建了基于绿色特征的产品设计方案表达模型，如图 5-7 所示。

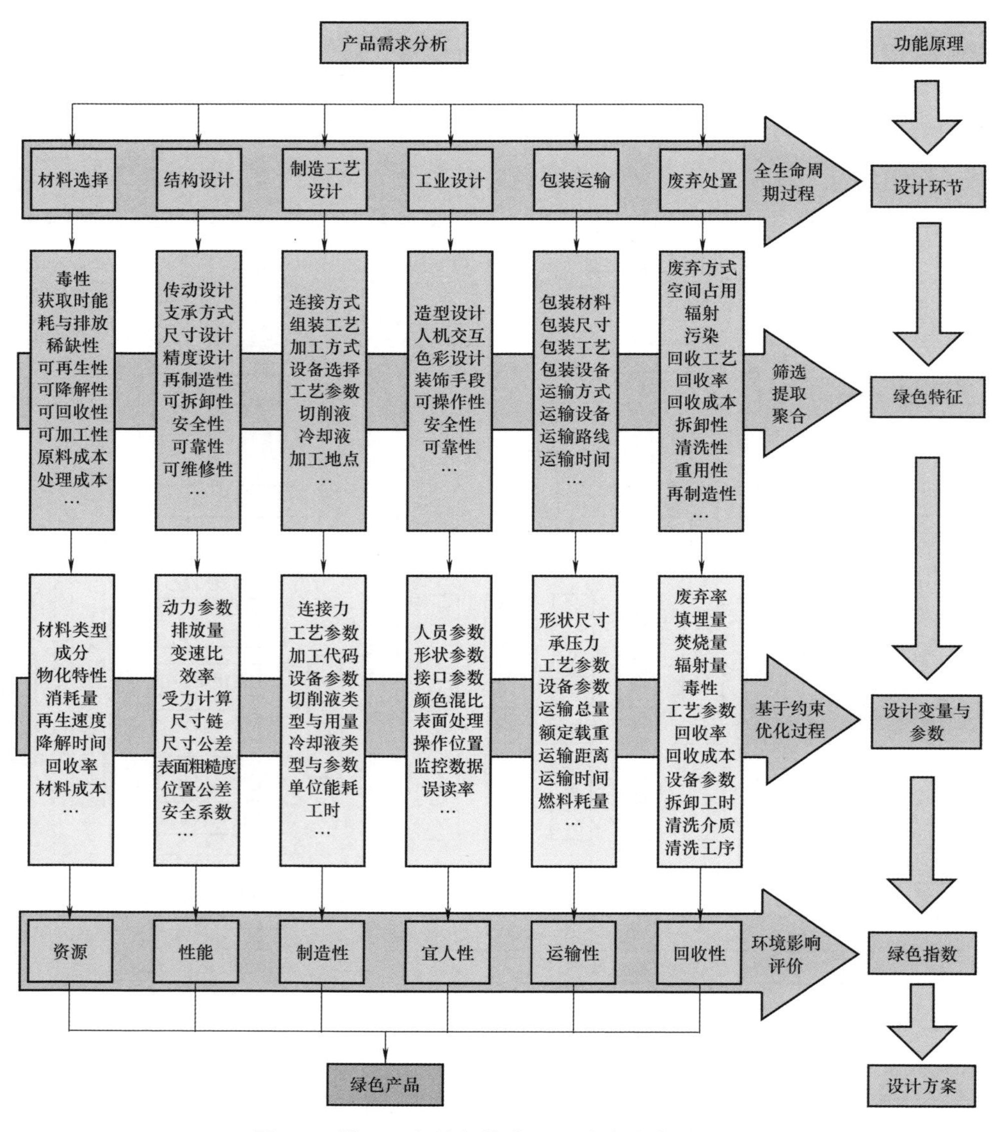

图 5-7　基于绿色特征的产品设计方案表达模型

5.3 绿色设计流程集成

绿色设计流程集成是将绿色设计关键要素与现有的常规设计流程有机结合，形成系统的集成化绿色设计流程，以实现绿色设计在企业中的实际应用。本节将从绿色设计流程的信息、管理和模型三个方面详细论述如何开展绿色设计流程集成工作。

5.3.1 绿色设计流程

绿色设计将面向全生命周期的思想始终贯穿于设计过程之中，是从“摇篮到再现”的并行设计过程。在绿色设计各阶段都需要考虑对产品在原材料选择、生产制造、装配包装、使用维护、回收拆卸、再利用等全生命周期行为造成的潜在影响，并将全生命周期信息及时准确地反馈至现阶段的设计流程节点中，以指导产品设计方案绿色性能进行持续优化与改进。

目前，绿色设计流程中仍存在如下问题：

1）绿色设计的设计流程较为分散，缺乏系统性的建模及管控策略。

2）缺乏针对绿色设计多任务、多主体协同机制。

3）设计过程中全生命周期各阶段信息共享程度低，传递机制不明确。

4）绿色设计流程与常规设计流程各成体系，彼此不兼容，难以直接融合。

5）常规设计任务与绿色设计任务之间存在较多冲突，缺少调解机制。

因此，为克服上述绿色设计流程中存在的问题，急需形成一套合理的、规范的集成策略，以实现绿色设计流程与常规设计流程有机集成应用。

5.3.2 绿色设计流程集成方法

如图5-8所示，绿色设计流程集成的本质就是将常规设计流程与绿色设计流程有机融合，形成一套统一的集成化设计流程，以指导绿色设计实际应用。

如图5-9所示，本节从绿色设计流程信息管理、绿色设计流程管控及绿色设计流程建模三方面，来论述绿色设计流程集成。

1）在绿色设计流程信息管理方面，充分考虑从设计阶段到回收阶段的产品全生命周期信息，通过建立绿色设计信息提取方法，实现对企业内部和外部信息提取；构建全生命周期信息流动机制，以支持设计过程全生命周期信息共享。

2）在绿色设计流程管控方面，通过对绿色设计流程中的各设计任务主体范围、典型协同关系形式及协同效应的研究，实现绿色设计多主体协同。通过归纳绿色设计与常规设计任务的典型冲突形式及其原理，构建合理的冲突协调机制，以实现绿色设计与常规设计在流程上的融合。

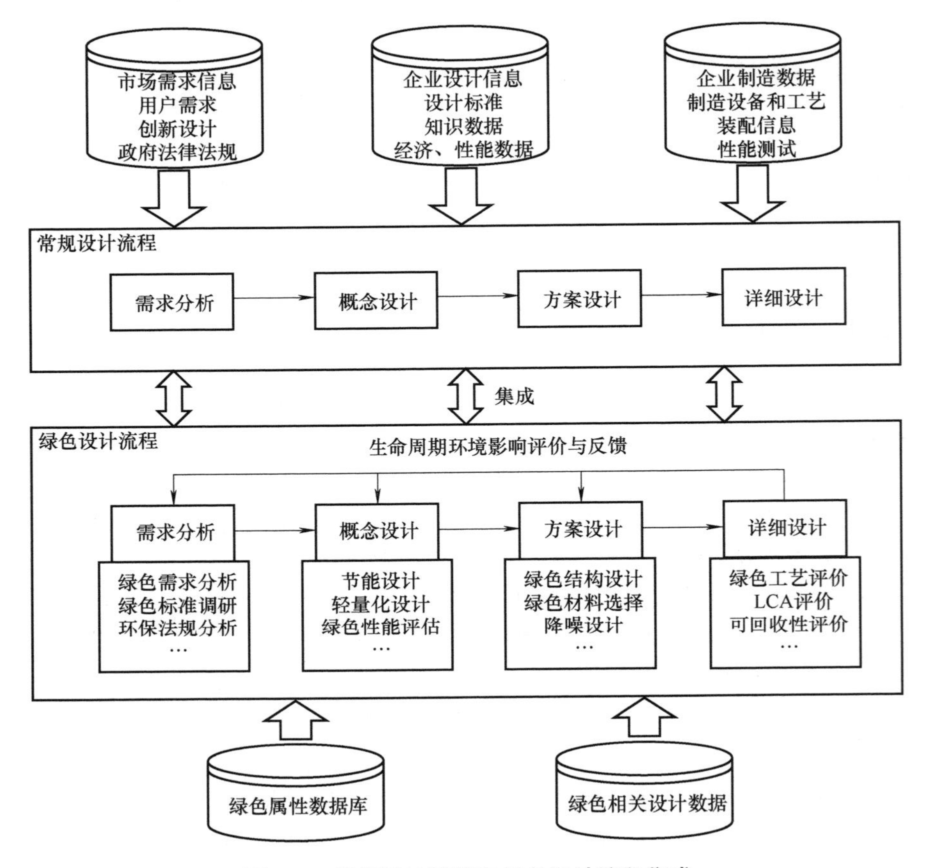

图 5-8　常规设计流程与绿色设计流程集成

3）在绿色设计流程建模方面，基于 DSM、Petri 网等设计流程建模技术，提出绿色设计流程组织管理模式，构建可视化绿色设计流程模型。

1. 实现绿色设计流程集成需具备的条件

1）目标一致性。在绿色设计流程集成中，各子流程的目标有可能会发生冲突，这时不应以子流程的目标作为集成的目标，而应以规定的总体目标为最终的共同目标，必要时应做出让步，放弃部分子流程，以保证总体目标的实现。目标一致是实现过程集成的前提。

2）互通性。子流程与子流程之间必须在物理上建立通信联系，做到必要的数据共享，这是流程集成的基础。

3）语义一致性。语义一致性是指设计流程之间交换的数据格式、术语和含义的一致性，否则集成无从谈起。

4）互操作性。流程的结构必须是开放的。流程应能根据环境的变化和其他

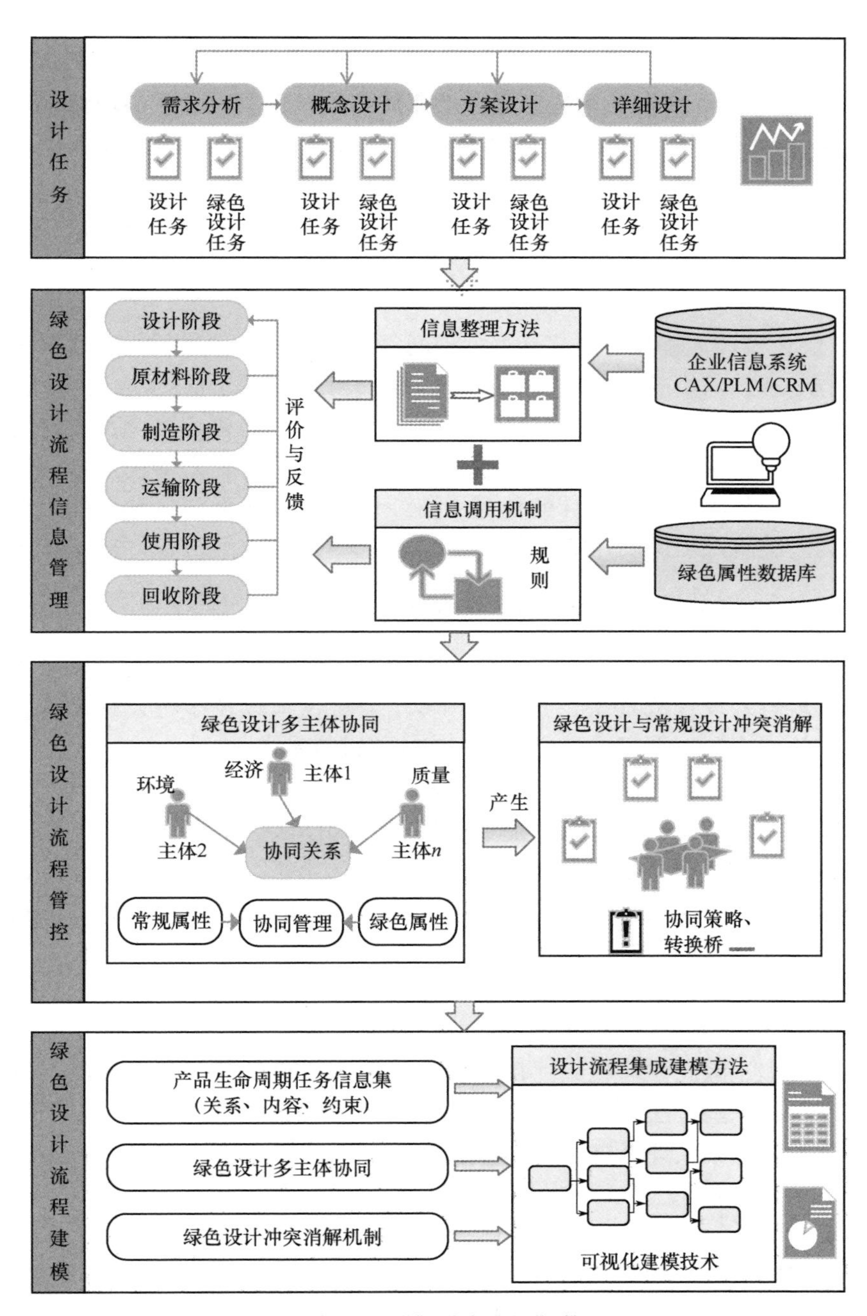

图 5-9　绿色设计流程集成

过程的要求，改变过程的结构，同时流程也可以根据需要，对其他相关流程给出指令，启动其运行，以实现总体目标的优化。

2. 绿色设计流程集成具有的特点

1）绿色设计流程集成面向产品全生命周期，相互关联的产品设计活动中要不断交换各种设计信息，注重设计信息的传递与反馈。通过建立绿色设计信息流动机制，在全生命周期内实现信息的控制与反馈。

2）绿色设计流程集成是面向多任务的规划与决策。在整个绿色设计过程以及产品全生命周期内，通过对设计任务需求的动态规划与仿真，实现产品绿色设计流程统一化、模块化和可视化。

3）绿色设计流程集成是综合多学科的复杂的动态设计过程。它将各种设计知识、方法和技术集成，支撑整个设计流程，使设计产品的整体性能达到最优。

4）涵盖多个既相互独立又相互联系的设计流程，各流程之间没有绝对的界限。绿色设计流程集成是覆盖了多个设计流程的产品全生命周期的集成，每个设计阶段都有具体的绿色设计的任务，每一设计阶段既是前一阶段的延续和发展，又为后续阶段提供设计依据和方向。

5.3.3 绿色设计流程集成模型构建

产品设计流程模型是设计的规范化表现，如何将绿色设计中的环境属性和需求合理地融入设计流程中，充分协调多个设计主体以及多种设计需求，建立绿色设计流程模型，是实现绿色设计集成的关键技术之一。

产品设计流程模型要对产品设计过程中的各种相关信息和元素进行合理地定义和描述。其主要是通过某些特定的形式（如图表、语言、数据工具等）将各相关信息和流程以相应的逻辑关系具体的表达出来，不仅要反映设计过程的静态属性，而且还要反映设计过程中的动态属性，同时又可以为有效地解决设计过程的冲突问题提供技术支持。

将绿色设计流程与现有设计流程相结合，可以将绿色设计领域知识、过程活动以及设计者经验等附加到产品结构、原理、功能上，从而体现产品绿色效用的质变过程。因此如何找到适用于产品绿色集成设计流程的方法和工具至关重要，现有的一些方法可以支持对于绿色设计流程集成管理建模，主要的方法包括以下几种：集成计算机辅助制造定义（IDEF）、设计结构矩阵、Petri 网等。

5.3.4 案例

滚齿机床作为齿轮加工机床的一种，由于其既适合高效率的齿形粗加工，又适合中等精度齿轮的精加工，因此受到广泛的应用。滚齿机床的床身作为最大的部件，是机床的主要支承部件，对于机床的稳定运行、安全等起决定性作用。在常规设计流程中主要考虑床身的精度、刚度、热稳定性以及抗震性等性能属性，而对于绿色设计流程会更加关注床身的轻量化、节能减排等绿色属性，因此需要构建滚齿机床设计流程模型，以集成两种设计流程。

本小节以滚齿机床的床身为例，构建基于 Petri 网的绿色设计流程模型，如图 5-10 所示。表 5-1 为某滚齿机床的支撑系统绿色设计流程集成模型库所信息描述，表 5-2 为某滚齿机床的支撑系统绿色设计流程集成模型变迁信息描述。以需求分析阶段为例，对该绿色设计流程集成模型进行详细介绍。设计由 P1 开始，通过用户需求调研（P1）获得产品功能需求信息（P2）、产品成本需求信息（P3）以及产品环境需求信息（P4），这 3 个子任务都是并行的，分别对这三个需求信息进行分析（T2、T3、T4）已获得相应的分析结果（P5、P6、P7），将这三个结果综合讨论分析（T5）获得最终的用户需求报告（P8），并对需求报告进行评审（T6）形成评估报告（P9），评审不通过形成反馈信息（T8）发送到 P1 重新开始设计，评审通过则进行产品功能需求确定（T7）形成设计需求信息（P10）。

表 5-1　滚齿机床的支撑系统绿色设计流程集成模型库所信息描述

库　所	库所信息描述	库　所	库所信息描述
P1	床身设计开始	P27	最终设计概念
P2	产品功能需求信息	P28	整体结构信息
P3	产品成本需求信息	P29	材料选择信息
P4	产品环境需求信息	P30	关键尺寸信息
P5	产品功能需求分析结果	P31	可行整体设计方案信息
P6	产品成本需求分析结果	P32	设计方案功能性评估结果
P7	产品环境需求分析结果	P33	设计方案经济性评估结果
P8	用户需求报告	P34	设计方案环境性评估结果
P9	评审结果	P35	设计方案综合评估结果
P10	设计需求信息	P36	初步设计方案
P11	产品整体功能信息	P37	刚度要求
P12	支撑功能信息	P38	热稳定性要求
P13	连接功能信息	P39	精度要求
P14	支撑功能可行性约束信息	P40	轻量化要求
P15	支撑功能可靠性约束信息	P41	节能减排要求
P16	连接功能可行性约束信息	P42	刚度设计结果
P17	连接功能可靠性约束信息	P43	热稳定性设计结果
P18	支撑功能可行性结果	P44	精度设计结果
P19	支撑功能可靠性结果	P45	轻量化设计结果
P20	连接功能可行性结果	P46	节能减排设计结果
P21	连接功能可靠性结果	P47	方案设计参数信息
P22	可行的设计概念集	P48	功能性评估结果
P23	设计概念功能性评估结果	P49	经济性评估结果
P24	设计概念经济性评估结果	P50	环境性评估结果
P25	设计概念环境性评估结果	P51	综合评估结果
P26	设计概念综合评估结果	P52	最终详细设计方案

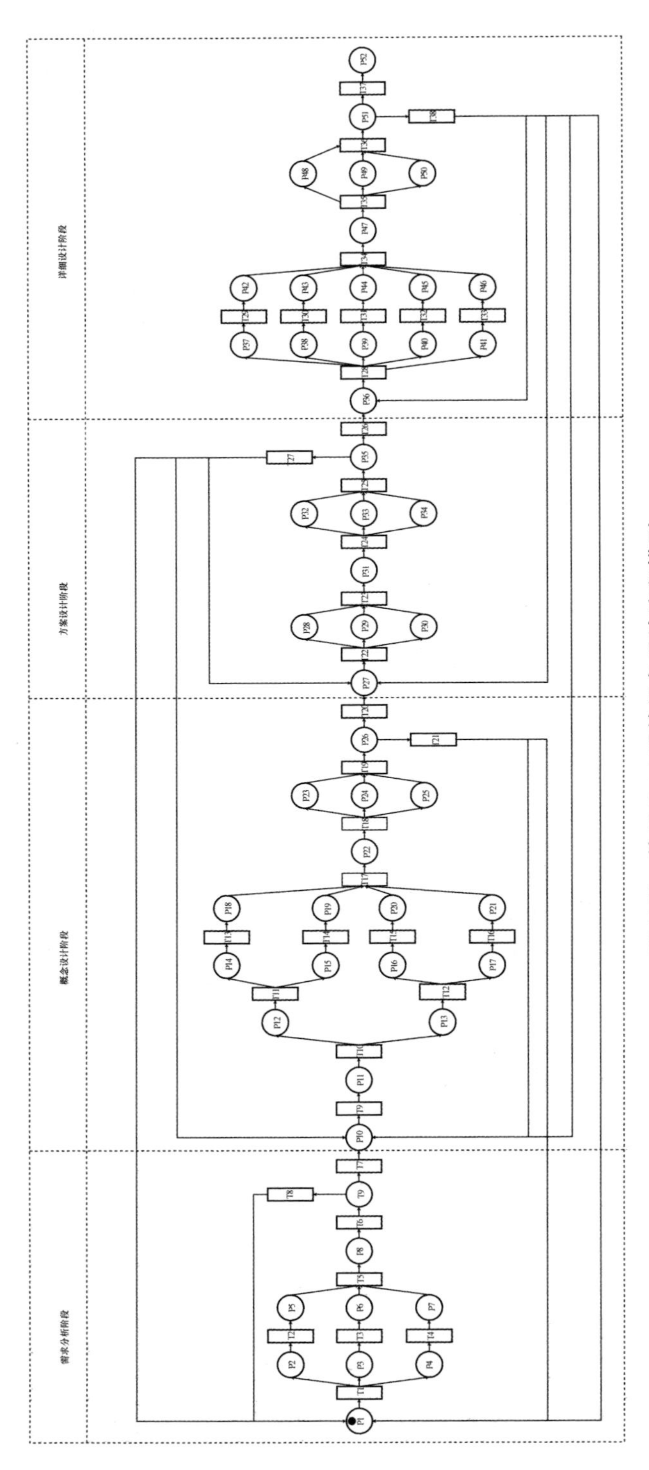

图 5-10 基于 Petri 网的绿色设计流程模型

表 5-2 滚齿机床的支撑系统绿色设计流程集成模型变迁信息描述

变　　迁	变迁信息描述	变　　迁	变迁信息描述
T1	用户需求调研	T20	设计概念决策与优化
T2	产品功能需求分析	T21	评估结果反馈
T3	产品成本需求分析	T22	功能结构实现
T4	产品环境需求分析	T23	综合设计方案信息
T5	形成综合调研报告	T24	基于特征的设计方案评估
T6	用户需求报告评审	T25	综合评估结果分析
T7	形成设计需求信息	T26	设计方案决策与优化
T8	反馈错误信息	T27	评估结果反馈
T9	确定产品功能	T28	详细参数设计需求分析
T10	产品功能设计	T29	刚度设计
T11	支撑功能约束分析	T30	热稳定性设计
T12	连接功能约束分析	T31	精度设计
T13	支撑功能可行性分析	T32	轻量化设计
T14	支撑功能可靠性分析	T33	节能减排设计
T15	连接功能可行性分析	T34	综合冲突消解
T16	连接功能可靠性分析	T35	详细设计方案评估
T17	形成可行的设计概念	T36	综合评估结果分析
T18	设计概念评估	T37	详细设计参数的决策与优化
T19	综合评估结果分析	T38	评估结果反馈

5.4 绿色设计集成平台

绿色设计系统集成平台是实现企业设计数据集成、方法集成、流程集成以及使能工具集成所需的基本信息处理和通信公共服务的集合。绿色设计系统集成平台以服务的方式封装企业、行业、供应链等现有的各种功能组件，采用统一的结构方式与标准化的协议，实现企业内部产品信息系统与各种绿色设计信息的“互联”“互认”“互操作”，以此提高产品绿色设计流程的标准化、自动化。

5.4.1 绿色设计集成平台概念

绿色设计系统集成平台是基于绿色设计数据库和绿色设计使能工具集成运行的产品全生命周期设计软件平台，能够在异构分布环境（操作系统、网络、数据库）下为产品绿色设计流程提供透明、一致的产品设计信息和环境信息的访问和交互手段。绿色设计系统集成平台支持产品全生命周期内的设计、制造、运输、使用、回收处理等阶段的集成，对集成平台运行上的应用和工具进行管理，可以为用户提供产品全生命周期绿色设计服务。

绿色设计系统集成平台整体架构如图 5-11 所示。绿色设计系统集成平台以能源属性数据库、场景属性数据库、环境属性数据库等绿色设计信息库为数据基础，通过接口转换等方式将企业现有软件，如产品生命周期管理（Product Lifecycle Management，PLM）、计算机辅助技术（Computer Aided X，CAX）等交互集成至平台形成基础功能模块，实现产品全生命周期绿色设计-仿真-评价-优化决策等进阶功能，支持产品绿色设计过程中的宏-微结构特征的集成化绿色设计、基于绿色特征的集成化绿色设计、多目标优化、多学科优化等绿色设计协同业务功能，绿色设计业务中心和数据中台能实现面向多样化需求的数据和业务模块灵活成组。基于云部属的产品绿色设计服务集成网络化平台能够实现绿色设计服务高效部署与应用；标准开放的远程调用接口，供企业其他业务系统深度集成与融合。

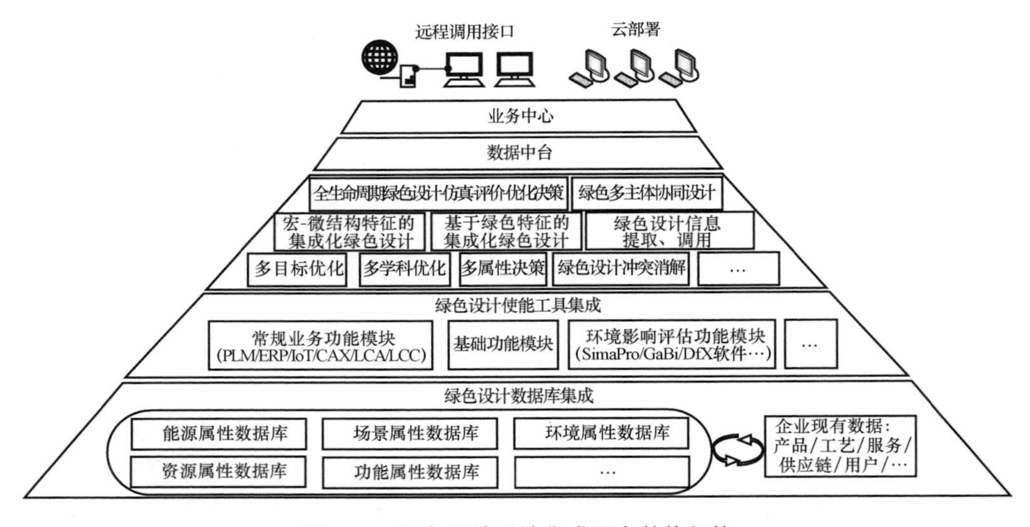

图 5-11　绿色设计系统集成平台整体架构

5.4.2　绿色设计集成平台功能

绿色设计系统集成平台可以实现以下四大功能：

1）满足产品全生命周期内数据描述标准化、数据管理流程化、数据共享服务化和数据分析实时化。

2）通过信息聚合展现、界面风格统一、终端多样化、单点登录，提升系统的用户操作体验。

3）通过跨系统流程贯通、统一流程处理、多系统业务协同、产业链级协同，优化产品设计业务流程，提升企业运营效率。

4）通过资源弹性分配、动态部署、智能运维、敏捷开发，提升企业 IT 运维管理能力，降低整体 IT 投入成本。绿色设计系统集成平台将会是实现绿色设计信息资源高效利用以及企业绿色设计管理系统运行的新模式。

5.4.3 绿色设计集成平台架构

绿色设计集成平台架构是对平台数据和使能工具管理系统中具有体系的、普遍性的问题提供的通用解决方案，是基于业务导向和需求驱动的架构来理解、分析、设计、构建、集成、扩展、运行和管理信息系统。复杂系统集成的关键，是基于架构（或体系）的集成，而不是基于部件（或组件）的集成。

本小节将对绿色设计集成平台的业务架构、功能架构、标准架构以及安全架构进行介绍。业务架构是绿色设计集成平台整体架构的展开和延伸，较细节地展示整体系统的业务功能和各个层次的具体内容；功能架构主要介绍系统的功能划分和功能层次体系；标准架构为整体系统提供各类标准支撑，包括数据标准规范、技术标准等；安全架构是整体系统的安全保障技术的介绍，从应用、系统、网络、物理层面进行展开。

1. 业务架构

绿色设计集成平台业务架构如图 5-12 所示，平台基于面向服务的体系架构（Service-Oriented Architecture，SOA），它由一系列集成产品的组件构成，如标准化管理组件、消息总线、订阅发布组件、数据适配器组件、数据整合组件、数据共享组件等。

最底层是平台系统的集成开发环境，集成开发环境是系统建设的必要准备条件；接入层提供平台内部系统、集成系统、下级平台、上级平台的接入对接，将数据、业务实现融合与集成；交换层主要为接入层提供技术组件支撑，实现数据交互与融合；整合层负责整合与存储平台数据并为应用层提供数据服务；应用层即本系统的业务应用模块的集合。

2. 功能架构

绿色设计集成平台的功能架构从业务域的角度可分为六部分：配置域、运行域、监控与监管域、适配域、接入类工具和验证类工具，如图 5-13 所示。配置域中要考虑数据标准、数据交换规范、存储与共享规范和其他配置等方面。监控与监管域中重点进行平台监控与业务监控。运行域和适配域实现平台与数据和标准的集成。从运行域的角度出发观察平台的运行，能够明确绿色设计集

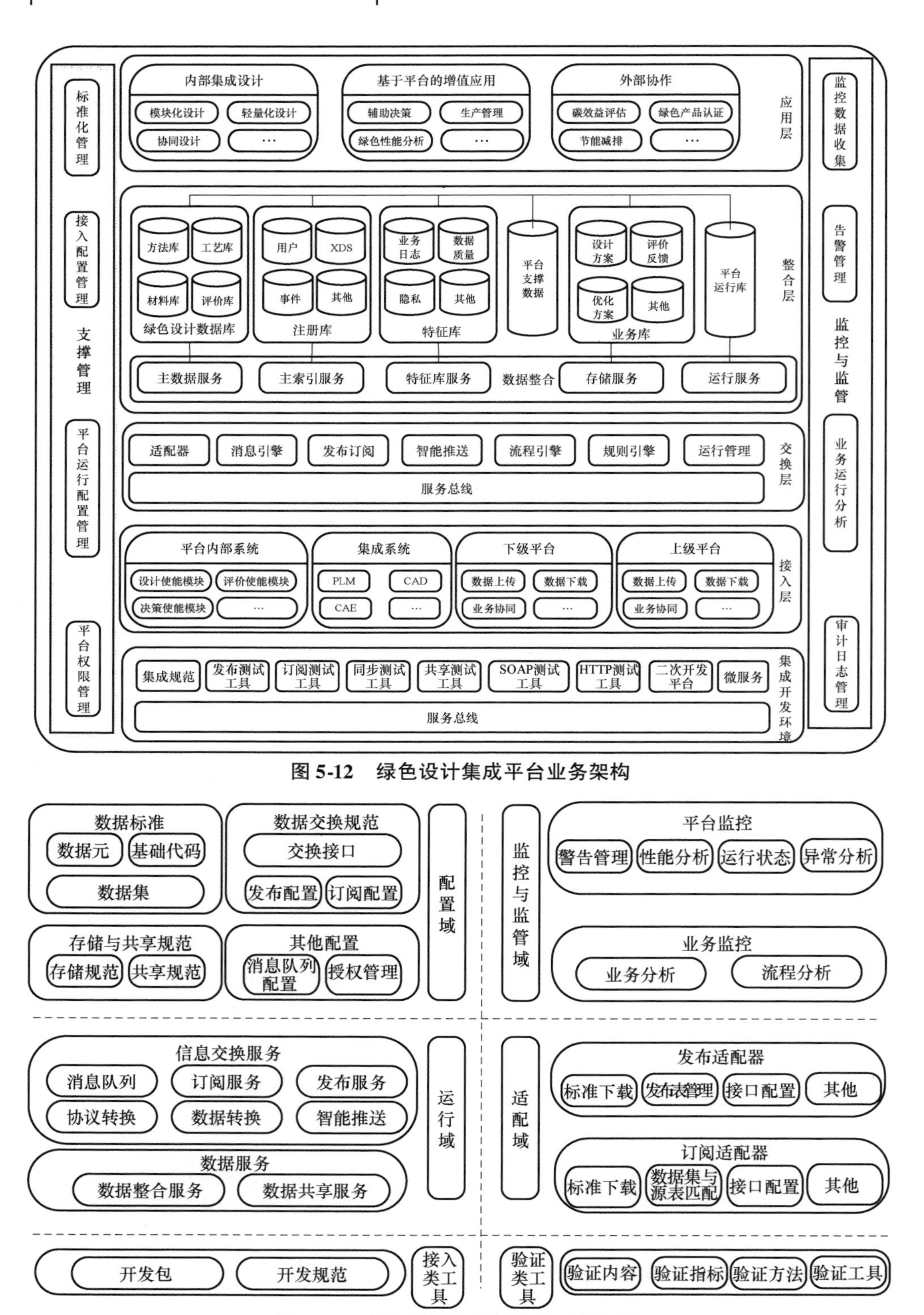

图 5-12　绿色设计集成平台业务架构

图 5-13　绿色设计集成平台的功能架构

成平台的核心功能是绿色设计信息数据收集、挖掘及交换。信息数据收集和挖掘主要基于硬件设备，如传感器、无线射频识别等。绿色设计信息数据的交换主要基于集成平台实现，包含发布信息、信息入库、订阅信息计算和订阅信息推送这几个过程。接入类工具是指对外第三方系统提供的开发包以及开发规范。验证类工具是指验证内容、验证指标、验证方法和验证工具的集合。

3. 标准架构

绿色设计集成平台的标准架构包括流程标准、数据标准、消息格式和通信协议等内容，如图5-14所示。其中，流程标准要以绿色设计业务流程闭环为目标定义平台各种业务流程，以并行化的产品全生命周期思想开展绿色设计流程；数据标准是包括值域、术语、数据元、数据集和质量规范的绿色设计信息和环境信息的标准与规范；消息格式（交换协议）需要支持目前国际主流的协议，如XML、SPOLD等；通信协议要能够支持目前主流的协议，如RESTFUL、HTTP、Web services、RPC（远程过程调用）等，以支持绿色软件与平台的集成交互。

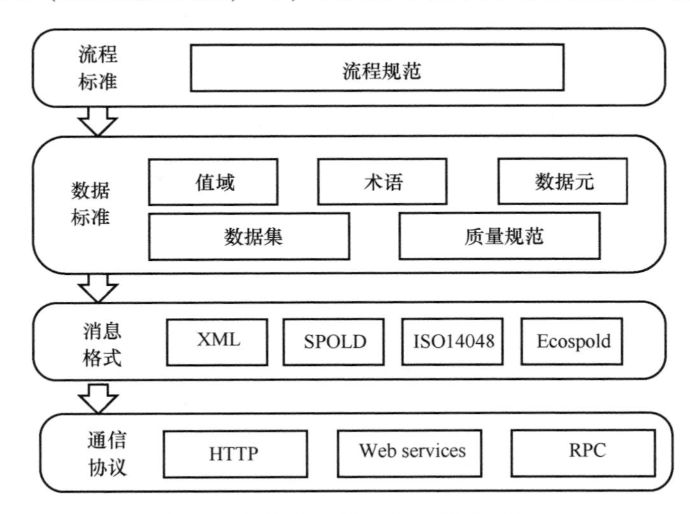

图5-14 绿色设计集成平台的标准架构

4. 安全架构

安全架构包括应用安全、系统安全、网络安全和物理安全，安全架构主要关注应用层安全，而物理安全、网络安全和系统安全大多由硬件或软件来实现平台安全性能，如图5-15所示。在应用安全方面，要实现统一身份认证，即平台要授予所有接入软件一个合法的身份才能允许第三方接入平台，并可以通过IP地址来实现特定机器上的访问；统一权限管理要求接入平台的第三方系统，获得授权后才能访问此类数据；数据保密与完整和日志审计是保证接入平台的应用不能直接修改数据中心的数据，并且在接入平台后所有的行为形成完善的日志记录。在系统安全方面，建立数据灾备机制，定期进行系统数据查杀，建立操作系统安全检查和病毒防范机制。在网络安全方面，加强系统漏洞检查，入侵检测，建立防火墙和链路冗余机制。在物理安全方面，加强机房安全、硬件安全、用电安全、环境安全等，保障系统安全运行。

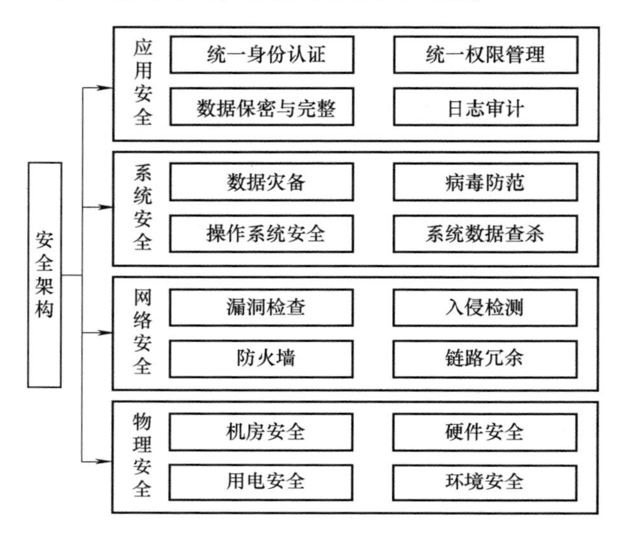

图 5-15 绿色设计集成平台的安全架构

5.4.4 未来绿色设计系统集成平台

在新型网络及通信技术支持下，绿色设计系统集成平台开发将涵盖绿色设计数据资源层、绿色设计技术层、绿色设计工具层、绿色设计服务层及绿色设计企业应用层五部分。

其中，绿色设计技术层中将包括云设计服务技术、智能设计检索技术、云设计知识推送服务等内容。以云设计服务技术为例，平台将通过新型互联网将产品全生命周期中的需求提出、设计、制造、配送等环节进行有效动态连接，建立新型设计制造商业新模式，在设计过程中既可以准确地获取设计者绿色设计需求，实现相关信息绿色设计知识推送，又可以通过设计过程不断完善企业绿色设计知识库，实现知识的高效利用，从而极大地缩短了绿色产品开发周期。

在绿色信息数据与日俱增的情况下，未来的绿色设计系统集成平台技术层将充分利用人工智能技术，包括神经网络、专家系统、范例推理等，实现产品绿色设计信息高效调用、实时分析仿真 LCA 结果和智能评估决策等。可以预见的是，随着下一个人工智能等技术点的爆发与推广，绿色智能设计系统集成平台开发建设将逐步成为热点。

参考文献

[1] HARRINGTON J. Computer Integrated Manufacturing [M]. New York: Industrial Press, 1974.

[2] 刘飞，张华．绿色制造的集成特性和绿色集成制造系统 [J]．计算机集成制造系统，1999，5（4）：9-13.

[3] 程贤福，周健，肖人彬，等．面向绿色制造的产品模块化设计研究综述 [J]．中国机械工程，2020，31（21）：2612-2625.

[4] LEIBRECHT S. Fundamental principles for CAD-based ecological assessments [J]. The International Journal of Life Cycle Assessment, 2005, 10 (6): 436-444.

[5] 刘志峰．绿色设计方法、技术及其应用 [M]．北京：国防工业出版社，2008.

[6] 顾新建，顾复．产品生命周期设计 [M]．北京：机械工业出版社，2017.

[7] 孟强，李方义，李静，等．基于绿色特征的方案设计快速生命周期评价方法 [J]．计算机集成制造系统，2015，21（3）：626-633.

[8] 王黎明，李龙，付岩，等．基于绿色特征及质量功能配置技术的机电产品绿色性能优化 [J]．中国机械工程，2019，30（19）：2349-2355.

[9] 纪芹芹．基于绿色特征的方案设计与评价 [D]．济南：山东大学，2014.

[10] EIGNER M, NEM F M. On the development of new modeling concepts for product lifecycle management in engineering enterprises [J]. Computer-Aided Design and Applications, 2010, 7 (2): 203-212.

[11] 陈建，赵燕伟，李方义，等．基于转换桥方法的产品绿色设计冲突消解 [J]．机械工程学报，2010，46（9）：132-142.

[12] 王平．面向全设计流程的多层体产品信息建模与系统评价研究 [D]．长沙：湖南大学，2011.

[13] 曹华军，李洪丞，曾丹，等．绿色制造研究现状及未来发展策略 [J]．中国机械工程，2020，31（2）：135-144.

[14] 胡东方，吴盘龙．基于遗传算法的个性化服务型产品设计 [J]．计算机集成制造系统，2019，25（8）：2036-2044.

[15] TURNER I, SMART A, ADAMS E, et al. Building an ILCD/EcoSPOLD2-compliant data-reporting template with application to Canadian agri-food LCI data [J]. The International Journal of Life Cycle Assessment, 2020, 25: 1402-1417.